DIANWANG QIYE YINGJI GUANLI ZHISHI SHOUCE

电网企业应急管理

知识手册

国网湖北省电力有限公司应急培训基地　组编

U0261430

中国电力出版社
CHINA ELECTRIC POWER PRESS

内 容 提 要

　　为了不断推进电网企业应急管理体系建设，强化电网企业各级领导干部的应急决策、应急指挥和应急管理能力，提高电网企业基层工作人民应急意识，增强应急管理人员的管理水平，提高专业知识水平，强化突发事件发生后相应的处置能力，特编写本书。本书从基础概念、常识入手，逐步过渡到日常应急管理，内容通俗易懂，知识性强，有针对性。

　　本书共十章，具体内容包括：应急基础常识、法律法规基础知识、电网企业应急管理现状、预防与应急准备、监测与预警、应急处置与救援、事后恢复与重建、舆情应对、电网企业应急能力建设评估、应急救援处置工作安全风险辨识与防范等内容。

　　本书可作为电网企业基层应急管理人员培训用书及日常工作参考书。

图书在版编目（CIP）数据

电网企业应急管理知识手册／国网湖北省电力有限公司应急培训基地组编 . —北京：中国电力出版社，2019.8（2023.8 重印）

　ISBN 978-7-5198-3388-6

　Ⅰ . ①电… 　Ⅱ . ①国… 　Ⅲ . ①电力工业—突发事件—安全管理—手册 　Ⅳ . ① TM08-62

中国版本图书馆 CIP 数据核字（2019）第 141795 号

出版发行：中国电力出版社
地　　　址：北京市东城区北京站西街 19 号（邮政编码 100005）
网　　　址：http://www.cepp.sgcc.com.cn
责任编辑：马淑范（010-63412397）
责任校对：黄　蓓　朱丽芳
装帧设计：郝晓燕
责任印制：杨晓东

印　　　刷：北京九天鸿程印刷有限责任公司
版　　　次：2019 年 8 月第一版
印　　　次：2023 年 8 月北京第三次印刷
开　　　本：710 毫米 ×980 毫米　16 开本
印　　　张：16
字　　　数：300 千字
印　　　数：5001—6000 册
定　　　价：46.00 元

本书编委会

随着科学技术的迅猛发展，生产力突飞猛进，人们的物质生活水平和精神生活水平得到显著的提高。与此同时，现代化大生产隐藏着众多的潜在危机。无论是发达国家还是发展中国家，各种各样的灾害事件常以意想不到的时间、地点、方式发生。近些年来，地震、山体滑坡、台风、洪涝等重大自然灾害类事件频发，重特大火灾爆炸事故、道路交通事故、生产安全事故等灾难类突发事件时有发生。这些突发的重大灾害不仅给人们的生命、财产和环境带来了严重的危害，造成了难以估量的损失，同时也给电网企业设备、设施造成极大的损坏。

党和政府高度重视应急管理工作和应急救援工作。2018年3月组建了应急管理部，其目的是解决灾害信息孤岛问题，开展综合风险管理，提高突发事件的风险管理能力；相继出台了《中共中央国务院关于推进安全生产领域改革发展的意见》《安全生产应急管理"十三五"规划》，旨在全面加强应急能力，为全国安全生产状况持续稳定好转提供有力支撑。

电网企业是保障电力供应、发展社会经济的重要基础，关系着国计民生。频发的自然灾害严重威胁电网安全稳定运行，大面积停电的风险日趋突出，电网企业承担着越来越重要的社会责任，新形势对应急体系建设提出了新要求。为了加强和规范电网企业应急救援管理与技能培训工作，全面提高电网企业应急救援队伍专业理论和实战技术水平，国网湖北省电力有限公司应急培训基地依据《中华人民共和国安全生产法》《中华人民共和国防震减灾法》《中华人民共和国突发事件应对法》等法律法规，依照国家电网有限公司的相关规定，在总结应急救援实战经验和国内外应急救援培训经验的基础上，组织力量编写了《电网企业应急管理知识手册》和《电网企业应急救援装备使用手册》。两本手册既可作为应急救援基干队伍建设的专业培训教材，又是面向电网企业应急指挥人员、应急管理人员、应急抢修人员、电网企业员工以及社会民间救援人员的应急救援知识读物。

鉴于编者水平有限，本书不足之处在所难免，恳请读者批评指正。

编者

二〇一九年七月

第一章　应急基础常识

一、突发事件

突发事件的定义在不同的国家和领域内存在较大的差别，但突发事件归根结底是指发生在预料之外且是突然发生的对人员、财产或环境造成危害的事件。突发事件在《中华人民共和国突发事件应对法》中的解释为：突然发生，造成或者可能造成严重社会危害，需要采取应急措施予以应对的自然灾害（主要由自然原因造成的，如地震、暴雨、海啸等）、事故灾难（主要由人的行为造成的，如交通事故、人为火灾、生产事故等）、公共卫生事件（主要由卫生健康造成的，如禽流感、尘肺病、非典等）和社会安全事件（主要由社会相关方引起的，如大规模暴乱、战争、群体性事件、宗教冲突等）。按照社会危害程度、影响范围等因素，自然灾害、事故灾难、公共卫生事件分为特别重大、重大、较大和一般四级。突发事件狭义的解释在各个领域中不同，如在《电力突发事件应急演练导则（试行）》中对突发事件的解释是指突然发生、造成或者可能造成人员伤亡、电力设备损坏、电网大面积停电、环境破坏等危及电力企业、社会公共安全稳定，需要采取应急处置措施予以应对的紧急事件。

二、突发事件分类与分级

1. 突发事件分类

突发事件是指突然发生，造成或者可能造成严重社会危害，需要公司采取应急处置措施予以应对，或者参与应急救援的自然灾害、事故灾难、公共卫生事件和社会安全事件。

（1）自然灾害：主要包括各类气象灾害（强对流天气、雷暴雨、洪水、雨雪冰冻等）、地震灾害、地质灾害（泥石流、山体崩塌、滑坡、地面塌陷等）。

（2）事故灾难：主要包括人身伤亡事件、交通事故、电网事故、设备设施损坏事件、火灾事故、通信系统突发事件、调度自动化系统突发事件、网络与信息系统突发事件、环境污染事件、水电厂大坝垮塌事件等。

（3）公共卫生事件：主要包括传染病疫情、群体性不明原因疾病、重大食物中毒以及其他严重影响公众健康和生命安全的事件。

（4）社会安全事件：主要包括电力服务事件、电力短缺事件、重要保电事件（客户侧）、突发群体事件、新闻突发事件和涉外突发事件等。

（5）突发事件的关联性：各类突发事件往往是相互交叉和关联的，某类突发事件可能和其他类别的事件同时发生，或引发次生、衍生事件。对于相互交叉和关联，以及次生、衍生突发事件的处置，应当综合考虑发生顺序、影响范围、严重程度、事件主因等因素，原则上由领导起始突发事件处置的专项应急处置机构负责。

2. 突发事件分级

根据突发事件的性质、社会危害程度、影响范围等因素，突发事件分为特别重大、重大、较大、一般四级。突发事件的分级标准按照《安全生产事故报告和调查处理条例》《电力安全事故应急处置和调查处理条例》等行政法规、《国家突发公共事件总体应急预案》和《国家电网有限公司突发事件总体应急预案》及相关专项应急预案，在公司专项预案中具体明确。国家无明确规定的，由公司相关职能部门在专项应急预案中确定，或由公司应急领导小组研究决定。

3. 突发事件预警与响应

（1）突发事件预警是指突然发生或可能发生的，已造成或可能造成严重社会危害的，需要采取应急处置措施予以应对的自然灾害、事故灾难和公共卫生事件等预警信息。

（2）突发事件应急响应是由政府推出的针对各种突发公共事件而设立的各种应急方案，通过该方案使损失减到最小。

4. 突发事件应急预案

电网企业突发事件应急预案体系由总体应急预案、专项应急预案、部门应急预案、现场处置方案构成。电网企业本部设总体预案、专项预案、部门应急预案，根据需要设现场处置方案；市、县级单位设总体预案、专项预案、现场处置方案；电网企业其他单位结合实际，参照以上要求建立相应的应急预案体系。

总体应急预案明确了电网企业组织管理、指挥协调突发事件处置工作的指导原则和程序规范，是应急预案体系的总纲，是电网企业组织应对各类突发事件的总体制度安排；专项应急预案是针对具体的突发事件、危险源和应急保障制定的计划或方案；部门预案是公司有关部门根据总体应急预案、专项应急预案和部门职责，为应对本部门突发事件，或者针对重要目标物保护、重大活动保障、应急资源保障等涉及部门工作而预先制定的工作方案；现场处置方案是针对特定的场所、设备设施、岗位，在详细分析现场风险和危险源的基础上，针对典型的突发事件，制定的处置措施和主要流程。

三、风险

风险一词最早出现在西方经济学领域中，随着对风险的理解和研究，风险一词逐渐广泛应用于各个领域，各领域中对风险的定义也大不相同，风险的定义主要有：

（1）风险是指损失产生的可能性。

（2）风险指对发生某一经济损失的不确定性。

（3）风险是实际后果偏离预期有利结果的可能性。

（4）风险是损失出现的机会或概率。

（5）风险是偶然事件发生的可能性。

（6）风险是指潜在损失的变化范围与变动幅度等。

总体来说风险是生产目的和劳动成果之间的不确定性，主要有收益的不确定性和成本或代价的不确定性两类。针对电网企业的风险，由事故发生的可能性和严重性来衡量。风险具有客观性、不确定性和普遍性。它不以人的意识改变为转移，是客观存在的且不可避免的。风险的不确定性体现在转变为隐患或者事故的具体时间、具体地点或对象是无法被准确预测的。风险存在于生产施工的各个环节、各个场所，是普遍存在的。

电网企业是社会生产的支柱产业，电网企业风险具备一般风险的普遍特征。但作为社会生产的支柱性行业，涉及输电、供电等多个环节，电网企业风险也具备其独有的特征。

1. 风险存在的普遍性

由于电网运行以及电网企业的正常运营关系着社会群众的生产生活，并与自然环境相互影响，因此快速的社会变化会导致电网不可避免地遇到风险，也暗示着电网风险的发生和存在具有普遍性。

2. 风险潜伏的隐蔽性

电网风险的产生需要一定时间量的变化以及一定程度质的积累过程，同时也受到不同外在条件对电网运行各个环节的共同影响，所以风险往往具有很强的隐蔽性，给风险的识别和预防带来困难。但通过对电网风险外在表象的认识和总结，以及长期的电网经营管理，在一定程度上能发现风险的潜伏。

3. 风险爆发的紧急性

由于导致电网危机产生的因素可能来自电厂、输电网、电力经营管理、自然环境等各个方面，不同层次问题的长期积累，或者突发性自然灾害的产生，决定了电网风险的产生具有紧急性。来自电网内部的不断冲击，以及外部环境的突然性影响，都会迅速地扩散到电网运行当中，所以电网风险一旦爆发，必然来势凶猛。

4. 风险传播的公开性

随着社会的不断进步发展，人类生产生活的各个方面对于正常电网运行的依赖性越来越强，电网风险的产生具有紧急性的特点，因此风险爆发势必导致整个社会高度关注。现代媒体传播渠道的多样化以及传播工具的现代化，都会使风险迅速公开，并广泛传播。

5. 受产业链影响严重

电能具有产、供、销同时完成的特点，涉及电力生产、输电、配电、用电等多个环节，电网作为整个电力运营中的载体，必然受到来自其他各个方面的不同程度影响，任何其他环节遭遇突发灾害、风险都会给整个电网带来巨大冲击，影响电网正常运行。

6. 风险来源极多

影响电网的风险来源繁多，简单的违反电网操作、长期的电力设备受到有意无意破坏等电网自身事故会在内部影响电网；处于自然环境当中的电网很容易受到自然灾害（如地震、水灾、风灾、雪灾、冰灾等）的毁坏。近年来我国电网受自然灾害破坏事故层出不穷，影响范围具有很大的不确定性，但有一定的季节性，并且影响程度巨大。同时电网企业的非正常经营、受市场化竞争的冲击等因素也会对电网规划管理带来影响。

7. 风险带来损失巨大

我国电网经过几十年的不断建设，设施量大且分布面广，相当大的投资已经投入到电网当中。同时电力供应紧密涉及社会生产的各个行业以及人们正常的生活秩序、人身财产安全，因此电网风险的爆发势必会带来巨大的直接和间接损失，并且次生许多其他风险。

四、风险管理

风险管理的概念是由美国宾夕法尼亚大学 Huebner 首次提出，是指在企业一个肯定有风险的环境里把风险可能造成的不良影响减至最低的管理过程。风险管理当中包括了对风险的量度、评估和应变策略。理想的风险管理，是一连串排好优先次序的过程，使当中的可以导致最大损失及最可能发生的事情优先处理、而相对风险较低的事情则押后处理。风险管理亦要面对有效资源运用的难题。这牵涉到机会成本的因素。把资源用于风险管理，可能使能运用于有回报活动的资源减低；而理想的风险管理，正希望能够花最少的资源去尽可能化解最大的危机。

电网企业风险管理流程一般为风险识别、风险评估、风险控制。

1. 风险识别

风险识别阶段的主要工作是搜集电网企业的基本经营信息，由多个业务单元组成，包括企业规划、物资、基建、生产营销、财务、人事、法律等，通过如流程梳理、案例分析等一定的识别方法，配合访谈调研，识别出影响企业业务目标和经营目标实现的风险因素，形成风险清单。风险清单列示的风险包含一般程度的风险和重大重要的风险，全面审视电网企业风险种类，是企业管控风险的主要来源。

2. 风险评估

风险评估的作用是判断风险发生的概率，尽量减少风险发生带来的损失，运用概率和数理统计等数学的方法，对已经被识别出来的风险进行测量和排序。根据风险识别阶段的风险梳理的风险清单，运用统计学方法对风险的损失度、风险水平进行量化测评、划分风险等级，将电网企业无法忍受的风险或带来重大影响的风险进一步识别，该阶段称为风险的"二次识别阶段"。

3. 风险控制

风险控制阶段的主要工作是对上述两阶段已识别、评价出的重要重大风险进行有效控制，特别强调一点的是，某个重大风险我们虽然采取了必要的控制措施予以管理，但不代表该风险就一定不发生，所以需要针对风险发生后可能的影响，制定补救措施。风险控制原则是根据电网企业的风险偏好、容忍度及发展方向与重点，有目的地对构成重大影响的风险采取避免、降低、接受、转移等措施。

五、应急管理

应急管理是安全管理工作经过长期发展的必然产物。传统的应急管理主要针对突发事件发生之后，如何采取合理的应对措施减少事件后果的严重程度和降低事故再次发生的可能性。20世纪70年代许多西方国家通过应急管理的实践逐渐形成了现代应急管理的理论，现代应急管理理论是一个针对突发事件的全过程，使用科学合理的技术措施等控制事态发展程度，保障人员、财产、设备、环境等的安全。应急管理目前是一个具有多领域交叉的综合性学科，按照突发事件的发生顺序，应急管理工作一般分为四个阶段：预防与应急准备（突发事件未发生）、监测与预警（突发事件即将发生或刚刚发生）、应急处置与救援（突发事件正在发生）、事后恢复与重建（突发事件发生之后）。

预防与应急准备阶段是通过编制法律法规、应急预案、安全规划，进行人员安全培训、风险分析与控制、配备应急物资与装备等手段降低突发事件发生的可能性或减轻突发事件后果的严重程度。监测与预警阶段是通过提升对事件的监测能力，加强对突发事件的监测，通过合理快速的预警方式告知突发事件可能伤害的群体，降低突发事件后果的严重程度。应急处置与救援阶段是突发事件发生之后，相关应急队伍在应急组织或机构的应急指挥下使用应急物资和装备进行突发事件的现场救援，其中涉及了信息的报送和发布。事后恢复与重建阶段是突发事件发生之后，相关人员进行受灾人员的心理辅导和财产赔偿、突发事件的原因分析、应急处置的过程评估、灾后的重建等。

六、"一案三制"

"一案三制"一般包含应急预案体系、应急法制、应急体制和应急机制。

1. 应急预案

应急预案是为了控制、减轻和消除突发事件引起的严重后果，在突发事件发生之前为应对突发事件而制定的具体方案。一般按照覆盖全面、结构清晰、层次完整、上下衔接的原则，依据本企业风险评估情况，进行应急预案编制。电网企业的应急预案由总体应急预案、专项应急预案和现场处置方案构成。

2. 应急管理体制

主要是国家机关和企事业单位在管理实践中为划分机构设置和管理权限而制定的制度。应急管理体制是应急管理的组织结构和其运行机制。要建立健全领导责任制，应急处置的专业队伍、专家队伍。有序开展预案修编、制度建设、信息监测、预警发布、队伍管理、演练培训等日常应急管理工作，处置突发事件时，迅速成立专项应急工作组，组织开展应急处置与救援工作，形成完善的应急工作体制。

3. 应急管理机制

主要是包含监测预警机制、分级负责和响应机制、信息报告机制、资源的配置与征用机制、应急决策和协调机制、公众的沟通与动员机制、奖惩机制等，通过建立健全这些机制，来完善企业的应急能力。

4. 应急管理法制

主要是加强应急管理相关的法制化建设，把整个应急管理工作建设纳入法制和制度的轨道，按照有关的法律法规来建立健全预案，依法行政，依法实施应急处置工作，要把法治精神贯穿于应急管理工作的全过程。

七、常见自然灾害预警分级划分

1. 高温预警（分为三级）

（1）高温黄色预警信号。连续三天日最高气温将在35℃以上。

（2）高温橙色预警信号。24h内最高气温将升至37℃以上。

（3）高温红色预警信号。24h内最高气温将升至40℃以上。

2. 暴雨预警（分为四级）

（1）暴雨蓝色预警信号。12h内降雨量将达50mm以上，或者已达50mm以上且可能持续。

（2）暴雨黄色预警信号。6h内降雨量将达50mm以上，或者已达50mm以上且可能持续。

（3）暴雨橙色预警信号。3h内降雨量将达50mm以上，或者已达50mm以上且可能持续。

（4）暴雨红色预警信号。3h内降雨量将达100mm以上，或者已达100mm以上且可能持续。

3. 雷电预警（分为三级）

（1）雷电黄色预警信号。6h内可能发生雷电活动，可能会造成雷电灾害事故。

（2）雷电橙色预警信号。2h内发生雷电活动的可能性很大，或者已经受雷电活动影响，且可能持续，出现雷电灾害事故的可能性比较大。

（3）雷电红色预警信号。2h内发生雷电活动的可能性非常大，或者已经有强烈的雷电活动发生，且可能持续，出现雷电灾害事故的可能性非常大。

4. 台风预警（分为四级）

（1）台风蓝色预警信号。24h内可能或者已经受热带气旋影响，沿海或者陆地平均风力达6级以上，或者阵风8级以上并可能持续。

（2）台风黄色预警信号。24h内可能或者已经受热带气旋影响，沿海或者陆地平均风力达8级以上，或者阵风10级以上并可能持续。

（3）台风橙色预警信号。12h内可能或者已经受热带气旋影响，沿海或者陆地平均风力达10级以上，或者阵风12级以上并可能持续。

（4）台风红色预警信号。6h内可能或者已经受热带气旋影响，沿海或者陆地平均风力达12级以上，或者阵风达14级以上并可能持续。

5. 霜冻预警（分为三级）

（1）霜冻蓝色预警信号。48h内地面最低温度将要下降到0℃以下，对农业将产生影响，或者已经降到0℃以下，对农业已经产生影响，并可能持续。

（2）霜冻黄色预警信号。24h内地面最低温度将要下降到零下3℃以下，对农业将产生严重影响，或者已经降到零下3℃以下，对农业已经产生严重影响，并可能持续。

（3）霜冻橙色预警信号。24h内地面最低温度将要下降到零下5℃以下，对农业将产生严重影响，或者已经降到零下5℃以下，对农业已经产生严重影响，并将持续。

6. 寒潮预警（分为四级）

（1）寒潮蓝色预警信号。48h内最低气温将要下降8℃以上，最低气温小于等于4℃，陆地平均风力可达5级以上；或者已经下降8℃以上，最低气温小于等于4℃，平均风力达5级以上，并可能持续。

（2）寒潮黄色预警信号。24h内最低气温将要下降10℃以上，最低气温小于等于4℃，陆地平均风力可达6级以上；或者已经下降10℃以上，最低气温小于等于4℃，平均风力达6级以上，并可能持续。

（3）寒潮橙色预警信号。24h内最低气温将要下降12℃以上，最低气温小于等于0℃，陆地平均风力可达6级以上；或者已经下降12℃以上，最低气温小于等于0℃，平均风力达6级以上，并可能持续。

（4）寒潮红色预警信号。24h内最低气温将要下降16℃以上，最低气温小于等于0℃，陆地平均风力可达6级以上；或者已经下降16℃以上，最低气温小于等于0℃，平均风力达6级以上，并可能持续。

7. 暴雪预警（分为四级）

（1）暴雪蓝色预警信号。12h内降雪量将达4mm以上，或者已达4mm以上且降雪持续，可能对交通或者农牧业有影响。

（2）暴雪黄色预警信号。12h内降雪量将达6mm以上，或者已达6mm以上且降雪持续，可能对交通或者农牧业有影响。

（3）暴雪橙色预警信号。6h内降雪量将达10mm以上，或者已达10mm以上且降雪持续，可能或者已经对交通或者农牧业有较大影响。

（4）暴雪红色预警信号。6h内降雪量将达15mm以上，或者已达15mm以上且降雪持续，可能或者已经对交通或者农牧业有较大影响。

第二章　法律法规基础知识

第一节　国家法律法规体系

　　法律法规，指中华人民共和国现行有效的法律、行政法规、司法解释、地方法规、地方规章、部门规章及其他规范性文件以及对于该等法律法规的不时修改和补充。其中，法律有广义、狭义两种理解。

　　广义上讲，法律泛指一切规范性文件；狭义上讲，仅指全国人大及其常委会制定的规范性文件。在与法规等一起谈论时，法律是指狭义上的法律。法规则主要指行政法规、地方性法规、民族自治法规及经济特区法规等。

一、法律

1. 法律的定义

　　法律是由享有立法权的立法机关（全国人民代表大会和全国人民代表大会常务委员会）行使国家立法权，依照法定程序制定、修改并颁布，并由国家强制力保证实施的基本法律和普通法律总称，包括基本法律、普通法律。

2. 法律的特征

　　（1）法律是一种概括、普遍、严谨的行为规范。法律首先是指一种行为规范，所以规范性就是它的首要特性。规范性是指法律为人们的行为提供模式、标准、样式和方向。法律同时还具有概括性，它是人们从大量实际、具体的行为中高度抽象出来的一种行为模式，它的对象是一般的人，是反复适用多次的。法律还具有普遍性，即法律所提供的行为标准是按照法律规定所有公民一概适用的，不允许有法律规定之外的特殊，即要求"法律面前人人平等"，一旦触犯法律，便会受到相应的惩罚，对其教育改良。

　　（2）法律是国家制定或认可的行为规范。这是法律来源上的一个重要特征。所谓国家制定和认可是指法律产生的两种方式。国家制定形成的是成文法，国家认可形成的通常是习惯法。

（3）法律是国家确认权利和义务的行为规范。法律所规定的权利和义务，不同于其他社会规范的权利和义务，它是由国家确认或认可和保障的一种关系，这是法律的一个重要特征。

（4）法律是由国家强制力保障实施的行为规范。由于法律是一种国家意志，它的实施就由国家强制力来保障。法律所规定的权利和义务是由专门的国家机关以强制力保证实施的，国家的强力部门包括军队、警察、法庭、监狱等有组织的国家暴力。

（5）法律是调整社会关系的行为规范。因为社会是指以物质生产为基础而结成的人们的总体，法律的调整是指向人们的行为，是对人们行为所设立的标准，即调整一定的社会关系。

（6）法律是具有普遍性的社会规范。法律普遍的有效性，在一国主权内法具有普遍效力。普遍的一致性，法律不可以强人所难。

二、法规

法规指国家机关制定的规范性文件。如我国国务院制定和颁布的行政法规，省、自治区、直辖市人大及其常委会制定和公布的地方性法规。设区的市、自治州（2015《立法法》最新修订），也可以制定地方性法规，报省、自治区的人大及其常委会批准后施行。法规也具有法律效力。

三、我国的应急相关法律法规体系

新中国建立迄今，特别是2003年全国大范围发生"非典"疫情之后，我国已经在应急管理领域制定大量法律法规，在一般性突发事件领域已经建立以《中华人民共和国突发事件应对法》为应对基本法、大量应对特定种类突发事件的分散单行立法与之并存的应急管理法律体系。其中，既有规定基本原则和制度的龙头法《中华人民共和国突发事件应对法》，也有一事一规定的各类单行法，较好地实现了应急管理法治统一与具体领域特别应对相结合。

2007年8月30日颁布的《中华人民共和国突发事件应对法》，结束了我国突发事件预防与应对无基本法的历史，是我国应急法律建设的重要标志。作为规范突发事件应对工作的国家层面法律《中华人民共和国突发事件应对法》加强了突发事件应对工作的统一性和规范性，首次系统、全面地规范了突发事件应对工作的各个领域和各个环节，确立了应对工作应当遵循的基本原则，构建了一系列基本制度，为突发事件应对工作的全面法治化和制度化提供了最基本的法律依据。

在《中华人民共和国突发事件应对法》之外，我国还存在大量单行立法。这些立法有的是关于突发事件应对的专门单行立法，如《中华人民共和国防震减灾法》《破坏性地震应急条例》（国务院令第172号）、《突发公共卫生事件应急条例》（国务院令第376号）等；多数则是部门管理的行政立法中部分条款涉及突发事件的应对工作。单行立法的优点是针对性强，或者结合某类突发事件的特点，或者结合某个阶段应对工作的特点，规定更具针对性的应对措施。

数量众多的单行立法已经覆盖了突发事件的各个领域。《中华人民共和国突发事件应对法》将突发事件分为自然灾害、事故灾难、公共卫生事件和社会安全事件。四大类事件之下又可以细分为诸多种类，如自然灾害包括地震、台风、冰雪、水灾等，基本覆盖了目前可能发生的各类突发事件。就其覆盖面而言，形式上已经覆盖了一般性突发事件领域中的各类灾种突发事件。按照《国家突发事件总体应急预案》对突发公共事件的四种分类，将我国主要应急相关法律法规进行了整理，见表2-1。

表2-1　我国主要的应急法律法规

突发公共事件的类别	突发公共事件法律、法规	施行时间
自然灾害	《中华人民共和国突发事件应对法》	2007年11月1日
	《中华人民共和国水法》	2002年10月1日
	《中华人民共和国防汛条例》	2005年7月15日
	《水库大坝安全管理条例》	1991年3月22日
	《蓄滞洪区运用补偿暂行办法》	2000年5月27日
	《中华人民共和国防沙治沙法》	2002年1月1日
	《人工影响天气管理条例》	2002年5月1日
	《军队参加抢险救灾条例》	2005年7月1日
	《中华人民共和国防震减灾法》	1998年3月1日
	《破坏性地震应急条例》	1995年4月1日
	《中华人民共和国森林法》	1985年1月1日
	《森林防火条例》	1988年3月15日
	《森林病虫害防治条例》	1989年12月18日
	《中华人民共和国森林法实施条例》	2000年1月29日

续表

突发公共事件的类别	突发公共事件法律、法规	施行时间
自然灾害	《草原防火条例》	1993年10月5日
	《中华人民共和国自然保护区条例》	1994年10月9日
	《地质灾害防治条例》	2004年3月1日
	《中华人民共和国海洋石油勘探开发环境保护管理条例》	1983年12月29日
事故灾难	《生产安全事故报告和调查处理条例》	2007年6月1日
	《生产安全事故应急条例》	2019年4月1日
	《放射性同位素与射线装置安全和防护条例》	2008年12月6日
	《中华人民共和国建筑法》	1998年3月1日
	《中华人民共和国消防法》	2009年5月1日
	《中华人民共和国矿山安全法实施条例》	1996年10月30日
	《国务院关于预防煤矿生产安全事故的特别规定》	2005年9月3日
	《煤矿安全监察条例》	2000年12月1日
	《国务院关于特大安全事故行政责任追究的规定》	2001年4月21日
	《建设工程质量管理条例》	2000年1月30日
	《工伤保险条例》	2011年1月1日
	《中华人民共和国民用核设施安全监督管理条例》	1986年10月29日
	《电力监管条例》	2005年5月1日
	《核电厂核事故应急管理条例》	1993年8月4日
公共卫生事件	《重大动物疫情应急条例》	2005年11月17日
	《中华人民共和国传染病防治法》	2004年12月1日
	《中华人民共和国传染病防治法实施办法》	1991年12月6日
	《突发公共卫生事件应急条例》	2003年5月9日
	《中华人民共和国动物防疫法》	2008年1月1日
	《中华人民共和国食品卫生法》	1995年10月30日
	《中华人民共和国国境卫生检疫法》	2007年12月29日
	《中华人民共和国进出境动植物检疫法》	1992年4月1日
	《中华人民共和国植物检疫条例》	1992年5月13日
	《中华人民共和国国境卫生检疫法实施细则》	1989年3月6日

突发公共事件的类别	突发公共事件法律、法规	施行时间
社会安全事件	《中华人民共和国戒严法》	1996年3月1日
	《中华人民共和国民族区域自治法》	1984年10月1日
	《中华人民共和国人民警察法》	1995年2月28日
	《中华人民共和国集会游行示威法》	1989年10月31日
	《中华人民共和国监狱法》	1994年12月29日
	《信访条例》	2005年5月1日
	《中华人民共和国企业劳动争议处理条例》	1993年7月6日
	《行政区域边界争议处理条例》	1989年2月3日
	《殡葬管理条例》	1997年7月21日
	《营业性演出管理条例》	2005年9月1日

第二节 主要应急法律法规介绍

一、《中华人民共和国突发事件应对法》

1.《中华人民共和国突发事件应对法》的立法背景及原则

《中华人民共和国突发事件应对法》（以下简称《突发事件应对法》）由中华人民共和国第十届全国人民代表大会常务委员会第二十九次会议于2007年8月30日通过，自2007年11月1日起施行。《突发事件应对法》有总则、预防与应急准备、监测与预警、应急处置与救援、事后恢复与重建、法律责任和附则共计七章七十条，主要规定了突发事件应急管理体制、突发事件的预防与应急准备、监测与预警、应急处置与救援、事后恢复与重建等方面的基本制度，并与宪法规定的紧急状态法条和有关突发事件应急管理的其他法律作了衔接。

（1）立法背景。《突发事件应对法》是新中国第一部应对各类突发事件的综合性法律，其颁布实施对于提高全社会应对突发事件的能力，预防和减少突发事件的发生，及时有效地控制、减轻和消除突发事件引起的严重社会危害，保护人民生命财产安全，维护国家安全、公共安全和环境安全，构建社会主义和谐社会具有重要意义。这部法律的公布实施，标志着我国突发事件应对工作全面进入制度化、规范化、法制化的轨道。

首先，我国是一个自然灾害、事故灾难、公共卫生事件等突发事件较多的国家。从自然的角度分析，我国是世界上受自然灾害影响最为严重的国家之一，灾害种类多、发生频率高、危害程度大；从社会的角度分析，这些突发事件经济损失大、影响范围广、社会关注高。随着社会的发展和进步，人们对美好生命的珍爱、财产损失的关注、应急救援的期望、社会稳定的渴望，比以往任何时候都要高。突发事件必然会引起社会的高度关注，但如果应急处置失当，就有可能出现社会危机。

提高各级政府依法处置突发事件的能力，控制、减轻和消除突发事件引起的严重社会危害，是当前中国应急法制建设面临的一项紧迫任务。突发事件的应对，尤其是应急处置，不能仅仅依靠经验，更重要的应当依靠法制。现代社会应对突发事件有着自身规律，往往需要行政主导，以提高应对效率，减轻危害。这就需要赋予行政机关较大的权力，同时更多地限制公民的权利。但是这种权力往往具有两面性，运用不当就导致权益失衡。因此，无论是行政紧急权力的取得和运作，还是对公民权利的限制或者公民义务的增加，都需要依法应急、按章办事。尤其在应对突发事件等特殊情况下，更要依法办事。显而易见，制定一部这样的法律是当务之急。

其次，我国政府高度重视突发事件的应对工作，采取了一系列措施，建立了许多应急管理制度。特别是近些年来，国家高度重视应对突发事件的法制建设，制定了大量的涉及突发事件应对的法律、行政法规、部门规章和有关文件。同时，国务院和地方各级人民政府初步建立突发事件应急预案体系，强化应急管理机构和应急保障能力建设，为依法科学应对突发事件奠定良好的基础。但在突发事件的处理中，还存在着不少问题，主要是：应急责任主体不够明确，且出现问题相互推责或多头指挥的情况还较为普遍；应急响应机制不够统一、灵敏、协调；信息发布不够及时、准确、透明；突发事件预防与处置制度及机制不够完善、措施不够得力等。突发事件的预防与应急准备、监测与预警、应急处置与救援等制度和机制不够完善，会导致一些突发事件未能得到有效预防，有的突发事件引起的社会危害不能及时得到控制。因此，在应对突发事件的过程中，各级政府应对突发事件的效率和效果有待进一步提高。如何进一步增强政府的危机意识，增强政府应对突发事件的透明度，提高应对突发事件的能力，真正做到处变不惊、处置有序，就需要建立健全有关法律制度，并对应急管理体制、预防与应急准备、监测与预警、应急处置与救援、突发事件信息发布和透明度等问题做出明确规定，以提高全社会的危机意识，明确政府、企业、其他社会组织和公民的责任，从根本上预防和减少突发事件的发生。

最后，社会广泛参与应对突发事件的机制还不够健全，社会公众的危机意识、自我保护、自救与互救的能力不强。一旦发生突发事件，即使是一个很小的突发事件都会造成很大的人员伤亡，其中一个重要的原因，就是有关人员自我保护、自救、互救的意识和能力不强。为了提高社会各方面依法应对突发事件的能力，迫切需要在认真总结我国应对突发事件经验教训、借鉴其他国家成功经验的基础上，制定一部规范应对各类突发事件共同行为的法律。

基于这样的背景，国务院法制办于2000年5月组织力量研究起草这部法律。在认真学习研究党中央、国务院关于应对自然灾害、事故灾难、公共卫生事件等突发事件的一系列方针、政策、措施，全面总结我国应对突发事件的实践经验，研究借鉴国外应对突发事件的法律制度，并广泛征求各方面意见的基础上，数易其稿，形成了《中华人民共和国突发事件应对法（草案）》，经国务院常务会议两次讨论修改，于2006年6月提请全国人大常委会审议。全国人大常委会三次审议修改，于2007年8月30日第十届全国人民代表大会常务委员会第二十九次会议通过，2007年11月1日正式实施。

（2）立法原则。在《突发事件应对法》中，始终贯彻并遵循以下原则。

把突发事件的预防和应急准备放在优先的位置。突发事件应对的制度设计，重点不在突发事件发生后的应急处置，而是从法律上、制度上保证应对工作关口能够前移至预防、准备、监测、预警等环节，力求做好突发事件预防工作、及时消除危险因素，避免突发事件的发生；当无法避免的突发事件发生后，也应当首先依法采取应急措施予以处置，及时控制事态发展，防止其演变为特别严重事件，防止人员大量伤亡扩大、财产损失增加。因此，《突发事件应对法》明确规定：国家建立重大突发事件风险评估体系，对可能发生的突发事件进行综合性评估；国家建立了处置突发事件的组织体系和应急预案体系，为有效应对突发事件做了组织准备和制度准备；国家建立了突发事件监测网络、预警机制和信息收集与报告制度，为最大限度减少人员伤亡、减轻财产损失提供了前提；国家建立了应急救援物资、设备、设施的储备制度和经费保障制度，为有效处置突发事件提供了物资和经费保障；国家建立了社会公众学习安全常识和参加应急演练的制度为应对突发事件提供了良好的社会基础；国家建立了由综合性应急救援队伍、专业性应急救援队伍、单位专职或者兼职应急救援队伍以及武装部队组成的应急救援队伍体系，为做好应急救援工作提供了可靠的人员保证。

坚持有效控制危机和最小代价原则。 突发事件严重威胁、危害社会的整体利益。任何关于应急管理的制度设计都应当将有效地控制、消除危机作为基本的出发点，以有利于控制和消除面临的现实威胁。因此，必须坚持效率优先，根据中国国情授予行政机关充分的权力，以有效整合社会各种资源，协调指挥各方社会力量，确保危机最大限度地得以控制和消除。同时，又必须坚持最小代价原则，控制危机不可能不付出代价，但也不是不惜一切代价。具体要求是：在保障人的生命健康优先权的前提下，必须对自由权、财产权的损害控制在最低限度；坚持常态措施用尽原则，即只有在常态措施不足以处理问题时，才启用应急处置措施；将正常的生产、工作、学习和生活秩序的影响控制在最小范围，严格控制应急处置措施的适用对象和范围。

为此，需要规定行政权力行使的规则和程序，以便将应急救援的代价降到最低限度。必须强调，缺乏权力行使规则的授权，会给授权本身带来巨大的风险。因此，《突发事件应对法》在对突发事件进行分类、分级、分期的基础上，确定突发事件的社会危害程度、授予行政机关与突发事件的种类、级别和时期相适应的职权。同时，有关预警期采取的措施和应急处置措施，在价值取向上都体现了最小代价原则。

对公民权利依法予以限制和保护相统一。 国家的人民民主制度和人民享有的自由和权利，是现代政治制度中的共和国制度赖以生存的价值基础。但是一旦出现危害社会的突发事件，为了维护社会共同体的利益，必须实行国家权力的集中，减少国家决策的民主程序，对公民权利和自由进行一些必要的限制，并使其承担更多的公共义务。《突发事件应对法》的立法理念，就是在有效控制危机，维系社会共同利益的同时，尽量将对民主和自由的影响压缩到最低的程度。

因此，平时管理与应急管理的转换，成为贯穿法律的中心。也就是说，突发事件发生时，在什么样的情况下允许政府从平时管理进入应急管理；当突发事件造成的危机减轻或消除时，政府怎样立刻结束应急管理，从应急管理转换到平时管理。这二者的转换必须纳入法律框架之中。没有第一个转换就不能有效、及时地控制突发事件，而没有第二个转换就可能造成应急权力的滥用，所以必须设置必要的界限。

从应急管理转为平时管理，相对比较从容，《突发事件应对法》做了一个统一的规定：当突发事件造成的危机减轻或消除、采取平时管理足以控制时，必须立即停止继续行使应急措施。而从平时管理进入应急管理的转换界限，则不易做出统一的划分。因为突发事件发生的类型不同、区域不同、程度不同，很难统一规定在什么样的情况下进入应急管理状态。因此，《突发事件应对法》规定：对于可预见的突发事件，采取预警制度。预警期是日常状态和应急状态的过渡，使公众有一个可以接受的转换期；对于不能预见的突发事件，则以突发事件的发生作为平时管理进入应急管理转换的界标。

着眼应急管理合法性，即提高政府应对突发事件的法律能力。政府应对突发事件的法律能力，涉及政府应急措施的社会价值评价问题。法律能力关注的中心问题是政府的应急措施对公民自由和权利，包括经济、社会、政治、家庭和其他方面的自由和权利限制或者中止；对国家决策和监督活动民主制度的影响，限制和停止人民的自由和权利，限制国家决策的民主程序的条件，程度、时间、方式，究竟怎样才是合适的和正当的。提出法律能力的基础是政府采取应急措施不能没有任何道德和社会约束，不能为了克服危机而无所顾忌为所欲为，也不能以克服危机为由不计任何物质和社会代价。

所以，政府应对突发事件的法律能力是政府实施应急行为取得社会普遍认可和合法性评价的能力。《突发事件应对法》就是着眼于提高政府应对突发事件的法律能力，使政府能在法律框架下处置突发事件；明确在应急管理阶段，政府可以采取什么应急措施和依照什么规则采取这些措施；保证政府运用各种应急社会资源的行为，具有更高的透明度，更大的确定性和更强的可预见性。例如，政府在应对突发事件时可能会要求公民提供财产或提供服务。这在法律上可以有不同的性质：或者属于公民自愿主动的志愿行为，不需要国家给予回报；或者属于公民履行法律规定的普遍性公共义务，国家对此应当给予一些补助；还有就是政府应急征收征用私人财产和服务，政府事后应当给予补偿。这些问题在《突发事件应对法》中都做出明确的规定。

《突发事件应对法》确立的应急管理体制。实行统一的应急管理体制，整合各种力量，是确保突发事件处置工作提高效率的根本举措。《突发事件应对法》第四条规定：国家建立统一领导、综合协调、分类管理、分级负责、属地管理为主的应急管理体制。

统一领导　是指在各级政府的领导下，开展突发事件应对处置。在国家层面，国务院是突发事件应急管理工作的最高行政领导机关；在地方层面，地方各级政府是本地区应急管理工作的行政领导机关，负责本行政区域各类突发事件应急管理工作，是负责此项工作的责任主体。在突发事件应对中，领导权主要表现为以相应责任为前提的指挥权、协调权。

综合协调　有两层含义：一是政府对所属各有关部门、上级政府对下级各有关政府、政府与社会各有关组织、团体的协调；二是各级政府突发事件应急管理工作的办事机构进行的日常协调。综合协调的本质和取向是在分工负责的基础上，强化统一指挥、协同联动，以减少运行环节、降低行政成本，提高快速反应能力。

分类管理　是指按照自然灾害、事故灾难、公共卫生事件和社会安全事件四类突发事件的不同特性实施应急管理。具体包括：根据不同类型的突发事件，确定管理规则，明确分级标准，开展预防和应急准备、监测与预警、应急处置与救援、事后恢复与重建等应对活动。此外，由于一类突发事件往往有一个或者几个相关部门牵头负责，因此分类管理实际上就是分类负责，以充分发挥诸如防汛抗旱、防震减灾、核应急、反恐等指挥机构及其应急办公室在相关领域应对突发事件中的作用。

分级负责　主要是根据突发事件的影响范围和突发事件的级别不同，确定突发事件应对工作由不同层级的政府负责。一般来说，一般和较大的自然灾害、事故灾难、公共卫生事件的应急处置工作分别由发生地县级或设区的市级人民政府统一领导；重大和特别重大的，由省级人民政府统一负责，其中影响全国、跨省级行政区域或者超出省级人民政府处置能力的特别重大的突发事件应对工作，由国务院统一负责。社会安全事件由于其特殊性，原则上，也是由发生地的县级人民政府组织处置，但必要时上级人民政府可以直接处置。需要指出，履行统一领导职责的地方人民政府不能消除或者有效控制突发事件引起的严重社会危害的，应当及时向上一级人民政府报告，请求支持。接到下级人民政府的报告后，上级人民政府应当根据实际情况对下级人民政府提供人力、财力支持和技术指导，必要时可以启用储备的应急救援物资、生活必需品和应急处置装备；有关突发事件升级的，应当由相应的上级人民政府统一领导应急处置工作。

属地管理为主　主要有两种含义：一是突发事件应急处置工作原则上由地方负责，即由突发事件发生地的县级以上地方人民政府负责；二是法律、行政法规规定由国务院有关部门对特定突发事件的应对工作负责的，就应当由国务院有关部门管理为主。比如，中国人民银行法规定，商业银行已经或者可能发生信用危机，严重影响存款人的利益时，由中国人民银行对该银行实行接管，采取必要措施，以保护存款人利益，恢复商业银行正常经营能力。又比如，《核电厂核事故应急管理条例》规定，全国的核事故应急管理工作由国务院指定的部门负责。

2.《突发事件应对法》确立的应急管理基本制度

突发事件的预防与应急准备制度。突发事件的预防和应急准备制度是整部法律中最重要的一个制度，也是涉及条文最多的一项制度。突发事件的预防和应急准备制度具体包括以下内容。

（1）提高全社会危机意识和应急能力的制度。这是突发事件应对的基础性制度，主要包括：各级各类学校应该将应急知识教育纳入教学内容，培养学生的安全意识和自救、互救能力。基层人民政府应当组织应急知识的宣传普及活动，新闻媒体应当无偿开展突发事件预防与应急、自救与互救知识的公益宣传。基层人民政府、街道办事处、居民委员会、村民委员会、企事业单位应当组织开展应急知识的宣传普及活动和必要的应急演练。机关工作人员应急知识和法律法规知识培训制度。

（2）隐患调查和监控制度。这是最重要的预防制度，主要包括：县级以上政府应当加强对本行政区域内危险源、危险区域的调查、登记、风险评估，定期进行检查、监控，并按国家规定及时予以公布。所有单位应当建立健全安全管理制度，矿山、建筑工地等重点单位和公共交通工具、公共场所等人员密集场所，都应当制定应急预案，开展隐患排查；县级人民政府及其有关部门、各基层组织应当及时调解处理可能引发社会事件的矛盾、纠纷。

（3）应急预案制度。应急预案是应对突发事件的应急行动方案，是各级人民政府及其有关部门应对突发事件的计划和步骤，也是一项制度保障。预案具有同等法律文件的效力，比如，国务院的总体预案与行政法规有同等效力，国务院部门的专项预案与部门规章有同等效力，省级人民政府的预案与省级政府规章有同等效力。

（4）建立应急救援队伍的制度。这是重要的组织保障制度，主要包括：县级以上人民政府应当整合应急资源，建立或者确立综合性应急救援队伍。人民政府有关部门可以根据实际需要设立专业应急救援队伍。生产经营单位应当建立由本单位职工组成的专、兼职应急救援队伍。专业应急救援队伍和非专业应急救援队伍应当联合培训、联合演练，提高合成应急、协同应急的能力。

（5）突发事件应对保障制度。这一制度为确保应对突发事件所需的物资、经费等提供了保障，主要包括：物资储备保障制度。国家要完善重要应急物资的监管、生产、储备、调拨和紧急配送体系；设区的市级以上人民政府和突发事件易发、多发地区的县级人民政府应当建立应急救援物资、生活必需品和应急处置装备的储备制度；县级以上地方各级人民政府应当根据本地区的实际情况，与有关企业签订协议，保障应急救援物资、生活必需品和应急处置装备的生产、供给。经费保障制度。国务院和县级以上地方各级人民政府应当采取财政措施，保障突发事件应对工作所需经费。通信保障体系。国家建立健全应急通信保障体系，完善公用通信网，建立有线与无线相结合、基础电信网络与机动通信系统相配套的应急通信系统，确保突发事件应对工作的通信畅通；城乡规划要满足应急需要的制度。城乡规划应当符合预防、处置突发事件的需要，统筹安排应对突发事件所必需的设备和基础设施建设，合理确定应急避难场所。

（6）突发事件的监测制度。监测制度是做好突发事件应对工作，有效预防、减少突发事件的发生，控制、减轻和消除突发事件引起的严重社会危害的重要制度保障。

（7）建立统一的突发事件信息系统。这是一项重大改革，目的是为了有效整合现有资源，实现信息共享，具体包括：信息收集制度。县级以上人民政府及其有关部门、专业机构应当通过多种途径收集突发事件信息。县级人民政府应当在居民委员会、村民委员会和有关单位建立专职或者兼职信息报告员制度。获悉突发事件信息的公民、法人或者其他组织，应当向所在地人民政府、有关主管部门或者指定的专业机构报告。地方各级人民政府应当向上级人民政府报送突发事件信息。县级以上人民政府有关主管部应当向本级人民政府相关部门通报突发事件信息。专业机构、监测网点和信息报告员应当向所在地人民政府及其有关主管部门报告突发事件信息。

（8）信息的分析、会商和评估制度。县级以上地方各级人民政府应当及时汇总分析突发事件隐患和预警信息，必要时组织有关部门、专门技术人员、专家学者进行会商，对发生突发事件的可能性及其可能造成的影响进行评估。

（9）上下左右互联互通和信息及时交流制度。建立健全监测网络。具体包括：在完善现有气象、水文、地震、地质、海洋、环境等自然灾害监测网的基础上，适当增加监测密度，提高技术装备水平。建立危险源、危险区域的实时监控系统和危险品跨区域流动监控系统。在完善省市县乡村五级公共卫生事件信息报告网络系统的同时，健全传染病、不明原因疾病、动植物疫情、植物病虫害和食品药品安全等公共卫生事件监测系统。必须强调，无论是完善哪类突发事件的监测系统，都要加大监测设施、设备建设，配备专职或者兼职的监测人员或信息报告员。

（10）突发事件的预警制度。预警机制不够健全，是导致突发事件发生后处置不够及时、人员财产损失比较多的重要原因。预警制度是根据有关突发事件的预测信息和风险评估，依据突发事件可能造成的危害程度、紧急程度和发展趋势，确定相应预警级别，发布相关信息、采取相关措施的制度。其本质是根据不同情况提前采取针对性的预防措施。突发事件的预警制度具体包括以下内容：预警级别制度。根据突发事件发生的紧急程度，分为一级、二级、三级和四级，一级最高。分别用红、橙、黄、蓝标示。考虑到不同突发事件的性质、机理、发展过程不同，法律难以对各类突发事件预警级别规定统一的划分标准。因此，预警级别划分的标准由国务院或者国务院确定制定。预警警报的发布权制度。原则上，预警的突发事件发生地的县级人民政府享有警报的发布权，但影响超过本行政区域范围的，应当由上级人民政府发布预警警报。确定预警警报的发布权，应当遵守三项原则：属地为主的原则，权责一致的原则，受上级领导的原则。发布三级、四级预警后应当采取的措施。这些措施总体上是指强化日常工作，做好预防、准备工作和其他有关的基础工作，是一些强化、预防和警示性的措施。其中，最重要的有三项：①风险评估措施，即做好突发事件发展态势的预测；②向公众发布警告，宣传避免、减轻危害的常识，公布咨询电话；对相关信息报道工作进行管理；③发布一级、二级预警后应当采取的措施。发布一级、二级预警，意味着事态发展的态势到了一触即发的地步，人民群众的生命财产安全即将面临威胁。因此，这时采取的措施应当更全面、更有力，但从措施性质上仍然属于防范性、保护性的措施。

（11）突发事件的应急处置制度。突发事件发生以后，首要的任务是进行有效地处置，组织营救和救治受伤人员，防止事态扩大和次生、衍生事件的发生。突发事件的应急处置制度包括以下内容：①自然灾害、事故灾难或者公共卫生事件发生后可以采取的措施。这些类型的突发事件发生以后，履行统一领导职责的人民政府可以采取各类控制性、救助性、保护性、恢复性的处置措施。这些措施包括：组织营救和救治受害人员，疏散、撤离并妥善安置受到威胁的人员以及采取其他救助性措施；迅速控制危险源，标明危险区域，封锁危险场所，划定警戒区，实行交通管制以及其他控制措施；禁止或者限制使用有关设备、设施，关闭或者限制使用有关场所，中止人员密集的活动或者可能导致危害扩大的生产经营活动以及采取其他保护措施等。②社会安全事件发生后可以采取的措施。由于社会安全事件往往危害大、影响广，因此有必要建立快速反应、控制有力的处置机制，坚持严格依法、果断坚决、迅速稳妥的处置原则。社会安全事件发生后采取的措施具有较强的控制、强制的特点。这些措施包括：强制隔离使用器械相互对抗或者以暴力行为参与冲突的当事人，妥善解决现场纠纷和争端，控制事态发展；对特定区域内的建筑物、交通工具、设备、设施以及燃料、燃气、电力、水的供应进行控制；封锁有关场所、道路、查验现场人员的身份证件，限制有关公共场所内的活动等。

（12）突发事件的事后恢复与重建制度。突发事件的威胁和危害基本得到控制和消除后，应当及时组织开展事后恢复和重建工作，以减轻突发事件造成的损失和影响，尽快恢复生产、生活、工作和社会秩序，要解决处置突发事件过程中引发的矛盾和纠纷。突发事件的事后恢复与重建制度具体包括如下内容：及时停止应急措施，同时采取或者继续实施防止次生、衍生事件或者重新引发社会安全事件的必要措施。制订恢复重建计划。突发事件应急处置工作结束后，事发地政府应当在对突发事件造成的损失进行评估的基础上，组织制订受影响地区恢复重建计划。上级人民政府提供指导和援助。受突发事件影响地区的事发地政府开展恢复重建工作需要上一级人民政府支持的，可以向上一级人民政府提出请求。上一级人民政府应当根据受影响地区遭受的损失和实际情况，提供必要的援助。国务院根据受突发事件影响地区遭受损失的情况，制定扶持该地区有关行业发展的优惠政策。

（13）突发事件应急处置法律责任制度。行政机关及其工作人员违反《突发事件应对法》规定的责任。不履行法定职责的，由其上级行政机关或者监察机关责令改正。有下列情形之一的，根据情节轻重，对直接负责的主管人员和其他直接责任人员依法给予处分：①未按规定采取预防措施，导致发生突发事件，或者未采取必要的防范措施，导致发生次生、衍生事件的；②迟报、谎报、瞒报、漏报有关突发事件的信息，或者通报、报送、公布虚假信息，造成后果的；③未按规定及时发布突发事件警报、采取预警期的措施，导致损害发生的；

④未按规定及时采取措施处置突发事件或者处置不当，造成后果的；⑤不服从上级人民政府对突发事件应急处置工作的统一领导、指挥和协调的；⑥未及时组织开展生产自救、恢复重建等善后工作的；⑦截留、挪用、私分或者变相私分应急救援资金、物资的；⑧不及时归还征用单位和个人财产的或者不按规定给予补偿的。

单位和个人违反《突发事件应对法》规定的责任。单位有下列情形之一的，由所在地履行统一领导职责的人民政府责令停产停业，暂扣或者吊销许可证或者营业执照，并处五万元以上二十万元以下的罚款；构成违反治安管理行为的，由公安机关依法给予处罚：①未按规定采取预防措施，导致发生严重突发事件的；②未及时消除已发现的可能引发突发事件的隐患，导致发生严重突发事件的；③未做好应急设备、设施日常维护、检测工作，导致发生严重突发事件或者突发事件危害扩大的；④突发事件发生后，不及时组织开展应急救援工作，造成严重后果的；单位或者个人违反《突发事件应对法》规定，不服从所在地政府及其有关部门发布的决定、命令或者不配合其依法采取的措施，构成违反治安管理行为的，由公安机关依法给予处罚；单位或者个人违反《突发事件应对法》规定，导致发生突发事件或者突发事件的危害扩大，给他人人身、财产造成损害的，应当依法承担民事责任。编造并传播虚假信息的责任。违反《突发事件应对法》规定，编造并传播有关突发事件事态发展或者应急处置工作的虚假信息，或者明知是有关突发事件事态发展或者应急处置工作的虚假信息而进行传播的，责令改正，给予警告；造成严重后果的，依法暂停其业务活动或者吊销其执业许可证；负有直接责任的人员是国家工作人员的，还应当对其依法给予处分；构成违反治安管理行为的，由公安机关依法给予处罚。

二、《安全生产法》涉及应急方面规定

《安全生产法》明确了生产安全事故的应急救援与调查处理。国家加强生产安全事故应急能力建设，在重点行业、领域建立应急救援基地和应急救援队伍，鼓励生产经营单位和其他社会力量建立应急救援队伍，配备相应的应急救援装备和物资，提高应急救援的专业化水平。国务院安全生产监督管理部门建立全国统一的生产安全事故应急救援信息系统，国务院有关部门建立健全相关行业、领域的生产安全事故应急救援信息系统。县级以上地方各级人民政府应当组织有关部门制定本行政区域内生产安全事故应急救援预案，建立应急救援体系。

生产经营单位应当制定本单位生产安全事故应急救援预案，与所在地县级以上地方人民政府组织制定的生产安全事故应急救援预案相衔接，并定期组织演练。

危险物品的生产、经营、储存单位以及矿山、金属冶炼、城市轨道交通运营、建筑施工单位应当建立应急救援组织；生产经营规模较小的，可以不建立应急救援组织，但应当指定兼职的应急救援人员。危险物品的生产、经营、储存、运输单位以及矿山、金属冶炼、城市轨道交通运营、建筑施工单位应当配备必要的应急救援器材、设备和物资，并进行经常性维护、保养，保证正常运转。

生产经营单位发生生产安全事故后，事故现场有关人员应当立即报告本单位负责人。单位负责人接到事故报告后，应当迅速采取有效措施，组织抢救，防止事故扩大，减少人员伤亡和财产损失，并按照国家有关规定立即如实报告当地负有安全生产监督管理职责的部门，不得隐瞒不报、谎报或者迟报，不得故意破坏事故现场、毁灭有关证据。负有安全生产监督管理职责的部门接到事故报告后，应当立即按照国家有关规定上报事故情况。负有安全生产监督管理职责的部门和有关地方人民政府对事故情况不得隐瞒不报、谎报或者迟报。

有关地方人民政府和负有安全生产监督管理职责的部门的负责人接到生产安全事故报告后，应当按照生产安全事故应急救援预案的要求立即赶到事故现场，组织事故抢救。参与事故抢救的部门和单位应当服从统一指挥，加强协同联动，采取有效的应急救援措施，并根据事故救援的需要采取警戒、疏散等措施，防止事故扩大和次生灾害的发生，减少人员伤亡和财产损失。事故抢救过程中应当采取必要措施，避免或者减少对环境造成的危害。任何单位和个人都应当支持、配合事故抢救，并提供一切便利条件。

事故调查处理应当按照科学严谨、依法依规、实事求是、注重实效的原则，及时、准确地查清事故原因，查明事故性质和责任，总结事故教训，提出整改措施，并对事故责任者提出处理意见。事故调查报告应当依法及时向社会公布。事故调查和处理的具体办法由国务院制定。事故发生单位应当及时全面落实整改措施，负有安全生产监督管理职责的部门应当加强监督检查。生产经营单位发生生产安全事故，经调查确定为责任事故的，除了应当查明事故单位的责任并依法予以追究外，还应当查明对安全生产的有关事项负有审查批准和监督职责的行政部门的责任，对有失职、渎职行为的，依照本法第八十七条的规定追究法律责任。任何单位和个人不得阻挠和干涉对事故的依法调查处理。县级以上地方各级人民政府安全生产监督管理部门应当定期统计分析本行政区域内发生生产安全事故的情况，并定期向社会公布。

三、《生产安全事故应急条例》

《生产安全事故应急条例》是为了规范生产安全事故应急工作，保障人民群众生命和财产安全，根据《中华人民共和国安全生产法》和《中华人民共和国突发事件应对法》而制定的法规。于2019年3月1日公布，自2019年4月1日起施行。

安全生产是关系人民群众生命财产安全的大事，是经济社会协调健康发展的标志，是党和政府对人民利益高度负责的要求。党的十八大以来，以习近平同志为核心的党中央对安全生产工作高度重视，将其纳入"四个全面"战略布局统筹推进，将应急能力纳入国家治理体系和治理能力现代化建设的重要内容。

近年来，各级党委、政府认真按照党中央、国务院决策部署，大力推进生产安全事故应急工作，安全生产应急管理"一案三制"（预案、体制、机制、法制）建设得到明显加强，全国形成了比较完整的安全生产应急救援体系，建设了覆盖矿山、危险化学品、油气田开采、隧道施工等行业领域的85支国家级安全生产应急救援队伍，显著提升了应对重特大、复杂生产安全事故的能力。同时，铁路、民航、水域、海上溢油等行业领域应急救援队伍建设稳步推进。目前，全国已有各类安全生产应急救援专业队伍1000余支共计7.2万余人，在多次重特大事故灾难救援中发挥了专业骨干作用。

但是，在生产安全事故应急实践中，依然存在应急救援预案实效性不强、应急救援队伍能力不足、应急资源储备不充分、事故现场救援机制不够完善、救援程序不够明确、救援指挥不够科学等问题，尤其是在一些基层企业违章指挥、盲目施救现象时有发生。这些都严重影响到应急能力的提升，有时还造成次生灾害。

针对上述问题和薄弱环节，国务院制定出台专门的行政法规，进一步规范指导生产安全事故应急工作，提高应急能力，切实减少事故灾难造成的人员伤亡和财产损失。这既是贯彻落实以人民为中心的发展思想的务实举措，也是加强安全生产依法行政的现实需求。

《生产安全事故应急条例》（以下简称《应急条例》）根据安全生产法和突发

事件应对法的立法精神、法律原则、基本要求，总结凝练长期以来生产安全事故应急实践成果，分五章、35条，对生产安全事故应急体制、应急准备、现场应急救援及相应法律责任等内容提出了规范和要求。

为了解决生产安全事故应急工作中存在的突出问题，提高生产安全事故应急工作的科学化、规范化和法治化水平，《应急条例》以安全生产法和突发事件应对法为依据，对生产安全事故应急工作体制、应急准备、应急救援等作了规定。

一是明确应急工作体制。《应急条例》规定，国务院统一领导全国的生产安全事故应急工作，县级以上地方人民政府统一领导本行政区域内的生产安全事故应急工作。县级以上人民政府行业监管部门分工负责、综合监管部门指导协调，基层政府及派出机关协助上级人民政府有关部门依法履职。

二是强化应急准备工作。《应急条例》规定，县级以上人民政府及其负有安全生产监督管理职责的部门和乡、镇人民政府以及街道办事处等地方人民政府派出机关应当制定相应的生产安全事故应急救援预案，并依法向社会公布。生产经营单位应当制定相应的生产安全事故应急救援预案，并向本单位从业人员公布。《应急条例》还对建立应急救援队伍、应急值班制度，从业人员应急教育和培训，储备应急救援装备和物资等内容进行明确规定。

三是规范现场应急救援工作。《应急条例》规定，发生生产安全事故后，生产经营单位应当立即启动生产安全事故应急救援预案，采取相应的应急救援措施，并按照规定报告事故情况。有关地方人民政府及其部门接到生产安全事故报告后，按照预案的规定采取抢救遇险人员，救治受伤人员，研判事故发展趋势，防止事故危害扩大和次生、衍生灾害发生等应急救援措施，按照国家有关规定上报事故情况。有关人民政府认为有必要的，可以设立应急救援现场指挥部，指定现场指挥部总指挥，参加应急救援的单位和个人应当服从现场指挥部的统一指挥。

四是明确了法律责任。《应急条例》对地方各级人民政府和生产经营单位在应急准备、应急救援方面的法律责任作出规定。生产经营单位是安全生产责任主体，应急预案制修订、应急演练、应急处置等事故应急工作，生产经营单位都负有主体责任。《应急条例》明确规定了违法追责的情形，比如第三十条明确了按照安全生产法规定追究法律责任的违法行为，第三十一条明确了按照突发事件应对法规定追究法律责任的违法行为，第三十二条明确了责令限期改正和处以罚款的违法行为，第三十三条规定构成违反治安管理行为的由公安机关依法给予处罚，构成犯罪的依法追究刑事责任。

四、《电力安全事故应急处置和调查处理条例》

1.《电力安全事故应急处置和调查处理条例》形成背景

2007年，国务院公布施行了《生产安全事故报告和调查处理条例》，这个条例对生产经营活动中发生的造成人身伤亡和直接经济损失的事故的报告和调查处理作了规定。电力生产和电网运行过程中发生的影响电力系统安全稳定运行或者影响电力正常供应，甚至造成电网大面积停电的电力安全事故，在事故等级划分、事故应急处置、事故调查处理等方面，都与《生产安全事故报告和调查处理条例》规定的生产安全事故有较大不同。比如，生产安全事故是以事故造成的人身伤亡和直接经济损失为依据划分事故等级的，而电力安全事故以事故影响电力系统安全稳定运行或者影响电力正常供应的程度为依据划分事故等级，需要考虑事故造成的电网减供负荷数量、供电用户停电户数、电厂对外停电以及发电机组非正常停运的时间等指标。在事故调查处理方面，由于电力运行具有网络性、系统性，电力安全事故的影响往往是跨行政区域的，同时电力安全监管实行中央垂直管理体制，电力安全事故的调查处理不宜完全按照属地原则，由事故发生地有关地方人民政府牵头负责。因此，电力安全事故难以完全适用《生产安全事故报告和调查处理条例》的规定，有必要制定专门的行政法规，对电力安全事故的应急处置和调查处理做出有针对性的规定。

2.《电力安全事故应急处置和调查处理条例》与《生产安全事故报告和调查处理条例》的衔接

处理好本条例与《生产安全事故报告和调查处理条例》的衔接，是制定本条例首先要解决的问题。本条例从几个层面对这个问题作了处理：一是根据电力生产和电网运行的特点，总结电力行业安全事故处理的实践经验，明确将本条例的适用范围界定为电力生产或者电网运行过程中发生的影响电力系统安全稳定运行或者影响电力正常供应的事故。电力生产或者电网运行过程中造成人身伤亡或者直接经济损失，但不影响电力系统安全稳定运行或者电力正常供应的事故，属于一般生产安全事故，依照《生产安全事故报告和调查处理条例》的规定调查处理。二是对于电力生产或者电网运行过程中发生的既影响电力系统安全稳定运行或者电力正常供应，同时又造成人员伤亡的事故，原则上依照本条例的规定调查处理，但事故造成人员伤亡，构成《生产安全事故报告和调查处理条例》规定的重大事故或者特别重大事故的，则依照本条例的规定，由有关地方政府牵头调查处理，这样更有利于对受害人的赔偿以及责任追究等复杂问题的解决。三是因发电或者输变电设备损坏造成直接经济损失，但不影响电力系统安全稳定运行和电力正常供应的事故，属于《生产安全事故报告和调查处理条例》规定的一般生产安全事故，但考虑到此类事故调查的专业性、技术性比较强，条例明确规定由电力监管机构依照《生产安全事故报告和调查处理条例》的规定组织调查处理。四是对电力安全事故责任者的法律责任，条例作了与《生产安全事故报告和调查处理条例》相衔接的规定。

3. 对电力安全事故等级的划分

电力安全事故的等级划分，涉及采取相应的应急处置措施、适用不同的调查处理程序以及确定相应的事故责任等，在条例中予以明确非常必要。根据事故影响电力系统安全稳定运行或者影响电力正常供应的程度，条例将电力安全事故划分为特别重大事故、重大事故、较大事故、一般事故四个等级。这样规定，既在事故等级上与《生产安全事故报告和调查处理条例》相衔接，同时在事故等级划分的标准上又体现了电力安全事故的特点。对于电力安全事故等级划分的标准，本条例主要规定了五个方面的判定项，包括造成电网减供负荷的比例、造成城市供电用户停电的比例、发电厂或者变电站因安全故障造成全厂（站）对外停电的影响和持续时间、发电机组因安全故障停运的时间和后果、供热机组对外停止供热的时间。由于这些标准属于专业性技术性规范，又非常具体，条例从立法体例上作了相应处理，将电力安全事故等级划分标准以附表的形式列示，没有在正文中规定。

4. 对于电力安全事故的应急处置规定了哪些主要措施

电力安全事故特别是电网大面积停电事故一旦发生，会对正常的社会生产生活产生较大影响。为确保及时、有效地处置电力安全事故，尽可能控制、减轻、消除事故损害，尽快恢复正常电力供应和社会生产、生活秩序，本条例根据《突发事件应对法》和《国家处置电网大面积停电事件应急预案》的有关规定，总结电力安全事故应急处置的实践经验，对电力安全事故应急处置的主要措施作了规定，明确了电力企业、电力调度机构、重要电力用户以及政府及其有关部门的责任和义务。比如，有关电力企业、电力调度机构应当立即采取控制事故范围的紧急措施，防止发生电网系统性崩溃和瓦解；相关电力企业应当立即组织抢修损坏的电力设备、设施；供电中断的重要电力用户应当迅速启动自备应急电源，启动自备应急电源无效的，电网企业应当提供必要的支援；事故造成地铁、机场、高层建筑、商场、影剧院、体育场馆等人员聚集场所停电的，应当迅速启用应急照明，组织人员有序疏散。事故造成电网大面积停电的，国务院电力监管机构和其他有关部门、有关地方人民政府应当按照国家有关规定，启动相应的应急预案，成立应急指挥机构，尽快恢复电网运行和电力供应；有关地方政府及有关部门应当立即组织开展应急处置工作。此外，条例还对恢复电网运行和电力供应的次序以及事故信息的发布作了规定。

5. 规定了电力安全事故由谁牵头进行调查处理

考虑到电力事故的实际情况和特点、电力安全监管体制以及当前的实际做法，本条例规定，特别重大事故由国务院或者国务院授权的部门组织事故调查组进行调查处理，重大事故由国务院电力监管机构组织事故调查组进行调查处理，较大事故由事故发生地电力监管机构或者国务院电力监管机构组织事故调查组进行调查处理，一般事故由事故发生地电力监管机构组织事故调查组进行调查处理。

第三章　电网企业应急管理现状

第一节　电网企业应急管理体系

应急管理体系是有关突发事件应急管理工作的组织指挥体系与职责，突发事件的预防与预警机制、处置程序、应急保障措施、事后恢复与重建措施，以及应对突发事件的有关法律、制度的总称。我国应急管理体系的框架是"一案三制"，其中"一案"指应急预案，"三制"指应急工作的管理体制、运行机制和法制。作为国家应急管理体系的重要组成部分，电网应急管理旨在提升电网应对突发事件的能力，降低大规模停电事故风险和损失，最大限度保障电网可靠供电，目标是建立"统一指挥、结构合理、功能实用、运转高效、反应灵敏、资源共享、保障有力"的应急体系。

电网企业应急管理体系建设内容包括：持续完善应急组织体系、应急制度体系、应急预案体系、应急培训演练体系、应急科技支撑体系，不断提高公司应急队伍处置救援能力、综合保障能力、舆情应对能力、恢复重建能力，建设预防预测和监控预警系统、应急信息与指挥系统。电网企业各部门和单位在国家电网公司党委的统一领导下，不断提高突发事件预防、预测和综合应急处置能力，积极应对各类突发事件。电网企业建立了突发事件应急体系，应急预案体系、应急管理体制、机制建设基本形成，如图3-1所示。

一、应急预案体系

电网企业应急预案体系由总体预案、专项预案、部门预案、现场处置方案构成，应满足"横向到边、纵向到底、上下对应、内外衔接"的要求。所谓"纵"，就是按垂直管理的要求，从国家到省、市、县都要制订应急预案，不可断层；所谓"横"，就是所有种类的突发事件都要有部门管，都要制订专项预案和部门预案、现场处置方案，不可或缺。上下预案之间要做到互相衔接，逐级细化。预案的层级越低，各项规定就要越明确、越具体。避免出现"上下一般粗"现象，防止照搬照套。电网企业应急预案体系如图3-2所示。

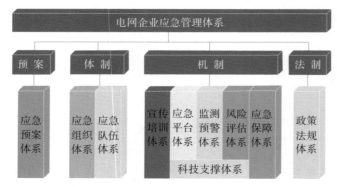

图 3-1　电网企业应急管理体系建设框架

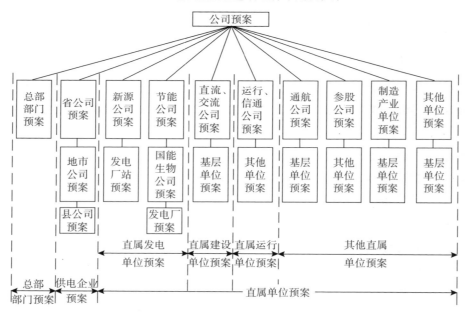

图 3-2　某电网企业应急预案体系

总（分）部、各单位设总体预案、专项预案，根据需要设部门预案和现场处置方案，明确本部门或关键岗位应对特定突发事件的处置工作。市级供电公司、县级供电企业设总体预案、专项预案，根据需要设部门预案和现场处置方案；公司其他单位根据工作实际，参照设置相应预案；公司各级职能部门、生产车间，根据工作实际设现场处置方案；建立应急救援协调联动机制的单位，应联合编制应对区域性或重要输变电设施突发事件的应急预案。电网企业总部部门预案体系框架结构如图3-3所示。

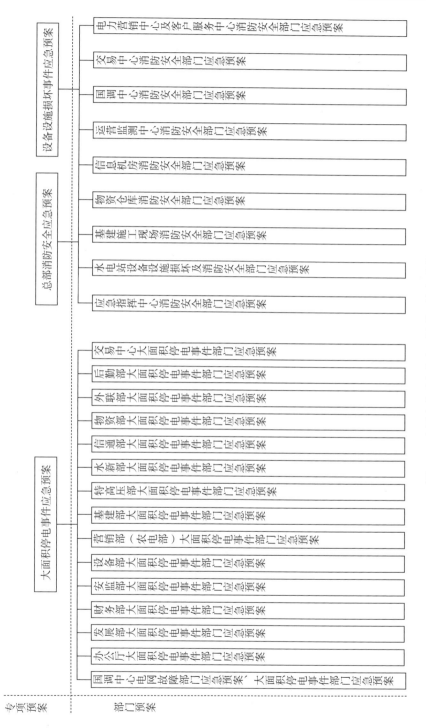

图 3-3 电网企业总部部门预案体系框架结构

二、应急管理体制

体制这个概念在政府管理实践中是指国家机关和企事业单位关于机构设置和管理权限划分的制度。对于应急管理而言，应急管理体制作为"一案三制"的前提要素，是为有效预防和应对突发事件，避免、减少和减缓突发事件造成的危害，消除其对企业生产带来的负面影响，而建立起来的应急管理的组织体系及其运行规范。《中华人民共和国突发事件应对法》第四条中对我国应急管理体制的核心内容做了明确规定，即："统一领导、综合协调、分类管理、分级负责、属地管理为主"的基本原则。

1. 统一领导

在突发事件应对处理的各项工作中，必须坚持由各级人民政府统一领导，成立应急指挥机构，实行统一指挥。各有关部门都要在应急指挥机构的领导下，依照法律、行政法规和有关规范性文件的规定，开展各项应对处置工作。

2. 综合协调

在突发事件应对过程中，参与主体是多样的，既有政府及其组成部门，也有社会组织、企事业单位、基层自治组织、公民个人和国际援助力量。必须明确有关政府和部门的职责，明确不同类型突发事件管理的牵头部门和单位，同时，其他有关部门和单位提供必要的支持，形成各部门协同配合的工作局面。

3. 分类管理

每一大类的突发事件应由相应的部门实行管理，建立一定形式的统一指挥体制，不同类型的突发事件依托相应的专业管理部门，由该部门收集、分析、报告信息，为政府决策机构提供有价值的决策咨询和建议。

4. 分级负责

因各类突发事件的性质、涉及的范围、造成的危害程度各不相同，应先由当地政府负责管理，实行分级负责。对于突发事件的处置，不同级别的突发事件需要动用的人力和物力是不同的。无论是哪一种级别的突发事件，各级政府及其所属相关部门都有义务和责任做好监测和预警工作。地方政府平时应做好信息的收集、分析工作，定期向上级机关报告相关信息，对可能发生的突发事件进行监测和预警。分级负责原则明确了各级政府在应对突发事件中的责任。

5. 属地管理为主

出现重大突发事件时，地方政府必须在第一时间采取措施控制和处理，及时、如实向上级报告，必要时可以越级报告。当出现本级政府无法应对的突发事件时，应当马上请求上级政府直接管理。

我国早已初步形成了以中央政府坚强领导、有关部门和地方各级政府各负其责、社会组织和人民群众广泛参与的政府应急管理体制。电网企业要建立健全以事发地电网企业党委、政府为主、有关部门和相关地区协调配合的领导责任制，建立健全应急处置的专业队伍、专家队伍。省级层面电网企业应成立以公司主要领导为组长，其他领导班子成员为副组长，助理、副总工程师、机关部门负责人和各相关单位行政一把手为成员的应急领导小组。形成了主要领导全面负责、分管领导具体负责、专业部门分工负责的职责明确、组织有序、指挥有力的应急领导组织体系。公司各基层单位也都建立了"分级负责、专业管理、组织有序、运转高效"的应急管理组织机构。预案修编、制度建设、信息监测、预警发布、队伍管理、演练培训等日常管理工作有序进行，遇到突发事件时，根据处置需要转变为专项应急工作组，组织开展应急处置工作，形成了高效的应急工作机制。

三、应急运行机制

主要是要建立健全监测预警机制、信息报告机制、应急决策和协调机制、分级负责和响应机制、公众的沟通与动员机制、资源的配置与征用机制，奖惩机制等。

以某电网企业为例，该企业建立了省级电网应急指挥系统，覆盖电力调度中心、检修公司、送变电公司、14个地市供电公司及所属水电厂。

该电网企业完成了木兰湖应急培训基地两期工程建设，完成教学训练楼、心理素质训练场、体能素质训练场，水域应急技能训练场等场地建设，并购置无人直升飞机、两栖特种车辆、现场破拆设备、应急监控系统、水上器材等新型应急设备，可以进行体能训练、心理训练、拓展训练、现场急救与心肺复苏、现场破拆与导线锚固、水面人员救援、指挥营地搭建等应急救援专业技能的培训。在木兰湖省级应急培训基地，针对基层应急救援基干分队队员和骨干抢修人员，依托培训基地每年分期分批组织开展应急培训，重点针对应急供电与照明、综合救援、现场紧急救援、心理及体能训练、特种水上设备驾驶、破拆训练、配电网抢修、特种车辆驾驶、外伤处置及包扎、绳索技术、野外生存技能、后勤保障等专项应急技能进行培训。近年来，累计开展应急管理培训和应急技能培训班56期，培训学员3136人，显著提升了公司系统应急队员的应急技能。

该电网企业还采取无脚本现场演练、无脚本桌面推演等方式，常态化推进应急演练，重点突出多单位联动、多部门协调、多工种参与的特点，分片分区组织开展跨区联动应急演练，演练经验入选国家电网有限公司"三集五大"最佳实践案例。编制应急演练题库，分层级制定并落实年度应急演练计划，公司2017年大面积停电事件应急演练在国家电网有限公司示范演练评比中取得优异成绩，综合应急处置能力显著提升。

四、应急管理法制

主要是加强应急管理的法制化建设，把整个应急管理工作建设纳入法制和制度的轨道，按照有关的法律法规来建立健全预案，依法行政，依法实施应急处置工作，要把法治精神贯穿于应急管理工作的全过程。电网企业应建立法律法规库，具体如下。

1. 国家及部门层面的法律法规

具体包括：《突发事件应对法》（主席令〔2007〕第69号）《生产安全事故应急条例》（国务院令第708号）《安全生产法》（主席令〔2014〕第13号）《电力法》（主席令〔1995〕第60号）《生产安全事故报告和调查处理条例》（国务院493号令）《电力安全事故应急处置和调查处理条例》（国务院599号令）《电力监管条例》（国务院432号令）《国务院办公厅关于印发国家大面积停电事件应急预案的通知》（国办函〔2015〕134号）《国家突发公共事件总体应急预案》（国发〔2005〕11号）《应急管理部关于修改〈生产安全事故应急预案管理办法〉的决定》（应急管理部令第2号）等。

2. 电力监管机构法律法规

包括《电力突发事件应急演练导则（试行）》《电力企业综合应急预案编制导则（试行）》《电力企业专项应急预案编制导则（试行）》《电力企业现场处置方案编制导则（试行）》（电监安全〔2009〕22号）和《电力企业应急预案评审和备案细则》（国能安全〔2014〕953号）《电力企业应急预案管理办法》（国能安全〔2014〕508号）等。

3. 地方法规文件

如《湖北省突发公共事件总体应急预案》《湖北省生产安全事故报告和调查处理办法》（省政令〔2014〕第354号）、《湖北省突发事件应对办法》（省政令〔2014〕第367号）、《湖北省大面积停电事件应急预案》（鄂政办函〔2016〕88号）等法规预案等文件资料，并及时更新为最新。

第二节　电网企业应急管理分析

近年来，电网企业应急管理体系与应急能力建设问题越来越受到重视与关注，国家也不断出台相关文件，对我国电力行业应急管理体系与应急能力建设提出了越来越高的要求。目前，我国电力行业已基本构建了涵盖应急指挥平台、应急抢险救援队伍、应急物资储备等方面的电力应急体系，电力行业应急管理能力建设不断强化。我国电力行业应急管理水平不断提升，应急管理"一案三制"已初步形成并在不断完善中，其实施效果也在近年来各种事故灾难之中得到检验和提升。

一、应急管理体系取得的主要成绩

1. 应急预案体系完整

近年来，各省级层面电网企业组织开展多轮应急预案修编、评审、发布工作，共修编完善各类专项应急预案、现场处置方案、岗位应急处置卡，形成了"横向到边、纵向到底"的应急预案体系，预案内容更实用，要素更完整，响应程序更具操作性，保障措施更具可行性，进一步提高了电网企业应急预案体系的科学性。

2. 应急组织体系健全

省级层面电网企业成立了以公司主要领导为组长，其他领导班子成员为副组长，助理、副总工程师、机关部门负责人和各相关单位行政一把手为成员的应急领导小组。形成了主要领导全面负责、分管领导具体负责、专业部门分工负责的职责明确、组织有序、指挥有力的应急领导组织体系。公司各基层单位也都建立了"分级负责、专业管理、组织有序、运转高效"的应急管理组织机构。预案修编、制度建设、信息监测、预警发布、队伍管理、演练培训等日常管理工作有序进行，遇到突发事件时，根据处置需要转变为专项应急工作组，组织开展应急处置工作，形成了高效的应急工作机制。

3. 应急运行机制高效

电网企业加强信息系统建设，加快事件信息和应急指令的上传下达，力争为应对电网紧急事故提供良好的信息保障；把电网应急体系建设纳入年度资金预算，做好应急物资储备，同时还在每年的大修和技改资金中安排了专项应急费用，保证应急处置和抢险救灾所需的资金投入，为灾害应对提供资金保障；加强应急抢险救援队伍建设，重视开展应急培训和实战演练，保证相关人员熟悉和掌握应急预案的启动条件、应急措施与执行程序，为电网应急提供人员保障。近年来，电网企业先后经历了抗冰抢险、抗震救灾、奥运保电、国庆60周年保电等应急工作，取得了极大成功，展现了良好的应急能力和保障能力。

二、应急管理体系中存在的问题

虽然我国电网行业应急管理在近几年取得了长足的进步，但是考虑到电网系统发生突发事件带来的巨大风险与损失，城市供用电系统、电网企业，甚至整个电网行业的应急管理能力依然需要进一步加强。但相较于日益严峻的形势及越发严格的标准、规范要求，电网行业应急管理与应急能力建设仍然存在不小的差距，主要体现在以下几点。

1. 应急预案体系内容可操行性有待加强

目前，大多数电网企业已制定了综合或各类专项应急预案，但由于之前电网行业应急预案系统缺乏统一规划，各单位应急预案自成体系，各级电网企业之间、电网企业与地方政府之间无法形成有效衔接。此外，部分企业对应急预案的认识和理解不深入，应急预案内容大多照搬照抄上级单位或其他单位预案内容，与企业自身实际情况脱节，缺乏针对性，应急预案的可操作性和实践性不强。

2. 应急管理工作职责落实不具体

虽然许多企业已经设立了安全应急办公室之类的机构，但多数是由相关部门兼任的，无专门的应急管理机构或专职的应急管理人员，即使个别企业配备了专职的应急管理人员，但其相关应急知识与管理能力能否胜任此项工作的要求，也是未经充分讨论、验证的。这导致了许多电网企业存在应急管理职责难以落实，应急部门或人员缺乏权威性，应急工作深度和广度无法满足要求等一系列问题。

3. 应急队伍综合救援能力不足

专业应急救援队伍的建立及维护需大量的人力、物力、财力的投入，大多数电网企业不具备组建专业应急队伍的能力，往往任命生产、检修班组兼任应急救援队伍，又加上企业或员工对应急救援的重要性认识不足，导致电网行业应急救援队伍普遍存在专业范围狭窄、人员应急救援知识不足、应急装备缺乏、应急培训及演练基础条件欠缺等问题，导致应急队伍综合救援能力难以有效提升。

4. 应急物资保障能力有待提高

电网企业应急物资采购、配备、调拨、使用等标准、规范不健全，未形成系统化、制度化、规范化的应急物资供应保障体系。电网企业应急物资储备不完善，用备品备件代替应急物资使用的现象较为普遍。应急物资管理职责不明确，维护、保养工作不到位，突发情况下无法保证应急物资的正常使用。

5. 应急培训、演练工作开展不够规范

应急培训、演练工作开展欠规范，形式和内容单一，多是针对触电急救、火灾逃生、迎峰度夏等事件，但针对其他突发事件，如自然灾害等极端情况下的预案培训及演练工作开展较少，且应急培训和演练工作往往流于形式，对培养应急救援队伍和提高应急处置能力收效甚微。

6. 应急联动能力有待加强

电网企业应急救援力量分散，应急指挥职能交叉，还未完全建立相互协调与统一指挥的工作机制。在突发自然灾害或大规模事故时，单一企业或部门的应急力量和资源十分有限，临时组织的应急救援力量又存在救援不及时、分工不明确、机制不顺畅等问题，电网企业应急救援还未形成完善的统一调度、协同作战的工作机制。

第四章 预防与应急准备

《中华人民共和国突发事件应对法》将突发事件的应急管理划分为事前、事发、事中和事后四个阶段，预防与应急准备是突发事件全过程应急管理的事前阶段。突发事件的预防与应急准备是指在突发事件发生前，通过分析、调查突发事件可能发生的诱因，采取各种有效措施，避免突发事件发生；或在突发事件发生前，做好各项充分准备，来防止突发事件升级或扩大，最大程度地减少突发事件造成的损失和影响。本章依据《电网企业应急能力建设评估规范（试行）》指标体系，从规章制度、应急规划与实施、应急组织体系、应急预案体系、应急培训与演练、应急保障能力等6个方面进行介绍。

第一节 电网企业应急规章制度

为了使电网企业应急管理能够顺利、高效、有序地进行，保证企业正常的生产经营秩序，促进企业持续、健康发展，维护社会稳定和人民生命财产安全，电网企业应结合实际组织制定应急管理规章制度，明确应急救援基干分队、应急项目实施和应急指挥中心管理等工作的职责及流程。电网企业的应急规章制度应包括企业上级及本单位应急管理制度、规定等，分为组织管理、预案管理、队伍管理、物资管理、装备（车辆）管理、应急值班、

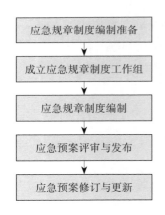

图 4-1 电网企业应急规章制度制定流程

信息报送、资料管理等方面内容，其结构包括目的范围、原则、机构、运行机制、应急保障、监督管理、附则等。电网企业相关规章制度制定流程如图4-1所示。

一、电网企业应急规章制度制定

1. 应急规章制度编制准备

在编制应急规章制度前，应认真做好编制准备工作，全面分析本企业应急规章制度所涉及的内容，对电网企业应急管理所涉及的内容进行全面的分析规划。

2. 应急规章制度工作组

针对可能发生的电网安全事故类别，结合本单位部门职能分工，成立以本单位主要负责人（或分管负责任人）为领导的应急规章制度编制工作组，明确编制任务、职责分工，制定编制工作计划。

3. 应急规章制度编制

（1）广泛收集编制应急规章制度所需的各种资料，包括相关法律法规、应急规章制度、技术标准、国内外同行业事故案例分析、本单位技术资料等，见表4-1。

表4-1　国家电网有限公司应急工作管理规定

层次	名称
国家层面	《中华人民共和国突发事件应对法》（2007年中华人民共和国主席令第69号）
	《中华人民共和国安全生产法（2014年修订）》（2014年中华人民共和国主席令第13号）
	《电力法》（主席令〔1995〕第60号）
	《生产安全事故报告和调查处理条例》（国务院493号令）
	《电力安全事故应急处置和调查处理条例》（国务院599号令）
	《电力监管条例》（国务院432号令）
	《突发事件应急预案管理办法》（国办发〔2013〕101号）
	《生产经营单位安全生产事故应急预案编制导则》（GB/T 29639—2013）
	《国务院办公厅关于印发国家大面积停电事件应急预案的通知》（国办函〔2015〕134号）
	《电力企业应急预案评审与备案细则》（国能综安全〔2014〕953号）
	《国家突发公共事件总体应急预案》（国发〔2005〕11号）
电力监管机构	《电力突发事件应急演练导则（试行）》
	《电力企业综合应急预案编制导则（试行）》
	《电力企业专项应急预案编制导则（试行）》

层次	名称
电力监管机构	《电力企业应急预案评审和备案细则》（国能安全〔2014〕953号）
	《电力企业应急预案管理办法》（国能安全〔2014〕508号）等
地方法规文件	应包括省、市两级政府发布的《突发事件应对条例》《突发公共事件总体应急预案》和《处置电网大面积停电事件应急预案》等法规预案
规程规定	《国家电网公司安全事故调查规程》（国家电网安监〔2011〕2024号）
	《国家电网公司质量事件调查处理暂行办法》（国家电网安监〔2012〕230号）
	《国家电网公司应急工作管理规定》（国网（安监/2）483—2014）
	《国家电网公司应急预案管理办法》（国网（安监/3）484—2014）
	《国家电网公司应急预案评审管理办法》（国网（安监/3）485—2014）
	《国家电网公司突发事件总体应急预案》（国家电网安监〔2010〕1406号）

（2）立足本企业应急管理基础和现状，对本单位应急装备、应急队伍等应急能力进行评估，充分利用本单位现有应急资源，建立科学有效的应急规章制度体系。

（3）应急规章制度编制过程中，对于机构设置、职责划分等具体环节，应符合本单位实际情况和特点，保证应急规章制度的适应性、可操作性和有效性。

（4）应急规章制度编制过程中，应注重相关人员的参与和培训，使所有与事故有关人员均掌握危险源的危害性、应急处置方案和技能。

（5）编制的应急规章制度，应符合国家应急救援相关法律法规；符合公司应急管理工作规定及相关应急规章制度；符合电网安全生产特点及本单位工作实际；与上级单位应急预案、地方政府相关应急预案衔接；编写格式规范、统一。

（6）应急规章制度应明确在应急处置与救援专项工作中的各项基本原则；明确专项工作开展的各项应急保障建设投入。

4. 应急预案评审与发布

应急预案编制完成后，应进行预案评审。评审由本单位主要负责人（或分管负责人）组织有关部门和人员进行。评审后，由本单位主要负责人（或分管负责人）签署发布，并按规定报上级主管单位、地方政府部门备案。

5. 应急预案修订与更新

公司系统各单位应根据应急法律法规和有关标准变化情况、电网安全性评价和企业安全风险评估结果、应急处置经验教训等，及时评估、修改与更新应急预案，不断增强应急预案的科学性、针对性、实效性和可操作性，提高应急预案质量，完善应急预案体系。

以国家电网有限公司为例，制定了《国家电网有限公司应急工作管理规定》。对国家电网应急管理的各个方面进行了详细的规定，具体见表4-2。

表4-2 《国家电网有限公司应急工作管理规定》条目统计

分类	规章制度数量
总则	五条
组织机构及职责	十二条
应急体系建设	十五条
预防与应急准备	十三条
监测与预警	七条
应急处置与救援	七条
事后恢复与重建	四条
监督检查和考核	四条

二、电网企业规章制度的落实

加强企业管理，建立规章制度必不可少，而规章制度落实好则更重要，电网企业应对上级及本单位应急管理制度进行及时传达、培训宣贯和落实。要落实好规章制度就必须有一个严密的约束机制，管理到位，责任到位。电网企业规章制度的落实需要遵循以下要求：

1. 规章制度的制定要全面完整和科学及具有可操作性

首先，电网企业的规章制度应是包括组织管理、预案管理、队伍管理、物资管理、装备（车辆）管理、应急值班、信息报送、资料管理等各个方面制定的一系列管理规范。在制定时，必须全面考虑，使规章制度具有完整性，避免出现管理"真空"。其次，必须从企业管理的实际出发，充分论证，实事求是，使制定的规章制度具有科学性和可操作性。

2. 规章制度要与时俱进，及时修订

随着相关法律法规的发布以及企业的发展，当出现不再适用的规章制度时，

应依据相应的法规对其进行及时修订，使之符合实际情况的需求，与时俱进。

3. 明确职责和细化分工

为了规范人们的行为，使之受到约束，实现各项规章制度意图，达到完成企业目标的要求，电网企业管理的各项规章制度都应明确责任人和责任部门，只有明确责任人和责任部门，才能使各项规章制度做到层层分解，细化分工，使各项规章制度得到很好地落实。

4. 建立完善的督促机制和保证规章制度的正确执行

规章制度制定得再好，如果执行过程无人监督，必然会出现人为偏离制度的约束和要求，不能真正起到约束和规范作用。领导也好，普通职工也好，既然制定了那么多的制度、职责，就要求我们的管理、执行活动必须按制度行事，受其支配和约束，但如果仅是满足于开会时的泛泛而谈或制度的表面约束，工作就落实不到位，责任就追究不到人，就会流于形式，久而久之，人们就我行我素，把制度和职责置之于脑后，淡忘了制度的约束和要求。为此，要以定期和不定期的形式，对已有规章制度的执行进行检查，对全体职工起到督促作用。

5. 建立完善的考核和评价机制

有制度、有执行，但并不一定能做好企业管理中的各项工作，还得对各项规章制度及其执行情况进行合理、有效地评价和考核，这样不但能使各项规章制度做到公平、合理的执行，也能促进全体职工主动按要求执行，更能对现有规章制度进行完善及修订和补充。而对各项规章制度执行的考核依据就是要建立合理的评价机制，不仅要对规章制度的落实进行评价，而且要对其结果进行纵横对比、合理评价，因此，建立完善的评价机制是各项规章制度执行考核的依据。同时，完善的评价机制也能对各项规章制度的完整性、科学性、可操作性进行合理地评价，并使其得到及时的完善和补充修订。

第二节　应急规划与实施

按照《中共中央国务院关于推进安全生产领域改革发展的意见》《国家突发事件应急体系建设"十三五"规划》《国家大面积停电事件应急预案》等国家规定，电网企业应将应急管理工作纳入企业整体发展规划，制定电网企业发展应急规划，全面加强电力行业应急能力建设，进一步提高电力突发事件应对能力。为全面加强电力行业应急能力建设，进一步提高电力突发事件应对能力，国家能源局印发了《电力行业应急能力建设行动计划（2018—2020年）》（国能发安全〔2018〕58号）。文件内容包括应急能力建设总体目标、分类目标、主要建设任务及要求、保障措施等。

一、总体目标

立足电网企业应急管理工作实际，建立与全面建成小康社会相适应、各区域平衡发展、与电网安全生产风险特征相匹配、覆盖应急管理全过程的电网企业应急管理体系，制度保障、应急准备、预防预警、救援处置、恢复重建等方面能力得到全面提升，社会协同应对能力进一步改善，应急产业支撑保障能力大幅提高，全面实现电网企业突发事件科学高效应对。

二、分类目标

1. 有效提升制度保障能力

完善电网企业应急管理责任制度，实现省、市、县三级大面积停电事件应急预案全覆盖，建立电网企业应急管理评价指标体系。加强电网企业应急管理机构建设，县级以上地方各级政府和大中型电网企业应急管理机构健全、职责明确。完善电网企业应急管理规章制度和标准规范，建立统一、规范的电网企业应急管理标准体系。构建电网企业应急能力评估长效机制电网企业应急能力持续提高。

2. 显著加强应急准备能力

加强应急预案编制管理，提高预案针对性、科学性和可操作性，实现重点岗位、重点部位现场处置方案全覆盖，开展智慧预案应用。加强应急演练管理，强化应急宣教培训，建设一批国家级电力应急培训演练基地，实现大中型电网企业应急管理和救援处置人员培训全覆盖。

3. 大幅提高预防预警能力

加强重要城市和灾害多发地区关键电力基础设施防灾建设，提高电网防灾抗灾能力。强化自然灾害监测预警，建成电力系统自然灾害监测预警平台。强化电网企业人身伤亡事故风险预控能力建设，大中型电网企业实现安全事故风险全评估。加强水电站大坝安全应急管理，建成水电站安全与应急管理平台。

4. 不断增强救援处置能力

完善电网企业与县级以上地方各级政府有关部门的应急协调机制。建成多支能够承担重大电力突发事件抢险救援任务的电力应急专业队伍，加强社会应急救援力量储备，实施电力应急专家领航计划。

5. 强化恢复重建能力

完善灾后评估机制，建立灾情统计系统。加强系统恢复能力建设，创新灾变调度辅助技术，优化恢复策略。加强重要电力用户供电风险分析、应急电源配置和应急演练参与。加强新型业态应急能力建设，激励社会化服务供给，实现主体责任全覆盖。

6. 加快发展电网企业应急产业

明确电网企业应急产业发展方向，开展关键电网企业应急技术研究应用。组建电网企业应急科研机构，促进电网企业应急科技文化创新。推进电网企业应急产业融合发展，构建电网企业应急产业合作机制，建设电网企业应急产业发展基地。

三、主要建设任务及要求

1. 制度保障能力建设

完善电网企业应急管理责任制度，加强电网企业应急管理机构建设，完善电网企业应急管理法规规章，完善电网企业应急管理标准规范，构建电网企业应急能力评估长效机制。

2. 应急准备能力建设

加强应急预案编制管理，提升应急演练能力，强化应急宣教培训，提高涉外电网企业突发事件应急能力。

3. 预防预警能力建设

提高电网防灾抗灾能力，强化自然灾害监测预警，强化人身伤亡事故风险预控能力，加强水电站大坝安全应急管理。

4. 救援处置能力建设

完善应急指挥协调联动机制，加强电网企业应急专业队伍建设，加强社会应急救援力量储备，加强应急专家队伍建设，加强应急物资储备与调配，加强应急指挥平台功能建设，强化大面积停电事件先期处置能力。

5. 恢复重建能力建设

灾后评估机制建设与完善，加强系统恢复能力建设，重要电网企业用户应急能力建设，加强新型业态应急能力建设。

6.促进电网企业应急产业发展

明确电网企业应急产业发展方向，促进电网企业应急科技文化创新，推进电网企业应急产业融合发展，构建电网企业应急产业合作机制。

四、保障措施

1.加强组织领导

各省（自治区、直辖市）政府及新疆生产建设兵团电力管理等有关部门、国家能源局各派出能源监管机构和电网企业要加强组织领导，密切协调配合，制定实施方案，分解建设任务，合理安排进度，有序推进电网企业应急能力建设。

2.完善投入机制

电网企业要落实应急专项经费，县级以上地方各级政府电网企业管理等有关部门要落实应急专项资金，为实施本计划提供资金保障。电网企业要充分发挥金融、保险的作用，为电网企业应急能力建设提供辅助服务。

3.强化实施评估

各单位要加强目标管理和过程管控，将建设任务纳入安全生产应急管理综合评价范围，定期总结评估，及时协调解决实施过程中发现的问题，保障计划顺利实施。

第三节　应急组织体系

电网企业建立由自上而下的应急领导体系，形成由公司主要领导全面负责、分管领导具体负责、专业部门分工负责的职责明确、组织有序、指挥有力的应急领导组织体系。应急领导小组下设稳定应急办公室和安全应急办公室，其中稳定应急办公室设置在公司办公室，安全应急办公室设置在公司安全监察部（保卫部）。公司各基层单位也都建立了"分级负责、专业管理、组织有序、运转高效"的应急管理组织机构，平时负责预案修编、制度建设、信息监测、预警发布、队伍管理、演练培训等日常管理工作，遇到突发事件时，根据处置需要转变为专项应急工作组，组织开展应急处置工作，应急组织体系框架结构如图4-2所示。

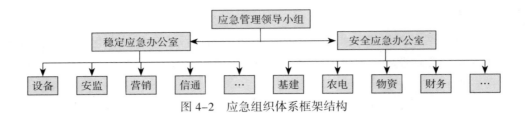

图 4-2　应急组织体系框架结构

一、应急管理领导机构

成立企业应急管理领导小组，企业主要负责人任组长，副组长由其他领导担任，人员结构合理职责分工明确。领导小组定期研究应急工作。应急领导机构成员名单及常用通信联系方式应报上级单位备案；落实主要负责人是应急管理第一责任人的工作责任制。

二、应急管理机构

应急领导机构应成立专门的应急管理部门，明确职责和任务，配备专职或兼职人员，对应急工作进行归口管理，所配备专职或兼职应急管理人员、数量符合要求。有专门的办公场所，办公设备齐全，满足日常工作要求。部门开展应急预案编制管理、风险分析和资源评估、组织培训演练制定应急工作规范等工作，成效显著。

三、应急管理部门

建立健全保障体系，应急办公室应负责开展应急管理和预案制定工作的监督检查。调度、运检、安监、营销、信通、外联、信访、保卫等部门应实时监控电网安全、信访稳定和治安保卫工作，及时处置突发事件应急；基建、农电、物资、财务、后勤等部门应落实应急队伍和物资储备，做好应急抢险救灾、抢修恢复等应急处置及保障工作。层层建立安全生产应急管理责任体系。

【例 4-1】　某电网企业应急组织体系建设案例分析

（1）某电网企业常设应急领导小组，全面领导公司应急工作。应急领导小组职能由安全质量监督委员会行使，组长由安委会主任（董事长）担任，副组长由安全质量监督委员会副主任领导担任，成员由安全质量监督委员会其他成员担任。应急领导小组具体人员名单以公司印发的本部机构及岗位设置文件为准。

公司应急领导小组主要职责为：贯彻国家应急管理法律法规和方针政策；

落实国家电网有限公司、省政府、国家能源局华中监管局工作部署；在党组的领导下，统一领导公司应急工作；研究部署公司应急体系建设；保障应急资金投入；领导公司相应级别突发事件的应急处置。

（2）公司应急领导小组下设安全应急办公室和稳定应急办公室（两个应急办公室以下均简称"应急办"）作为办事机构：①安全应急办公室设在安全监察部（保卫部），负责自然灾害、事故灾难类突发事件，以及社会安全类突发事件造成的公司所属设施损坏、人员伤亡事件的归口管理。安全应急办公室主任由安全监察部（保卫部）主任兼任。稳定应急办公室设在办公室，负责公共卫生、社会安全类突发事件的归口管理。稳定应急办公室主任由公司办公室主任兼任；②安全应急办公室成员主要由安全监察部（保卫部）、人力资源部、财务资产部、设备管理部、建设部、营销部、农电工作部、科技信通部、物资部、保卫部、对外联络部、后勤工作部、电力调度控制中心、发展策划部电力交易中心、经济法律部、工会、社保中心等职能部门人员组成。

稳定应急办公室成员主要由办公室、人事董事部、人力资源部、财务资产部、设备管理部、监察部、营销部、农电工作部、思想政治工作部、离退休工作部、经济法律部、保卫部、对外联络部、后勤工作部、工会、电力调度控制中心等职能部门人员组成。

某电网企业突发事件应急处置组织结构如图4-3所示。

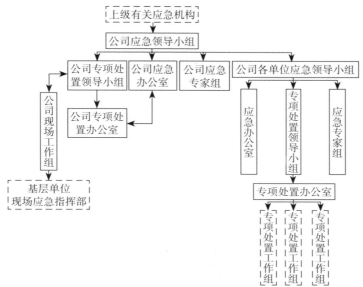

图4-3　某电网企业突发事件应急处置组织结构图

第四节　应急预案体系

一、应急预案体系结构

　　应急预案指面对突发事件如自然灾害、重特大事故、环境公害及人为破坏的应急管理、指挥、救援计划等。应急预案应形成体系如图4-4所示,针对各级各类可能发生的事故和所有危险源制订专项应急预案、部门应急预案和现场应急处置方案,并明确事前、事发、事中、事后的各个过程中相关部门和有关人员的职责,形成企业上下对应、相互衔接、完善健全的应急预案体系。

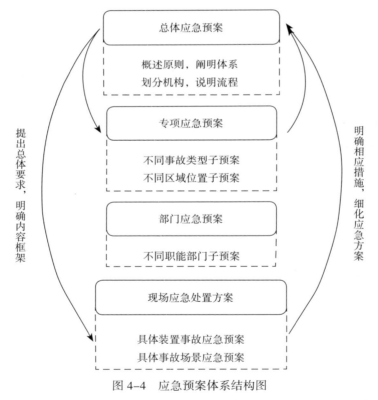

图4-4　应急预案体系结构图

　　某省电网企业突发事件应急预案体系由总体预案、专项预案、部门应急预案、现场处置方案构成,如图4-5所示。

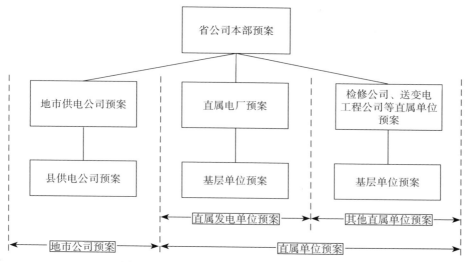

图 4-5　某省电网企业应急预案体系结构图

总体应急预案明确了电网企业组织管理、指挥协调突发事件处置工作的指导原则和程序规范，是应急预案体系的总纲，是电网企业组织应对各类突发事件的总体制度安排；专项应急预案是针对具体的突发事件、危险源和应急保障制定的计划或方案；部门预案是电网企业有关部门根据总体应急预案、专项应急预案和部门职责，为应对本部门突发事件，或者针对重要目标物保护、重大活动保障、应急资源保障等涉及部门工作而预先制定的工作方案；现场处置方案是针对特定的场所、设备设施、岗位，在详细分析现场风险和危险源的基础上，针对典型的突发事件，制定的处置措施和主要流程。

电网企业应急预案体系目录及说明见表4-3。

表4-3　电网企业应急预案体系目录及说明

类别	序号	预案名称	说明
一、总体预案			
总体预案	1	突发事件总体应急预案	用于说明突发事件应急预案的体系框架，组织机构及职责，处置的基本原则和流程
二、专项应急预案			
自然灾害类	1	强对流天气灾害处置应急预案	用于处置强对流天气灾害造成的，电网设备设施较大范围损坏或重要设备设施损坏事件

类别	序号	预案名称	说明
自然灾害类	2	防汛应急预案	用于处置暴雨、洪水等气象灾害造成的，电网设备设施较大范围损坏或重要设备设施损坏事件
	3	雨雪冰冻灾害处置应急预案	用于雨雪冰冻等气象灾害造成的，电网设备设施较大范围损坏或重要设备设施损坏事件
	4	地震灾害处置应急预案	用于处置地震灾害造成的，电网设备设施较大范围损坏或重要设备设施损坏事件
	5	地质灾害处置应急预案	用于处置泥石流、山体崩塌、滑坡、地面塌陷等灾害以及其他不可预见地质灾害造成的，电网设备设施较大范围损坏或重要设备设施损坏事件
事故灾难类	6	人身伤亡事件处置应急预案	用于处置生产、建设、农电、经营、集体企业、国外项目工作中出现的人员伤亡事件，以及生产经营区域发生火灾造成的人员伤亡事件
	7	交通事故处置应急预案	用于处置交通事故造成的人员伤亡事件
	8	大面积停电事件应急预案	用于处置因各种原因导致的电网对社会大面积停电事件
	9	设备设施损坏事件处置应急预案	用于处置生产、建设、农电、经营、集体企业、国外项目等运行或工作中出现的重要设备设施损坏事件
	10	设备设施消防处置应急预案	用于公司应对和处置相关电力设备、设施发生的火灾事件
	11	重要场所消防处置应急预案	用于公司应对和处置可能造成人员伤亡、财产损失和严重社会影响的办公、生产、经营等重要场所（公司本部消防除外）发生的火灾事件
	12	电力监控系统网络安全事件应急预案	用于应对信息系统发生事故而对电网运行管理可能构成重大影响和严重威胁的各类突发事件

续表

类别	序号	预案名称	说明
事故灾难类	13	通信系统突发事件处置应急预案	用于处置对企业构成损失和影响的各类通信系统安全事件
	14	本部消防安全应急预案	用于应对和处置可能造成人员伤亡、财产损失和严重社会影响的公司本部大楼发生的火灾
	15	调度自动化系统故障应急预案	用于公司应对和处置因外部破坏、调度自动化软硬件异常等引起的调度自动化系统故障
	16	网络与信息系统突发事件处置应急预案	用于处置对企业构成损失和影响的网络信息系统突发事件
	17	环境污染事件处置应急预案	用于处置公司发生的各类环境污染事件（如硫酸、盐酸、烧碱、液氨及其他有毒、腐蚀性物资在运输、储存和使用过程中发生大量泄漏事故，造成土壤、水源、空气污染。剧毒化学药品处置不当造成土壤、水源污染。油料大量泄漏造成水源、土壤污染。水力除灰管线造成水源、土壤污染）
	18	水电厂大坝垮塌事件处置应急预案	用于处置水电厂大坝垮塌事件
	19	配电自动化系统故障应急预案	用于本公司和各地（市）、县（区）公司配电自动化系统故障的应急处置
公共卫生事件类	20	突发公共卫生事件处置应急预案	用于社会发生的传染病疫情情况下，公司的应对处置，以及公司内部人员感染疫情事件的处置
社会安全事件类	21	电力服务事件处置应急预案	用于处置正常工作中出现的，涉及对经济建设、人民生活、社会稳定产生重大影响的供电服务事件（如涉及重点电力客户的停电事件、新闻媒体曝光并产生重要影响的停电事件、客户对供电服务集体投诉事件、新闻媒体曝光并产生重要影响的供电服务质量事件、其他严重损害公司形象的服务事件等）

续表

类别	序号	预案名称	说明
社会安全事件类	22	电力短缺事件处置应急预案	用于处置因能源供应紧张造成的发电能力下降，从而导致电网出现电力短缺的事件
	23	重要保电事件（客户侧）应急预案	用于政府、社会重要活动、特殊时期的电力供应保障。以及处置社会出现严重自然灾害、突发事件，政府要求公司在电力供应方面提供支援的事件
	24	突发群体事件处置应急预案	用于处置公司内外部人员群体到公司上访，封堵、冲击公司生产经营办公场所；及公司内部或与公司有关的人员，群体到政府相关部门上访，封堵、冲击政府办公场所事件
	25	新闻突发事件处置应急预案	用于公司发生各类突发事件的情况下，公司在新闻应急方面的预警、信息发布及应急处置
	26	涉外突发事件处置应急预案	用于处置公司在外人员出现的人身安全受到严重威胁事件（如被绑架、扣留、逮捕等）事件，以及在公司系统工作的外国人在华工作期间发生的人身安全受到严重威胁或因触犯法律受到惩处事件
	27	本部防恐应急预案	用于本部办公大楼恐怖袭击事件的应急处置工作
三、部门应急预案			
大面积停电事件应急预案	1	安质部大面积停电事件部门应急预案	
	2	办公室大面积停电事件部门应急预案	
	3	发展部大面积停电事件部门应急预案	
	4	财务部大面积停电事件部门应急预案	
	5	运检部大面积停电事件部门应急预案	
	6	营销部大面积停电事件部门应急预案	
	7	科信部大面积停电事件部门应急预案	
	8	物资部大面积停电事件部门应急预案	

续表

类别	序号	预案名称	说明
大面积停电事件应急预案	9	外联部大面积停电事件部门应急预案	
	10	后勤部大面积停电事件部门应急预案	
	11	建设部大面积停电事件部门应急预案	
	12	调控中心大面积停电事件部门应急预案	
	13	交易中心大面积停电事件部门应急预案	
消防安全部门应急预案	1	应急指挥中心消防安全部门应急预案	
	2	水电站消防安全部门应急预案	
	3	信息机房消防安全部门应急预案	
	4	调控中心消防安全部门应急预案	
	5	基建施工现场消防安全部门应急预案	
	6	交易中心消防安全部门应急预案	
	7	运监中心消防安全部门应急预案	
	8	物资仓库消防安全部门应急预案	
四、现场处置方案			
自然灾害类	1	变电站作业人员应对强雷暴天气现场处置方案	
	2	杆塔作业人员应对强雷暴天气现场处置方案	
	3	变电站工作人员应对汛期灾害现场处置方案	
	4	输电线路运维人员应对汛期灾害现场处置方案	
	5	供电所工作人员应对汛期灾害现场处置方案	
	6	变电站值班人员应对雨雪冰冻灾害现场处置方案	
	7	线路维护人员应对雨雪冰冻灾害现场处置方案	
	8	供电所工作人员应对雨雪冰冻灾害现场处置方案	
	9	变电站值班人员应对突发地震灾害现场处置方案	

类别	序号	预案名称	说明
自然灾害类	10	输电线路塔上作业人员应对突发地震灾害现场处置方案	
	11	驾乘人员应对地震灾害现场处置方案	
	12	办公大楼工作人员应对突发地震灾害现场处置方案	
	13	变电站值班人员应对突发山体滑坡灾害现场处置方案	
	14	输电线路塔上作业人员应对山体滑坡灾害现场处置方案	
	15	输电线路维护人员应对地陷坍塌灾害现场处置方案	
事故灾难类	16	作业人员应对突发低压触电事故现场处置方案	
	17	作业人员应对突发高压触电事故现场处置方案	
	18	作业人员应对突发高处坠落事件现场处置方案	
	19	作业人员应对动物（犬）袭击事件现场处置方案	
	20	作业人员应对突发坍（垮）塌事件现场处置方案	
	21	作业人员应对物体打击伤亡事件现场处置方案	
	22	作业人员应对突发落水事件现场处置方案	
	23	工作人员应对突发交通事故现场处置方案	
	24	变电站值班人员应对站用电中断事件现场处置方案	
	25	变电站值班人员应对油气设备爆炸事件现场处置方案	
	26	作业人员应对输电线路绝缘子掉串事件现场处置方案	
	27	作业人员应对突发倒杆断线事件现场处置方案	
	28	变电站值班人员应对突发变压器火灾现场处置方案	
	29	工作人员应对输电线路附近山火事件现场处置方案	
	30	办公大楼工作人员应对突发火灾现场处置方案	
	31	变电站值班人员应对电缆火灾现场处置方案	

类别	序号	预案名称	说明
事故 灾难类	32	光缆线路突发事件现场处置方案	
	33	光传输设备突发事件现场处置方案	
	34	行政交换机突发事件现场处置方案	
	35	电视电话会议系统突发事件现场处置方案	
	36	信息网络核心路由交换设备突发事件现场处置方案	
	37	信息内网邮件系统突发事件现场处置方案	
	38	发电厂运行值班人员应对洪水漫坝事件现场处置方案	
公共卫生 事件类	39	作业人员应对食物中毒事件现场处置方案	
社会安全 事件类	40	调度值班人员应对重要及高危用户停电事件现场处置方案	
	41	调度值班人员应对电力短缺事件现场处置方案	
	42	供电所工作人员应对电力短缺事件现场处置方案	
	43	变电站值班人员应对外来人员强行进入变电站事件现场处置方案	
	44	办公大楼工作人员应对外来人员强行进入办公楼事件现场处置方案	
	45	工作人员应对生产作业、施工现场阻挠或破坏事件现场处置方案	
	46	新闻工作人员应对重大突发事件现场处置方案	
	47	工作人员应对突发事件新闻媒体采访现场处置方案	
	48	新闻工作人员应对重大新闻舆情事件现场处置方案	

二、应急预案编制

电网企业应急预案体系目录框架及对应表（含地市公司部分）如图4-6所示。

图 4-6 电网企业应急预案体系目录框架及对应表（含地市公司部分）

总部（分部）层面	省公司层面	地市公司层面	类别
总部防恐应急预案	防恐应急预案	防恐应急预案	社会安全事件类
涉外突发事件应急预案	涉外突发事件应急预案	涉外突发事件应急预案	
新闻突发事件应急预案	新闻突发事件应急预案	新闻突发事件应急预案	
突发群体事件应急预案	突发群体事件应急预案	社会涉电突发群体事件应急预案 / 企业突发群体事件应急预案	
重要保电事件（客户侧）应急预案	重要保电事件（客户侧）应急预案	重要保电事件（客户侧）应急预案	
电力服务事件应急预案	电力短缺事件应急预案 / 电力服务事件应急预案	电力短缺事件应急预案 / 电力服务事件应急预案	
突发公共卫生事件应急预案	突发公共卫生事件应急预案	突发公共卫生事件应急预案	公共卫生事件类
总部消防安全应急预案	本部消防安全应急预案 / 重要场所消防安全应急预案	本部消防安全应急预案 / 重要场所消防安全应急预案	事故灾害类
设备设施消防安全应急预案	设备设施消防安全应急预案	设备设施消防安全应急预案	
配电自动化系统故障应急预案	配电自动化系统故障应急预案	配电自动化系统故障应急预案	
调度自动化系统故障应急预案	调度自动化系统故障应急预案	调度自动化系统故障应急预案	
水电站大坝垮塌事件应急预案	水电站大坝垮塌事件应急预案	水电站大坝垮塌事件应急预案	
电力监控系统网络安全事件应急预案	电力监控系统网络安全事件应急预案	电力监控系统网络安全事件应急预案	
突发环境事件应急预案	突发环境事件应急预案	突发环境事件应急预案	
网络与信息系统突发事件应急预案	网络与信息系统突发事件应急预案	网络与信息系统突发事件应急预案	
通信系统突发事件应急预案	通信系统突发事件应急预案	通信系统故障应急预案	
设备设施损坏事件应急预案	设备设施损坏事件应急预案	大型施工机械突发事件应急预案 / 设备设施损坏事件应急预案	
大面积停电事件应急预案	大面积停电事件应急预案	大面积停电事件应急预案	
人身伤亡事件应急预案	交通事故应急预案 / 人身伤亡事件应急预案	交通事故应急预案 / 人身伤亡事件应急预案	
地震地质等灾害应急预案	地质灾害应急预案 / 地震灾害应急预案	地质灾害应急预案 / 地震灾害应急预案	自然灾害类
气象灾害应急预案	雨雪冰冻灾害应急预案 / 防汛应急预案 / 强对流天气灾害应急预案	雨雪冰冻灾害应急预案 / 防汛应急预案 / 强对流天气灾害应急预案	
总体预案	总体预案	总体预案	总体类

1. 应急预案编制准备

应认真做好编制准备工作，全面分析本单位危险因素，预测可能发生的事故类型及其危害程度，确定事故危险源，进行风险分析和评估，针对事故危险源和存在的问题，客观评价本单位应急能力，确定相应防范和应对措施。

2. 应急预案编制工作组

针对可能发生的事故类别，结合本单位部门职能分工，成立以本单位主要负责人（或分管负责任人）为领导的应急预案编制工作组，明确编制任务、职责分工，制订编制工作计划。

3. 应急预案编制

（1）广泛收集编制应急预案所需的各种资料，包括相关法律法规、应急预案、技术标准、国内外同行业事故案例分析、本单位技术资料等。

（2）立足本单位应急管理基础和现状，对本单位应急装备、应急队伍等应急能力进行评估，充分利用本单位现有应急资源，建立科学有效的应急预案体系。

（3）应急预案编制过程中，对于机构设置、预案流程、职责划分等具体环节，应符合本单位实际情况和特点，保证预案的适应性、可操作性和有效性。

（4）应急预案编制过程中，应注重相关人员的参与和培训，使所有与事故有关人员均掌握危险源的危害性、应急处置方案和技能。

（5）编制的应急预案，应符合国家应急救援相关法律法规；符合公司应急管理工作规定及相关应急预案；符合电网安全生产特点及本单位工作实际；与上级单位应急预案、地方政府相关应急预案衔接；编写格式规范、统一。

4. 应急预案评审与发布

应急预案编制完成后，应进行预案评审。评审由本单位主要负责人（或分管负责人）组织有关部门和人员进行。评审后，由本单位主要负责人（或分管负责人）签署发布，并按规定报上级主管单位、地方政府部门备案。

5. 应急预案修订与更新

电网企业各单位应根据应急法律法规和有关标准变化情况、电网安全性评价和企业安全风险评估结果、应急处置经验教训等，及时评估、修改与更新应急预案，不断增强应急预案的科学性、针对性、实效性和可操作性，提高应急预案质量，完善应急预案体系。

电网企业应急预案体系目录框架及对应表（直属发电单位部分）如图4-7所示。

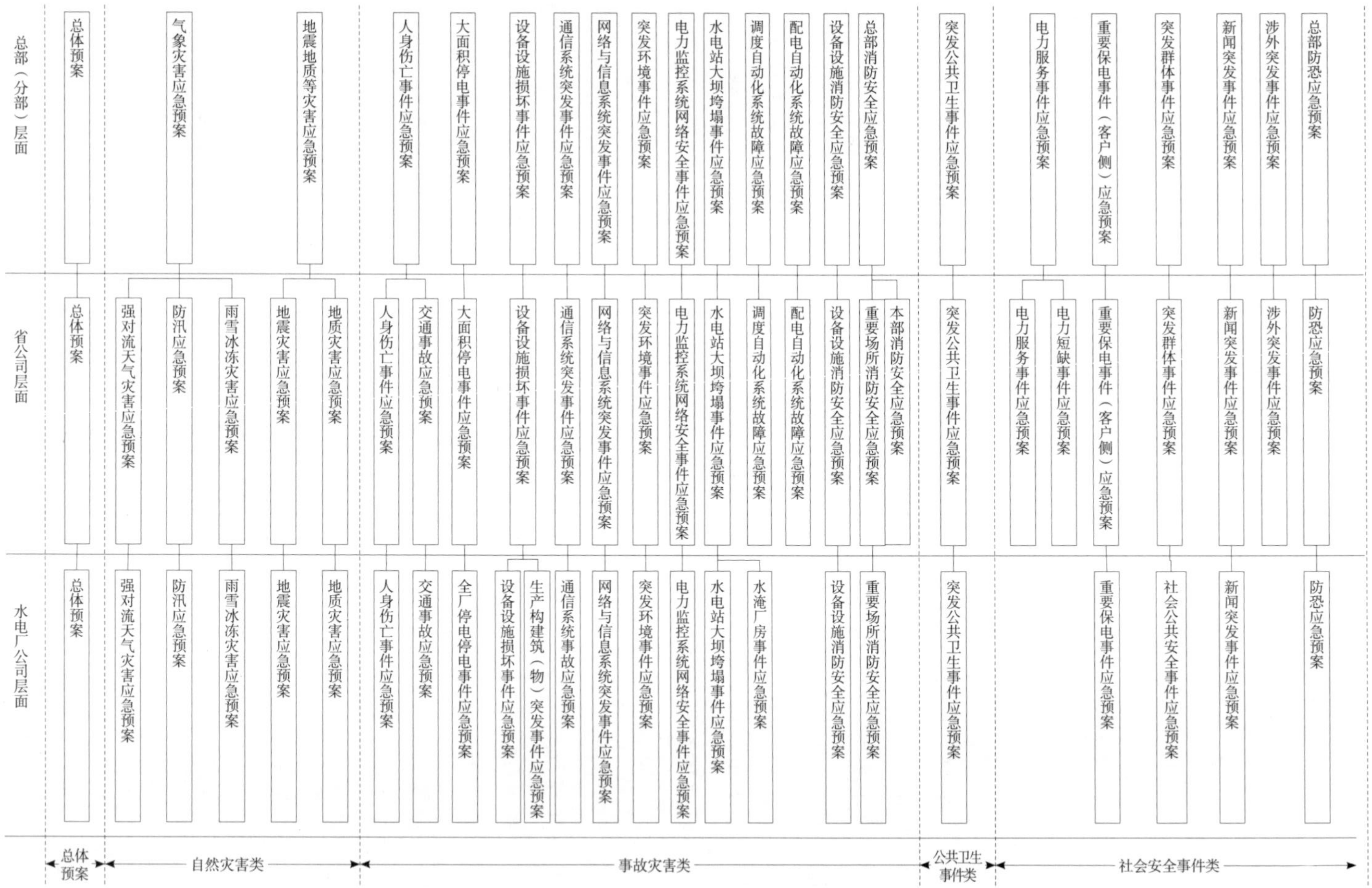

总部（分部）层面	省公司层面	水电厂公司层面	分类
总部防恐应急预案	防恐应急预案	防恐应急预案	社会安全事件类
涉外突发事件应急预案	涉外突发事件应急预案	涉外突发事件应急预案	
新闻突发事件应急预案	新闻突发事件应急预案	新闻突发事件应急预案	
突发群体事件应急预案	突发群体事件应急预案	社会公共安全事件应急预案	
重要保电事件（客户侧）应急预案	重要保电事件（客户侧）应急预案	重要保电事件应急预案	
电力服务事件应急预案	电力短缺事件应急预案 / 电力服务事件应急预案		
突发公共卫生事件应急预案	突发公共卫生事件应急预案	突发公共卫生事件应急预案	公共卫生事件类
总部消防安全应急预案	本部消防安全应急预案 / 重要场所消防安全应急预案	重要场所消防安全应急预案	事故灾害类
设备设施消防安全应急预案	设备设施消防安全应急预案	设备设施消防安全应急预案	
配电自动化系统故障应急预案	配电自动化系统故障应急预案		
调度自动化系统故障应急预案	调度自动化系统故障应急预案	水电厂房事件应急预案	
水电站大坝溃塌事件应急预案	水电站大坝垮塌事件应急预案	水电站大坝垮塌事件应急预案	
电力监控系统网络安全事件应急预案	电力监控系统网络安全事件应急预案	电力监控系统网络安全事件应急预案	
突发环境事件应急预案	突发环境事件应急预案	突发环境事件应急预案	
网络与信息系统突发事件应急预案	网络与信息系统突发事件应急预案	网络与信息系统突发事件应急预案	
通信系统突发事件应急预案	通信系统突发事件应急预案	通信系统故障事件应急预案	
设备设施损坏事件应急预案	设备设施损坏事件应急预案	生产建筑（构筑物）突发事件应急预案 / 设备设施损坏事件应急预案	
大面积停电事件应急预案	大面积停电事件应急预案	全厂停电事件应急预案	
人身伤亡事件应急预案	交通事故应急预案 / 人身伤亡事件应急预案	交通事故应急预案 / 人身伤亡事件应急预案	
地震地质等灾害应急预案	地质灾害应急预案 / 地震灾害应急预案	地质灾害应急预案 / 地震灾害应急预案	自然灾害类
气象灾害应急预案	雨雪冰冻灾害应急预案 / 防汛应急预案 / 强对流天气灾害应急预案	雨雪冰冻灾害应急预案 / 防汛应急预案 / 强对流天气灾害应急预案	
总体预案	总体预案	总体预案	总体预案

图4-7　电网企业应急预案体系目录框架及对应表（直属发电单位部分）

第五节 应急培训与演练

一、应急培训

应急培训是增强企业意识和责任意识，提高事故防范能力的重要途径，是提高应急救援人员和职工应急能力的重要措施，是保证应急预案贯彻实施的重要手段。

1. 主要任务

（1）通过采取不同方式展开企业安全生产应急管理知识和应急预案的宣传教育和培训工作。

（2）确保所有从业人员具备基本应急技能，熟悉企业应急预案。

（3）确保从业人员掌握本岗位事故防范措施和应急处置程序。

（4）锻炼和提高应急队伍快速抢险、营救伤员、消除危害后果等应急救援技能和反应综合素质。

2. 主要内容

应急培训的主要内容如图4-8所示，主要包括应急相关法律法规、安全技术知识、心理素质训练、自救互救知识、应急避险与逃生、应急预案编制与演练、事故案例分析等。

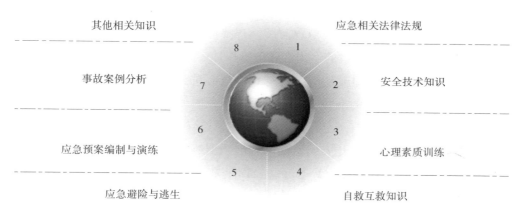

图 4-8 应急培训的主要内容

3. 实施方案

（1）制定应急培训计划。制定培训与教育计划之前，首先要对应急管理系统各层次和岗位人员进行工作和任务分析，确定应急培训与教育的内容及培训方式。培训与教育应该系统辨识和分析实现高效应急响应的所有重要的工作岗位及其职能，以明确培训目标和培训后受训人员的培训效果。对于不同类型的人员，应进行具有针对性的应急培训。

（2）实施应急培训。培训与教育应按照制定的培训计划，认真组织，精心安排，合理安排时间，充分利用不同方式开展，使参与培训的人员能够在良好的培训氛围中学习、掌握有关应急知识。

（3）应急培训效果评价。应急培训结束后，需进行效果评价，可通过两种方式进行：①通过各种考核方式和手段，评价受训者的学习效果和学习成绩。企业可以组织有关专家、高级技术人员以及授课老师共同编制一份试卷，试卷的内容应包括基本的理论知识和事故案例分析两部分，不仅可以考察受训的基础知识，同时也可以测试受训人员的现场反应能力和解决问题的综合能力，从而达到检验受训人员的培训效果。②在培训结束后，通过考核受训者在演练或实践中的表现来评价培训的效果。如可对受训者前后的工作能力有没有提高或提高多少，效率有没有提升或提升多少等进行评价。

对于考核结果不合格的人员，应当对其进行再次培训，直至考核合格。

二、应急演练

1. 应急演练目的

（1）检验预案。通过开展应急演练，查找应急预案中存在的问题，进而完善应急预案，提高应急预案的实用性和可操作性。

（2）完善准备。通过开展应急演练，检查应对突发事件所需应急队伍、物资、装备、技术等方面的准备情况，发现不足及时予以调整补充，做好应急准备工作。

（3）锻炼队伍。通过开展应急演练，增强演练组织单位、参与单位和人员等对应急预案的熟悉程度，提高其应急处置能力。

（4）磨合机制。通过开展应急演练，进一步明确相关单位和人员的职责任务，理顺工作关系，完善应急机制。

（5）科普宣教。通过开展应急演练，普及应急知识，提高公众风险防范意识和自救互救等灾害应对能力。

2. 应急演练原则

应急演练有多种类型，不同类型的应急演练虽有各自的特点，但在策划演练内容、演练情景、演练频次、演练评估等方面具有共同原则。

（1）依法依规、统筹规划。应急演练工作必须遵守国家相关法律、法规、标准及有关规定，科学统筹规划，并按规划组织实施。

（2）突出重点、讲求实效。应急演练应结合本单位实际，针对性设置演练内容。演练应符合事件发生、变化、控制、消除的客观规律，注重过程、讲求实效，提高突发事件应急处置能力。

（3）协调配合、保证安全。应急演练应遵循"安全第一"的原则，加强组织协调，统一指挥，保证人身、设备及设施安全。

3. 应急演练分类

（1）按组织形式划分，应急演练可分为桌面演练和实战演练：①桌面演练。桌面演练是指参演人员利用地图、沙盘、流程图、计算机模拟、视频会议等辅助手段，针对事先假定的演练情景，讨论和推演应急决策及现场处置的过程，从而促进相关人员掌握应急预案中所规定的职责和程序，提高指挥决策和协同配合能力。桌面演练通常在室内完成；②实战演练。实战演练是指参演人员利用应急处置涉及的设备和物资，针对事先设置的突发事件情景及其后续的发展情景，通过实际决策、行动和操作，完成真实应急响应的过程，从而检验和提高相关人员的临场组织指挥、队伍调动、应急处置技能和后勤保障等应急能力。实战演练通常要在特定场所完成。

（2）按内容划分，应急演练可分为单项演练和综合演练：①单项演练。单项演练是指只涉及应急预案中特定应急响应功能或现场处置方案中一系列应急响应功能的演练活动。注重针对一个或少数几个参与单位（岗位）的特定环节和功能进行检验；②综合演练。综合演练是指涉及应急预案中多项或全部应急响应功能的演练活动。注重对多个环节和功能进行检验，特别是对不同单位之间应急机制和联合应对能力的检验。

（3）按目的与作用划分，应急演练可分为检验性演练、示范性演练和研究性演练：①检验性演练。检验性演练是指为检验应急预案的可行性、应急准备的充分性、应急机制的协调性及相关人员的应急处置能力而组织的演练；②示范性演练。示范性演练是指为向观摩人员展示应急能力或提供示范教学，严格按照应急预案规定开展的表演性演练；③研究性演练。研究性演练是指为研究和解决突发事件应急处置的重点、难点问题，试验新方案、新技术、新装备而组织的演练。

不同类型的演练相互组合，可以形成单项桌面演练、综合桌面演练、单项实战演练、综合实战演练、示范性单项演练、示范性综合演练等。

4. 应急演练规划

演练组织单位要根据实际情况，并依据相关法律法规和应急预案的规定，制订年度应急演练规划，按照"先单项后综合、先桌面后实战、循序渐进、时空有序"等原则，合理规划应急演练的频次、规模、形式、时间、地点等。

5. 应急演练内容

应急演练依据应急预案和应急管理工作重点，通常包括以下内容。

（1）模拟人员。模拟事故的发生过程，如模拟气象条件，模拟大规模停电，模拟受害或受影响人员，扮演、替代某些由于特殊原因未能参加演练的部门。

（2）观摩人员。可以邀请有关部门、外部机构以及旁观演练的观众作为观摩人员。

（3）应急通信：根据事故情景，在应急救援相关部门或人员之间进行音频、视频信号或数据信息互通。

（4）事故监测。根据事故场景，对现场进行各项观察、分析或测定，确定事故严重程度、影响范围和变化趋势等。

（5）警戒与管制。根据事故情景，建立应急处置现场警戒区域，实行交通管制，维护现场秩序。

（6）疏散与安置。根据事故场景，对事故可能被波及范围的相关人员进行疏散、转移和安置。

（7）医疗卫生。根据事故情景，调剂医疗卫生专家和应急队伍开展医学救援、卫生监测和防疫工作。

（8）现场处置。根据事故情景，按照相关应急预案和应急指挥部的要求对事故现场精细控制和处理。

（9）社会沟通。根据事故情景，召开新闻发布会或事故情况通报会，通报事故有关情况。

（10）后期处置。应急处置结束后，开展事故损失评估、事故原因调查、事故现场清理和相关善后工作。

6. 应急演练准备

根据需要成立应急演练领导小组以及策划组、技术保障组、后勤保障组、评估组等工作机构，并明确演练工作机构的工作职责、分工。

7. 制定演练现场规则

演练现场规则是指为确保应急演练安全而制定的对有关演练和演练控制、参与人员职责、实际突发事件、法规符合性、演练结束程序等事项的规定或要求。应急演练安全既包括演练参与人员的安全，也包括公众和环境的安全。确保应急演练安全是演练策划过程中的一项极其重要的工作，演练策划组应制定演练现场规则，该规则中应包括如下方面的内容。

（1）演练过程中所有消息或沟通应有"演练"二字，比如"报告演练总指挥"等，"非预知"型演练必须有足够的安全监督措施，以便保证演练人员和可能受其影响的人员都知道这是一次模拟突发事件。

（2）应指定应急演练的现场区域，参与演练的所有人员不得采取降低保证人身安全条件的行动，不得进入禁止进入的区域，不得接受不必要的危险，也不得使他人遭受危险。

（3）演练过程中不得把假想突发事件、情景事件或模拟条件错当成真，特别是在可能使用模拟的方法来提高演练真实程度的地方，如使用烟雾发生器、虚构伤亡突发事件和灭火地段等。当计划这种模拟行动时，事先必须考虑可能影响企业设施安全运行的所有问题。

（4）不应为了模拟真实场景的需要而污染大气或造成类似危险。

（5）除演练方案或情景设计中列出的可模拟行动，以及控制人员的指令外，演练人员应将演练事件或信息当作真实事件或信息做出响应，应将模拟的危险条件当作真实情况采取应急行动。

（6）演练过程中不应妨碍发现真正的突发情况，应同时制定发生真正突发事件时可立即终止、取消演练的程序，迅速、明确地通知所有响应人员从演练到真正应急的转变。

（7）演练人员没有启动演练方案中的关键行动时，控制人员可发布控制消息，指导演练人员采取相应行动，帮助演练人员完成关键行动。

（8）演练人员应统一着装，整齐、正确穿戴劳动防护用品，佩戴演练袖标，根据应急预案的相关规定按章操作。

8.落实保障措施

组织保障。落实演练总指挥、现场指挥、演练参与单位（部门）和人员等，必要时考虑组织保障替补人员。

（1）资金与物资保障。落实演练经费、演练交通运输保障，筹措演练器材、演练情景模型。

（2）技术保障。落实演练场地设置、演练情景模型制作、演练通信联络保障等。

（3）安全保障。落实参演人员、现场群众、运行系统安全防护措施，进行必要的系统设备安全隔离，确保所有参演人员和现场群众的生命财产安全，确保运行系统安全。

（4）宣传保障。根据演练需要，对涉及演练单位、人员及社会公众进行演练预告，宣传应急相关知识。

（5）其他准备事项。根据需要准备应急演练有关活动安排，进行相关应急预案培训，必要时可进行预演。

9.应急演练评估

演练评估是指观察和记录演练活动、比较演练人员表现与演练目标要求、提出演练发现、形成演练评估报告的过程。演练评估的目的是确定演练是否已经达到演练目标的要求，检验各应急组织指挥人员及应急响应人员完成任务的能力。

（1）评估方法。应急演练评估方法是指演练评估过程中的程序和策略，包括评估组组成方式、评估目标与评估标准。

（2）组成方式。评估人员较少时可仅成立一个评估小组并任命一名负责人。评估人员较多组成方式时，则应按演练目标、演练地点和演练组织进行适当的分组，除任命一名总负责人，还应分别任命小组负责人。

（3）评估目标。指在演练过程中要求演练人员展示的活动和功能。

（4）评估标准。指供评估人员对演练人员各个主要行动及关键技巧的评判指标，这些指标应具有可测量性。

（5）现场点评。应急演练结束后，在演练现场，评估人员或评估组负责人对演练中发现的问题、不足及取得的成效进行口头点评。

（6）书面评估。评估人员针对演练中观察、记录以及收集的各种信息资料，依据评估标准对应急演练活动全过程进行科学分析和客观评价，并撰写书面评估报告。

书面评估报告的主要内容包括：演练执行情况预案的合理性与可操作性；指挥人员的指挥能力；参演人员的处置能力；演练的设备与装备的先进性、适用性；应急物资、通信、交通、安全等保障是否充分；演练的成本效益等。评估报告重点对演练活动的组织和实施、演练目标的实现、参演人员的表现以及演练中暴露的问题进行评估。评估报告中含有不足项，整改项以及改进项对演练中存在的问题具体说明。

10. 应急演练总结

演练结束后，进行总结与讲评是全面评价演练是否达到演练目标、应急准备水平及是否需要改进的一个重要步骤，也是演练人员进行自我评价的机会。演练总结与讲评可以通过访谈、汇报、协商、自我评价、公开会议和通报等形式完成。

策划组负责人应在演练结束规定期限内，根据评价人员演练过程中收集和整理的资料，以及演练人员和公开会议中获得的信息，编写演练报告。演练报告是对演练情况的详细说明和对该次演练的评价，应包括如下内容：

（1）本次演练的背景信息，含演练地点、时间、气象条件等。

（2）参与演练的应急组织；演练情景与演练方案演练目标、演示范围和签订的演示协议应急情况的全面评价。

（3）演练发现与纠正措施建议。

（4）对应急预案和有关执行程序的改进建议。

（5）对应急设施、设备维护与更新方面的建议。

（6）对应急组织、应急响应人员能力与培训方面的建议。

策划小组在演练总结与讲评过程结束之后，安排人员督促应急管理部门继续解决其中尚待解决的问题或事项的活动。为确保参演应急组织能从演练中取得最大益处，策划小组应对演练发现进行充分研究，确定导致该问题的根本原因、纠正方法和纠正措施完成时间，并指定专人负责对演练发现中的不足项和整改项的纠正过程实施追踪。

三、基于情景构建的新型应急演练

基于情景构建的应急演练如图4-9所示。

情景构建是基于假设背景条件下对某一类突发事件的普遍规律进行全过

程、全方位、全景式的系统描述。情景构建不是尝试去预测某类突发事件发生的时间与地点，而是尝试以点带面、抓大放小，组织开展应急准备工作的一种工具。基于情景构建的新型应急演练是按照现有能力水平，对可能发生的重大突发事件及可预期风险进行演化规律分析、应急任务梳理、应急能力演练与评估，并据此强化应急准备，提升应急能力的一种系统工作方法。情景构建是应急演练活动开展的重要基础。基于情景构建的新型应急演练主要过程如下：

第一步：情景分析 是建立在大量事故真实案例统计分析数据库的基础上，按照电网企业现有业务类型、装备配备、周边环境、管理方式及水平等基本情况，按照"底线思维"对存在的风险进行深层次分析，对可能发生的一切情况开展探讨，这是理论与实践的结合。

第二步：任务整理 是通过划分情景响应阶段，将情景划分为不同阶段，不同阶段的事件发展过程不同，产生的影响不同，其响应的特点和时间并不完全一样，然后形成情景任务列表。

第三步：能力评估 对企业提出任务所需要求，研究评估现有能力，以当前现有的应急资源为基础，提出当前针对性强的、切实可行的、具体的应对措施，对现有应急预案体系进行评估，查找存在的问题和不足，补充、完善和改进应急预案，并开展必要的培训与演练。

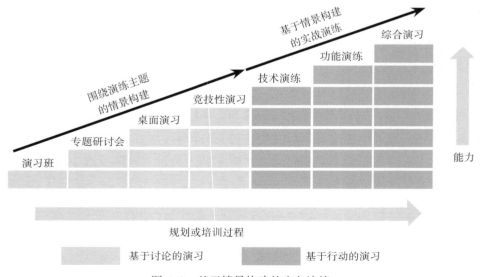

图4-9 基于情景构建的应急演练

【例4-2】　某现场处置方案应急演练方案：低压架空线路触电事故现场处置应急演练方案

（1）所属专业：应急救援。

（2）参演人员：应急基干分队队员或配电班组员工共4人。

（3）演练科目：低压架空线路触电事故现场应急处置。

（4）演练流程：参演人员在演练场地外列队，向演练评估人员提出进场申请。得到许可后，人员进场检查装备（仅限装备外观检查）。检查完毕后，参演人员向演练评估人员提出开工申请，演练评估人员向参演人员介绍演练场景和课题。得到许可后，开始低压架空线路触电事故现场处置应急演练。演练工作全部完成后，演练人员向评估人员报告工作结束。评估人员对演练情况现场进行总结评估。评估结束后，参演人员列队离场，演练流程如图4-10所示。

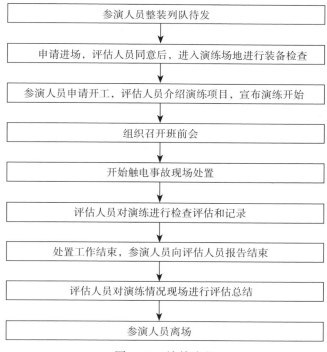

图4-10　演练流程

（5）演练说明。

1）演练项目背景说明。X月X日XX时，XX低压架空线路作业现场，发生一起误登带电杆塔造成的人身触电事故（模拟人依靠安全带固定在电杆上）。事故现场对地距离约6m，杆上触电人员无法行动。参演人员在通知就近医院的同时，需正确断开电源，采取高空双人营救法，将伤者从高处营救至地面，实施现场地面紧急救护（心肺复苏法）。

2）演练评估重点。①脱离电源。快速找到低压线路的供电电源，使用必要的安全工器具切断电源；②高空施救。按照《电力安全工作规程》中列举的双人营救法实施高空施救，施救方法正确，未造成二次伤害；③地面施救。伤者转移至地面后，及时开展现场心肺复苏施救，施救动作、行为规范，伤者（模拟人）恢复心跳。

（6）参演队伍携带的主要装备：绝缘棒、绝缘手套、急救模拟人（含电源）、全防护安全带、登高踏板或脚扣、绳索等。

（7）演练场地需提供的设备（装备）：配电变压器台架1套、配电箱1台、低压电杆1根（带横担）。

（8）预计演练时长：15min。

低压架空线路触电事故现场处置应急演练评估手册见表4-4。

表4-4　低压架空线路触电事故现场处置应急演练评估手册

序号	演练内容	评价项目	评价要点	评价结果	备注
1	演练准备	参演人员着装正确，经许可后开始进行项目实施	1. "两穿一戴"规范 2. 携带的急救工器具齐全 3. 参演人员需着应急救援服、安全帽、手套、应急救援鞋	□好 □一般 □差	
2	先期处置	明确人员分工	工作负责人履行指挥人员职责，明确急救操作人员、信息通信人员、现场控制人员分工。相关人员职责明确，并能履行职责	□好 □一般 □差	
3	信息报告	拨打医疗机构急救电话	能够拨打急救电话；清楚描述伤情	□好 □一般 □差	
		向上级报告	及时向上级报告事故情况		

序号	演练内容	评价项目	评价要点	评价结果	备注
4	现场处置				
4.1	发现供电电源	找到带电线路的供电电源	能够正确、快速判断带电线路的供电电源	□好 □一般 □差	
4.2	切断电源	1. 正确使用安全工器具，快速切断触电者接触的那一部分带电设备的所有断路器（开关）或配电变压器跌落保险 2. 或者迅速登杆，并做好自身防触电、防坠落安全措施，用绝缘杆或干燥不导电物体等工具将触电者脱离电源	1. 救护人不可直接用手、其他金属及潮湿的物体作为救护工具，而应使用适当的绝缘工具 2. 带电低压线路即时电源已断开，如未做安全措施，仍将视为有电设备，救护人不可直接触及导线	□好 □一般 □差	
4.3	伤员转运	将高处触电者下放至地面，体位放置正确	1. 登杆作业全过程均有保护 2. 营救使用的绳索强度、长度能够满足要求 3. 在伤者腋下放置柔软物 4. 按要求绑扎伤者（应在伤者腋下绕1圈，打3个扣结，绳头塞进伤员腋旁的圈内并压紧） 5. 伤者下降过程中不能触碰电杆 6. 伤者下降过程做到缓缓下降 7. 施救过程中杆上施救人员不得失去监护 8. 正确放置伤者体位 9. 将伤者移至杆上作业人员作业半径外	□好 □一般 □差	

续表

序号	演练内容	评价项目	评价要点	评价结果	备注
4.4					
4.4.1	判断意识	轻轻拍打伤员肩部，语言高声喊叫，"喂！**醒醒"	1. 轻拍双肩、进行呼喊 2. 动作不能过重或者过轻 3. 呼叫其姓名	□好 □一般 □差	
4.4.2	无意识处理	眼球固定、瞳孔散大，无反应时，立即用大拇指按压人中穴或合谷穴	1. 观看伤者瞳孔 2. 按压人中穴或合谷穴，时间不少于5s	□好 □一般 □差	
4.5					
4.5.1	判断呼吸	贴近触电者口鼻处听，看触电者的胸腹部有无起伏	判断时间不少于5s	□好 □一般 □差	
4.5.2	看、听、试	看伤员的胸腹部有无呼吸起伏动作	观看触电者的胸腹部起伏情况	□好 □一般 □差	
		用耳贴近伤员的口鼻处，听有无呼吸声音	贴近触电者口鼻		
		用颜面部的感觉测试口鼻部有无呼吸气流	测试触电者口鼻		
4.5.3	开放气道	清除口鼻腔异物：使触电者侧身，并扶住头部，用手从嘴角处进入并清理异物	清理口腔内分泌物	□好 □一般 □差	
		仰头举颌法：使触电者头部后仰，耳垂延线至地面成90°	动作应规范		
4.6					

续表

序号	演练内容	评价项目	评价要点	评价结果	备注
4.6.1	口对口呼吸	用5～10s口对口呼吸2次	1. 吹气时捏住鼻孔、将嘴巴包严 2. 侧头吸气、吹气完毕后应松开鼻孔 3. 是否存在无效吹气	□好 □一般 □差	
4.6.2	判断心跳	在喉结旁2～3厘米触摸颈动脉。用10s时间判断脉搏（心跳），无脉搏在心前区叩击两次	1. 触摸颈动脉、位置正确 2. 正确叩击心前区 3. 检查时间不应超过10min	□好 □一般 □差	
4.6.3	胸外心脏按压	用正确按压姿势进行胸外按压，双手交叉并垂直于按压点，按压频率为100次／min，按压和呼吸比例为30：2，即30次心脏按压后进行两次人工呼吸，反复进行	1. 按压点位置正确 2. 按压力度不能过大或过小 3. 按压幅度或频率（100次/min）满足规程要求，按压时手指不能翘起，双臂应伸直，按压应垂直 4. 按压姿势正确	□好 □一般 □差	
4.6.4	再次判断	抢救过程中按压吹气2min后，应用看、听、试方法再次判断	应判断瞳孔、呼吸、心跳等情况	□好 □一般 □差	
4.6.5	抢救结果	判断触电者瞳孔、呼吸、心跳恢复。（模拟人呼吸、按压5个循环急救成功，一般100～120s）	触电者心跳、呼吸恢复，抢救成功。且按压次数不能超过规定次数（依据电脑计数次数为准）	□好 □一般 □差	
5	现场清理	抢救结束后清理现场并立即向演练评估人员汇报	清理现场	□好 □一般 □差	

【例4-3】 某县级供电企业大面积停电事件演练场景设置：国网××供电公司电网大面积停电事件桌面演练场景设置

演练形式 本次演练为大面积停电事件桌面演练。在演练过程中，我们将根据演练情景设置提出问题，需要各位根据各自的岗位，进行深入思考，并将需要采取的相关应急工作和措施主动进行阐述。

演练目的 通过应急演练，一方面推动大家一起，对灾害条件下自身专业进行深入思考，开拓思维。另一方面演练也是考核检验，因此，我们认为演练过程中，大家思考的问题，延伸得越多，越能体现大家的演练水平。

本次演练时间 60～90min。

大家对演练形式有无疑问？（整齐回复，没有）如无疑问，开始演练⋯⋯

事件背景

导调 2018年7月15日，×××县电网总负荷20.64万kW，×××县电网按正常方式运行，当日无设备检修计划。

场景一　预警及行动

导调 2018年7月14日9时30分，×××市气象局发布重要气象信息：预计15日7时至16时，我市有暴雨，部分地区降雨量超过100mm，风力7～8级，局部将伴有强降水、雷暴大风等强对流天气。山区山洪等地质灾害、中小河流洪水气象风险等级较高，请注意防范。

导调 收到政府发布的雷雨大风橙色预警信息后，请处置。

办公室：应急办主任×××，我是办公室×××，上午10时，接到×××县政府应急办下发的雷雨大风橙色预警通知，要求做好应对灾害天气防范措施，确保电网安全运行和人民生活用电。汇报完毕。

应急办主任 应急办收到。

应急办专责 应急办×××主任，我是应急办专责×××，上午10时，市公司应急办下发了雷雨大风橙色预警通知，要求做好应对雷雨大风强对流灾害天气的各项准备工作和防范措施，确保电网的安全稳定运行和。报告完毕。

应急办主任 收到。我立即组织运检部、调控中心，以及×××两位应急专家对此次预警通知进行研判。

调控中心 报告应急办，我是调控中心×××。公司所辖35kV封江、双河、岩子河、太白顶、白龙池、农场变为单电源变电站，当主网局部事故造成全站停电时，不能通过改变运行方式恢复供电。根据2016、2017年类似天气情况分析，可能会造成减供负荷25%至37%，建议发布雷雨大风天气橙色预警。

运检部××× 报告应急办，我是运检部×××。结合以往类似天气情况分析，可能会导致较多10kV线路停电，而恶劣天气提高了供电所抢修人员的工作难度，会对×××县电网设备造成影响，建议发布雷雨大风天气橙色预警。

应急办主任 应急办收到，我立即向总指挥汇报。报告总指挥，我是应急办×××。公司应急办接收到气象局、县政府和×××公司雷雨大风天气橙色预警通知及调控中心、运检部发布预警建议，本次暴雨天气可能对公司电网、设备造成影响，结合专家组意见，已经具备发布雷雨大风天气橙色预警条件。是否马上发布预警，请指示！

总指挥员 公司应急办，同意发布雷雨大风天气橙色预警，立即将预警传达至所有部门、单位，并报备市公司、县政府应急办。同时，开启应急指挥中心，请应急小组部门成员到应急指挥中心协商办公，会商部署预警处置工作。

应急办主任 应急办收到，我们马上发布雷雨大风天气橙色预警，并通知应急小组部门成员及专家到应急指挥中心协商办公。汇报完毕。

应急办专责 市公司应急办，我是×××县公司应急办×××，我公司根据气象预警情况和应急预案，已经发布雷雨大风天气橙色预警，特此报告。

市公司应急办 市公司应急办收到，请×××县公司加强与气象部门联系，做好信息报送等相关准备工作。

办公室 ×××县政府应急办，我是×××县供电公司办公室吴胜江，我公司根据气象预警情况和应急预案，已经发布雷雨大风天气橙色预警，特此报告。

综合配合人员 ×××县政府应急办收到。

导调 ×××县公司通过微信群、传真、安监一体化平台、综合短信平台等方式向所属各部门、各单位发布了雷雨大风天气橙色预警，各职能部门在收到预警通知后，都已经到达应急指挥中心。各职能部门又需要开展怎样的预警行动呢？

总指挥 各部门，公司根据天气预警情况，发布了暴雨天气橙色预警，下面我们召开会商会议，请各部门汇报预警行动情况及应对措施。

调控中心 报告总指挥，我是调控中心主任×××。当前电网运行情况总体平稳。针对恶劣天气，调控中心已启动应急预案，落实各项预警措施，采取了以下措施：一是调控中心加强值班力度，在原有值班人员的基础上又增设了两名值班人员；二是做好电网运行监控，尤其是重过载变电站、线路的监视，分析电网运行特点及负荷分布的变化情况，优化运行方式，提升电网可靠性。三是调控中心通信班已正常开启应急指挥视频会议系统，并加强通信运行值班监视工作。报告完毕。

运检部　报告总指挥，我是运检部主任×××。运检部已要求各供电所、检修建设工区均按要求启动预案，要求各单位24h值班室保持电话畅通、人员到岗到位，所有抢修人员待命，并做好应急抢修物资准备；另外公司所辖变电站全部恢复为有人值班，确保处理故障的及时性。同时，运检部密切关注电网设备运行情况，出现新的突发情况，将及时报公司应急办，报告完毕。

营销部　报告总指挥，我是营销部主任×××。营销部在接到预警通知后，立即执行应急预警措施：一是增加95598坐席值班人员，加强对×××县区域内停电信息收集和客户供电服务投诉事件的监测；二是通过95598平台向社会发布了预警信息，并通知各供电所向重要用电场所、重要用户进行预警告知；并通过微信群、短信、现场走访向客户告知可能停电的风险提示。三是对涉及居民小区、学校、医院等人口密集区域安全用电进行重点排查；四是已经向市公司营销部报备电网风险预警信息。报告完毕！

物资分公司　报告总指挥，我是物资分公司经理×××。物资分公司接到预警通知后，已做好应急物资收集准备工作，常用应急物资装车，另安排两辆货车车辆备用，确保物资配送及时到位。报告完毕。

办公室　报告总指挥，我是办公司主任×××。办公室接到预警通知后，将做好外联工作，确保突发重大事项快速反应、高效处置。报告完毕。

党建工作部主任　报告总指挥，我是党建工作部主任杨先明。党建工作部收到预警通知后，已安排应急值班人员，展开舆情监测，党建工作部正在跟踪监测社会舆论，准备开展新闻宣传，积极做好舆论引导工作。报告完毕。

发建部　报告总指挥。我是发建部主任×××。发建部接到风险预警通知后，已经要求在建工程的项目部停工，做好防灾避险应急措施。同时，我部门已经要求相关施工单位做好准备，一旦发生灾情，相关施工单位可以立即接受调令，前往受灾区域进行抢险救灾。报告完毕。

综合服务中心　报告总指挥，我是综合服务中心主任×××。综合服务中心已成立应急工作组，我们已联系了相关商家，预订了必要的生活用品，全力做好应急处置人员及抢修队伍的食宿安排和供应。随时听候应急办命令指示。报告完毕。

应急办主任 报告总指挥，我是应急办主任×××。公司相关应急专家小组已经就位，公司应急指挥中心已经开启，执行24h值班制度，应急基干分队已做好提供照明、营地建设、应急救援等准备工作；应急办已将本次发布雷雨大风天气橙色Ⅱ级风险预警行动情况书面报送至市公司应急办备案。报告完毕。

总指挥员 好。各部门的准备工作都很到位。请各部门、各单位密切关注天气变化情况，加强巡视。巡视人员要切实注重人身安全。请大家认真履行好应急职责，为即将到来的暴风雨天气全面做好应急准备。

场景二 应急响应

导调 2018年7月15日，上午7时，×××县北部地区持续遭受雷暴雨大风天气。(工作人员播放"雷声"音乐1遍)停电区域涉及×××县县城、厉山镇、草店镇、万和镇、吴山镇等多个乡镇。电网事件发生后，×××县公司该采取怎样行动呢？

地调调度员拿起电话拨打。工作人员播放"音频脉冲电话铃声"。铃声响后，×××县调控中心(余烨)接听电话。

地调调度员 ×××县公司调控中心，我是地调调度员刘继兵。7时20分，110kV烈明线因恶劣天气故障跳闸，(110kV明阳由烈明和季明线供电，为什么不倒负荷)110kV明阳变电站全站失压，已通知检修公司派人处理。现要求调整电网运行方式，×××县35kV万和变电站倒由35kV万桃线送电。

×××县调控中心(余烨) ×××县公司调度员余烨收到。现已调整电网运行方式，35kV万和变电站倒由35kV万桃线送电。

调控中心 应急办许主任，我是调控中心主任×××。7时20分，因恶劣天气，110kV明阳变电站全站失压；供区内35kV万和变已倒由35kV万桃线恢复供电，其余35kV太白顶变、吉祥变、金子岩变、华家湾变因为单电源变电站，无法恢复供电。7时40分、43分，35kV殷草线、炎尚线相继故障跳闸，造成35kV草店变电站、厉山变电站全站失压；另有10kV工业Ⅰ回青54线路、10kV工业Ⅱ回青56线路等19条10kV线路故障跳闸，共计损失负荷8.7万kW。调控中心正在开展电网事故调度处理，通过调整电网运行方式，处理电网故障，限制事故发展。

运检部 应急办×××，我是运检部主任×××。110kV明阳变电站全站失压，导致×××县电网万和变、太白顶变等5座35kV变电站失压；35kV殷草线、炎厉线线路故障造成35kV草店变电站、厉山变电站全站失压，除此以外另有19条10kV线路跳闸。目前，运维部已按规定向上级部门汇报，并按预案进行事故处理。汇报完毕。

应急办主任　应急办收到，我立即向应急领导小组汇报。

报告陈总，我是应急办主任×××。根据初步统计，本次雷暴雨天气已造成×××县电网负荷损失8.7万kW，负荷损失超过40%。根据×××县公司大面积停电应急预案，达到开启Ⅱ级应急响应标准，建议启动Ⅱ级应急响应，请指示！

总指挥　公司应急办，经应急领导小组会商研究，受灾情况达到了大面积停电事件Ⅱ级应急响应，同意启动大面积停电事件Ⅱ级应急响应，并向市公司应急办、县政府报备。应急办主任，请立即通知应急处置指挥机构人员，半小时后在应急指挥中心召开协商会议，研究电网受灾应对措施。

应急办　报告总指挥，应急办收到。我现在立即通知应急专责、办公室将应急响应及灾情初步情况向市公司应急办、县政府应急办报备。并通知相关人员参会。

应急办　市公司应急办，我是×××县公司应急办×××。今天上午7时至9时，×××县北部地区持续遭受雷暴雨大风天气，造成×××县公司境内1座110kV变电站失压，所辖7座35kV变电站失压；2条35kV线路、19条10kV线路故障跳闸，共计损失负荷8.7万kW，负荷损失超过百分之四十。×××县公司根据电网受灾情况，现已启动Ⅱ级应急响应。详情已通过书面报告汇报，报告完毕。

市公司应急办　市公司应急办收到。请密切跟踪进展情况，及时上报事件详情和处置进展信息。

办公室　×××县政府应急办，我是×××县供电公司办公司吴胜江。×××县电网受恶劣天气影响，造成×××县电网负荷损失8.7万kW，负荷损失超过百分之四十。×××县供电公司根据电网受灾情况，现已启动大面积停电事件Ⅱ级应急响应。详情已通过书面报告汇报，特此报备。

县政府　×××县政府应急办收到。请及时汇报电网恢复进展情况，便于我们对外发布公告。

95598　尊敬的用电客户您好！×××县供电公司95598平台现在发送一则停电信息：7月15日，上午7时开始，×××县北部地区持续遭受雷雨大风天气，造成×××县北部地区厉山镇、殷店镇、草店镇、小林镇、尚市镇、万和镇、吴山镇7个乡镇停电，对于此次停电造成您的不便我们深表歉意，供电公司已经第一时间启动应急响应措施，开展抢修恢复工作，尽快恢复供电，请您耐心等待，感谢大家的支持与理解！

导调 由于是演练，因此我们在演练过程中省去通知环节，应急处置指挥机构人员已就位，直接开展相关工作。

总指挥 现在开始抢险救灾工作部署会。因雷暴雨大风灾害天气影响，造成×××县电网大面积停电。请各部门汇报先期处置情况和所做的应对措施。

调控中心主任 报告总指挥，我是调控中心×××。调控中心按照变电站全停预案，通过电网运行方式调整，已恢复35kV厉山变电站、草店变电站供电。地调调度员刘继兵答复110kV明阳变电站将于7时45分恢复正常供电，届时公司所辖35kV太白顶变、吉祥变、金子岩变、华家湾变将同步恢复供电。调度台备班人员已到位，值班人员已由2名增至4名，时刻监测电网运行。目前正在梳理×××县电网运行方式，准备处置异常情况。汇报完毕。

运检部 报告总指挥，我是运检部主任×××。运检部按照预案正在开展抢修恢复工作。安排专人与调度对接，随时了解电网运行、故障跳闸信息。运检部已通知各专业加强对重点变电站、重要线路、重要设备的监测。截至当前，公司配网共跳闸19条10kV线路，760个台区停电，停电用户63870户。运检部已通知各供电所配网维护班对故障线路进行带电查线。吴山镇10千伏线路跳闸6条，吴山供电所正积极开展故障查线及线路巡视，公司可以随时对吴山所抢修力量进行增援。目前公司各生产单位共成立应急抢修队伍22支，已启动15支，7支处待命状态，随时能够投入抢修工作。请汉东分公司做好随时出动抢修队伍的准备工作。请物资分公司周经理做好应急物资调拨准备工作。另外明后两天天气将转好，出现大面积的受灾情况可能性较小，通过抢修恢复，电网运行情况也会逐渐转好至恢复正常。

汉东分公司 汉东分公司收到。汉东公司已分别组建输电、配电两个专业的抢修队伍，可以随时提供增援。

物资分公司 物资分公司收到。物资公司已备好各类钢芯铝绞线、绝缘线、护套线、应急木质电杆、金具等物资材料，车辆驾驶员、送货员全部在公司内待命。

检修建设工区主任 报告总指挥，我是检修建设工区主任×××。目前随中、随北天气具备线路巡视、设备特巡条件。工区分管输电副主任杨忠带领工作负责人刘飞、杨生远对 35kV 殷草线、35kV 炎厉线线路正在进行带电查线；35kV 厉山变电站、35kV 草店变电站值守人员当前密切监视负荷及保护信号，工区变电操巡人员正在开展设备特巡。

总指挥　请×××主任密切关注万和、三里岗、厉山、封江、白龙池变电站的防汛监测。鉴于当前受灾情况，请应急办许主任通知公司应急基干分队做好准备，随时参加救援，并为抢修工地提供大型照明支援。请各抢修队伍一定要注意自身安全，不具备巡线、抢修条件，坚决不能进行，时刻把安全放到第一位。请安质部加强抢修期间安全监督，严格落实现场安全措施，严禁冒险作业，严防次生灾害。

检修建设工区　检修建设工区收到。

运检部　运检部收到。

应急办主任　应急办收到。

应急办　报告总指挥，我是应急办专责刘娅敏。公司应急办已将受灾信息报送市公司应急办，市公司要求我们做好应急值班工作，两小时报告一次灾情信息及恢复情况。各部室、各单位对外报送信息以此为准。同时，我们已要求各生产单位每 2h 向县公司微信群及应急办邮箱报送一次信息专报。报告完毕。

营销部　报告总指挥，我是营销部主任周勇。营销部目前已经启动应急响应；安排受灾区域供电所通过电话或者短信联系停电客户，询问了天马矿业有限公司等重要客户是否需要电力支援，目前营销部已按照有关技术要求，通知重要用户启动自备应急电源，检测正常完好。加强重大危险源、重大关键基础设施的隐患排查，及时采取防范措施，防止发生次生衍生事故。营销部已组织网格员做好对停电用户进行宣传解释工作。目前暂未获知有用户需要保电的需求。公司的应急响应令和停电信息及范围我们已经报备国网南中心。95598 工作站增加坐席人员已到位。同时已向×××县经信委、市公司客户服务中心进行了汇报。报告完毕！

发建部　报告总指挥，我是发建部主任×××。在收到应急响应通知后，发建部已通知在建工地施工队伍集结待命，随时可支援电网抢修工作。另外我们在已开工的工地现场做好了安全防范措施，对已组立的杆塔加强了拉线紧固，电焊机、切割机、氧割等设备全部入库，大型机械采用搭建钢构支架进行防护。汇报完毕。

物资分中心　报告总指挥，我是物资分公司经理×××。物资分中心所人员已经全部在岗，车辆、应急物资全部准备完毕，随时接受相关应急物资调配。汇报完毕。

综合服务中心　报告总指挥，我是综合服务中心主任×××。我们已采购了大批食材及生活用品，做好应急处置及抢修人员的食宿安排和供应。报告完毕。

办公室　报告总指挥，我是办公室主任×××。办公室密切跟踪进展情况，及时向上级部门和政府汇报事件详情和处置进展信息。报告完毕。

党建工作部　报告总指挥，我是党建工作部主任×××。党建工作部已做好以下应对工作：一是已对市公司党建工作部、本地新闻主管部门报告相关信息；二是已开展24h舆情监控值班，时刻关注舆情动向，及时更新公司抢修进展情况；三是已派出2名公司新闻记者奔赴抢修一线，开展采访工作；四是已邀请×××电视台记者到现场采访，发表正面引导信息。报告完毕。

总指挥　好，刚才各部门汇报了当前电网情况以及应对处置措施。相关部门还结合天气情况对电网发展形势作了研判。当前×××县电网通过调整电网运行方式，35kV主网设备运行情况尚好，10kV故障线路较多，请应急办、安质部、运检部等部室密切配合，重点关注配网抢修工作，科学安排，合理布置，对受灾严重的乡镇供电所提供抢修支援。在应急处置过程中，我提以下几点要求：一是在抢修过程中做好安全措施，严禁冒险作业，做到"安全第一"；安全监督人员要加强抢修现场安全督导，确保抢修人员安全。二是各生产单位要积极配合政府做好应急处置工作，认真履行供电企业的社会职责；三是要加强新闻舆情控制，及时公开抢修信息，开展正面引导，防止负面舆情爆发，影响公司正面形象。四是做好信息汇总和报送工作。各单位各部门要加强联系，保持信息互通，各类信息应及时归口专项处置办公室。对外报送信息必须保证口径统一。本次会商会议结束，请各部门根据职责开展相关应急处置工作。

场景三　线路

导调　上午7时45分，检修建设工区输电班接到调度线路跳闸通知后，开展巡线查找故障。11时30分，据前方巡线人员汇报，35kV殷草线跳闸是由于局部龙卷风造成靠近山体的铁塔倒塔1基，导线断线。请处置。

调控中心主任　报告总指挥，我是调控中心主任×××。检修建设工区输电运维班经过巡视发现35kV殷草线5号铁塔发生倒塔断线，线路已停运。另外，该线路在上午7时45分故障跳闸后，调控中心已通过调整电网运行方式，恢复了35kV草店变电站正常供电，所以该线路故障不影响居民供电。

运检部 报告总指挥，我是运维部主任×××。11时30分，检修建设工区输电运维班经过巡视发现35kV殷草线5号铁塔发生倒塔断线。已通知现场人员做好先期处置，已向公司应急办、市公司运检部汇报。

总指挥 收到。请现场人员做好安全防范措施等先期处置，防止次生灾害。请公司应急办通知相关部门、单位立即到应急指挥中心召开应急会商会议。请安质部、运检部组织相关部门立即赶赴现场成立现场工作组，指导协调现场应急工作。

公司应急办 应急办收到。应急办立即通知相关人员参会。并安排人员到达现场。

运检部 运检部收到。运检部立即安排人员到达现场。

导调 由于是演练，因此我们在演练过程中省去通知环节，应急处置人员已就位，直接开展相关工作。

总指挥 请各部门汇报当前处置应对情况。

检修建设工区： 报告总指挥，我是检修建设工区主任×××。检修建设工区已收集统计了现场设备受损信息，工区输电运维班已对倒塔现场进行了先期处置，在现场周围装设了临时安全围栏，悬挂适量"止步，高压危险"等警示牌，并安排工作负责人杨生远及两名民工现场监护，防止行人靠近。已安排班长刘飞巡视检查了1～4号塔基、6～11号塔基及线路，无异常现象及安全隐患。工区已安排副主任杨忠组织抢修队伍15余人，分乘4台抢修车辆出发，预计一个小时以后到达故障现场。

根据现场勘查，5号铁塔一段至三段已损坏，基础完好，不需要重新制作铁塔基础，请求公司调拨35kV单回J3-18型铁塔一基，LGJ-120型导线800m及附属金具；等待塔材、线材到达现场以后，工区将开展连续抢修工作。另外夜间需提供临时照明。汇报完毕。

运维部主任 报告总指挥，我是运维部主任×××。运维部已联系市公司线路专家和设计院设计人员前往现场支援，预计一个半小时内到达现场。另外，受灾情况已向×××公司运检部汇报；已向保险公司报备受灾情况，联系保险人员到现场查看。同时，运维部向总指挥建议增派汉东分公司输电安装队伍赶赴现场参与抢修。报告完毕。

总指挥 收到。请汉东分公司安排输电安装队赶赴现场参与抢修。请物资分公司立即根据检修建设工区抢修现场需求调拨抢修物资。请公司应急办通知应急基干分队赶到现场，搭建现场指挥部并为现场夜间抢修提供照明。请安质部安排安全稽查人员到现场进行安全督导。

汉东分公司 汉东分公司收到。我立即安排输电专业队伍携带工具、材料出发赶赴现场参与抢修。

物资分公司 物资分公司收到。根据检修建设工区提出的应急物资需求申请，经核实后，仓库现存放有在建基建工程同类型铁塔塔材，可调剂到抢修现场使用。120导线仓库库存较多，若调配过去，预计2h之内可送达。

公司应急办 应急办收到。已通知应急基干分队携带营地建设及大型泛光照明装备以及相关通信设备到达受灾现场，预计50min后到达现场并立即搭建临时指挥系统。已安排两名安全稽查人员到现场进行安全督导。报告完毕。

总指挥 请检修建设工区做好抢修准备工作，请调控中心做好事故抢修的受理准备。抢修人员到达现场后进行现场勘察，制定好抢修方案，抢修现场注意安全，经现场指挥部同意后方可实施，避免发生次生灾害。请安质部、运检部、发建部安排人员随我到现场，应急办主任在应急指挥中心主持灾情处置工作。

应急办 请综合服务中心做好后勤支援工作，请党建工作部做好新闻宣传工作，请应急办专责立即将受灾情况报市公司应急办。

综合服务中心 报告公司应急办，我是综合服务中心主任×××。综合服务中心已安排人员携带炊具、食材等相关后勤保障物资陆续送达现场。

党建工作部 报告公司应急办，我是党建工作部主任×××。党建工作部已经安排新闻人员赶赴现场，将电力职工奋战在抢修一线的事迹通过报纸、网站、电视台进行宣传报道。

应急办 报告市公司应急办，我是×××县应急办×××。×××县35kV殷草线5号铁塔发生倒塔，公司领导已与相关专家到达现场，现场已搭建了临时指挥系统并开展抢修处置工作，相关处置工作已通过书面形式报市公司应急办，报告完毕。

市公司应急办 市公司应急办收到，若需要市公司增派应急基干分队或者抢修队伍进行支援，可以随时向我联系。

应急办 收到。

导调 13时50分，经线路专家、设计院技术人员现场勘查后，确定临时抢修方案。公司应急基干分队已到达受灾现场，临时指挥系统已搭建完毕。抢修队伍和应急物资全部到达现场。公司副总经理×××现场指挥抢修恢复工作，预计需要16h恢复送电。让我们进入下一环节。

场景四　内涝

导调　7月15日，10时10分，（工作人员播放"风雨雷电"音乐1遍）受强降雨天气影响，35kV厉山变电站10kV高压室电缆沟严重积水。变电站内涝事件发生后，×××县公司该采取怎样行动呢？

变电值班员　报告检修建设工区丁主任，我是厉山变电站值班员×××。10时10分左右，35kV厉山变电站10kV高压室电缆沟严重积水，目测水位20cm左右，水位目前还在缓慢上涨，速度约为每小时上涨10cm。当前天气为小到中雨，变电站35kV设备区、主变压器设备区无积水，设备运行及保护信号正常。已向调度汇报。汇报完毕！

检修建设工区　收到。运检部×××，我是检修建设工区主任×××。10时10分，35kV厉山变电站受强降雨影响，10kV高压室电缆沟严重积水，目测水位20cm左右，水位目前还在缓慢上涨，速度约为每小时上涨10cm。变电站35kV设备区、主变设备区无积水，设备运行及保护信号正常。初步分析为，10kV高压室电缆沟排水系统堵塞，导致积水。工区已组织抢修队伍携带两台1500W水泵及工具赶赴厉山变电站，预计30min内到达。

运维部　运检部收到。汉东分公司×××，我是运检部主任×××。厉山变电站10kV高压室电缆沟严重积水，初步判断为，10kV高压室电缆沟排水系统堵塞，请你立即组织3～4名应急队员携带防汛工器具赶到厉山变电站进行先期处置，对站外排水系统进行疏通。注意人员不得进入变电站高压室和35kV设备区，只能在站外进行疏通、排水工作。

汉东分公司　汉东分公司收到。我立即安排4名应急队员携带水泵等相关工具到达厉山变电站站外进行先期处置。

运维部　报告总指挥，我是运检部主任×××。35kV厉山变电站受强降雨影响，10kV高压室电缆沟严重积水，目测水位20cm左右，水位还在缓慢上涨。运维部正在按照防汛预案进行处置。距离厉山变电站最近的汉东分公司已组织应急队员到达站外进行先期处置，工区抢修队伍预计30min内到达。汇报完毕。

总指挥员　收到。请安质部、运维部安排人员赶到现场进行安全和技术督导。请各班组抢修人员务必要注意以下几点：一是抢险人员注意人身安全，严防积水触电。二是值班人员要密切监视10kV高压室电缆沟水位，必要时可对

35kV厉山变电站进行强停，调控中心提前做好调整电网运行方式，尽量减小停电范围。三是要注意清理变电站排水系统，保持畅通。四是请营销部通知95598，做好停电信息发布准备工作。五是请运维部注意防范类似情况，通知变电站加强监视，及时汇报。

应急办 收到。安质部马上进行安排布署。应急专责已向市公司应急办汇报。

运维部 运维部收到。马上进行安排布署。

调控中心主任 调控中心收到。调控中心已做好准备，随时启动35kV厉山变电站全停应急预案。

营销部 营销部收到。营销部已通过95598平台向社会发布了预警信息，并通知各营业单位向重要用户、重要用电场所等客户进行预警告知。

导调 11时18分，先期处置组汉东分公司找到变电站外墙排水系统堵塞点，进行疏通，高压室电缆沟积水迅速外排。检修建设工区应急抢修人员使用两台1500W水泵连续抽水，11时35分，厉山变电站10kV高压室电缆沟积水基本排尽。险情解除。让我们进入到下一环节。

场景五 重要保电

导调 17时30分，×××县中医院来电，县中医院停电，应急电源已启动，但不能有效满足负荷要求，手术室正在进行手术，ICU病房也不能断电，请求紧急供电支援。当重要用户发生电力供应中断时，×××县公司该采取怎样行动，快速完成电力保障的社会责任呢？

×××县中医拿起电话拨打。工作人员播放"音频脉冲电话铃声"。铃声响后，95598（孙玲）接听电话。

×××县中医院 ×××县供电公司，我是×××县中医院办公室。我们医院十分钟前停电，应急电源已启动，但是只能维持半个小时，目前手术室正在进行重要手术，ICU病房也不能断电，请求紧急供电支援。报告完毕。

95598 您好，我是×××县供电公司95598值班员×××。您所反映的问题，我会马上联系公司相关部门安派工作人员解决。请您保持电话畅通，方便我们的工作人员联系您。

营销部，我是95598值班员×××。×××县中医院办公室反映，县中医院十分钟前停电，应急电源已启动，但是只能维持半个小时，目前手术室正在进行重要手术，ICU病房也不能断电，请求紧急供电支援。

营销部 营销部收到。报告公司应急办，县中医院正在进行重要手术，但应急电源无法支撑手术和ICU病房到恢复送电。刚才我已经跟县中医院办公室联系，了解到他们的用电负荷为300kW。请求应急办立即调拨客户服务中心营业班400kW应急发电车对县中医院进行供电支援。报告完毕。

应急办主任 应急办收到。请客户服务中心营业班立即启用应急发电车，为×××县中医院提供应急电源。并请做好线路故障抢修工作。

客户服务中心营业班 客服中心营业班收到。公司应急办，我是客户服务中心营业班负责人×××。发电车已到达县中医院现场，已找到电源接入口，10min内中医院负荷可转移至发电车。目前我们正在组织运维班抽调精干抢修人员对线路进行故障处理，预计一个小时左右恢复供电，报告完毕。

客户服务中心营业班 县中医院，我是客户服务中心营业班负责人×××，中医院门诊大楼、住院部大楼负荷已转移至发电车，现在已正常供电，请放心使用发电车电源。线路故障正在进行处理，预计一个小时恢复电力线路供电。请问还有其他需要帮助的地方吗？

×××县中医院 非常感谢供电公司及时的帮助，你们辛苦了！目前没有别的需要。

导调 18点30分，线路故障处理完毕，县中医院恢复正常供电。让我们进入下一环节。

场景六 舆情

导调 虽然公司党建工作部对灾情进行了及时披露，但是由于停电面积较大，涉及停电人口较多，互联网上还是陆续出现关于停电造成影响和破坏的文字、图片和视频，传言×××县发生杆塔倒塔伤人、停电造成人员被困电梯事件，有网民批评供电公司抢修不力，并在网络、论坛发泄不满，甚至有传言说部分小区停电将达数周。另有网民表示要集体到供电公司讨说法。×××县公司面对舆情事件，该如何处置？

党建工作部 公司应急办，我是党建工作部主任×××。党建工作部人员在舆情跟踪过程中发现有网民在"×××论坛"发布杆塔倒塔伤人之类的纯属谣言的帖子，指责×××县供电公司抢修不力，散布部分小区停电将达数周的帖子，对供电公司造成极大的负面影响。目前党建工作部已开展新闻突发事件应急处置，舆情已得到控制，后续处置情况将随时汇报。报告完毕。

应急办主任 应急办收到。我马上向公司应急领导小组和市公司应急办汇报。请杨主任报请县政府新闻管理部门，协助公司做好舆情处置。请公司办公室向县政府应急办汇报。

办公室　办公室收到。已向县政府应急办汇报，县政府应急办将采取积极有效措施，避免舆情事件升级。报告完毕。

党建工作部　党建工作部收到。

党建工作部　市公司新闻中心×××，我是×××县公司党建工作部主任×××。"×××论坛"出现三篇针对供电公司的谣言帖子，目前我们正在开展应急处置，已报请县政府新闻管理部门，请求他们协助删除×××论坛等网上有害信息，并跟踪收集最新信息。请市公司帮助联系×××市各主流媒体、网站负责人，对相关有害帖子及时进行删除，并邀请×××新闻机构对我们一线抢修工作进行报道，正面宣传，争取社会舆论理解和支持。汇报完毕。

市公司新闻中心　×××公司新闻中心收到，我马上联系×××网站、×××新闻机构，针对相关事件，发布真实情况，避免和减少群众的猜测和不实舆论。请你们密切关注事件发展动态，及时汇报。

党群工作部　收到。报告总指挥，党建工作部已经向公司应急办、市公司新闻中心、县政府新闻主管部门报告了舆情情况及应对措施，并请求支援，争取地方宣传主管部门支持，已经加强与社会各主流媒体、网站信息通报工作，邀请记者进入公司抢修一线开展新闻报道。针对网上发帖，视情节严重程度分类处理：1.情节较轻，组织人员正面回复，主动发声，还原真相，寻求理解；2.存在造谣传谣情况，情节严重的，向公安部门报案，严惩造谣者。同时积极配合媒体采访，协助撰写稿件，及时报道抢修进展，确保报道客观公正。汇报完毕。

总指挥　同意党建工作部采取的舆情控制方案，请继续做好引导和防控工作，尽快消除负面影响。

党群　党建工作部收到。

场景七　恢复

导调　7月16日上午8时左右，天气转为多云。35kV炎厉线、殷草线故障已处理完毕，10kV故障线路均已恢复供电。×××县超过98%的停电用户供电陆续恢复正常，35kV殷草线5号铁塔抢修工作已结束，互联网上出现的都是表扬电力工人积极抗灾抢险保供电的帖子和言论，供电公司转入正常运营。

调控中心主任　报告应急办，我是调控中心主任×××。截至16日09时00分，故障线路已全部恢复送电，×××县公司电网已经恢复正常接线运行方式。汇报完毕。

运检部主任 报告应急办，我是运检部主任×××。截至16日09时10分，故障线路及所有分支、台区已全部恢复送电，停电用户恢复率达到100%。运检部已组织各生产单位开展了一次全面的灾后输、变、配线路及设备大巡查专项排查及治理行动，灾后隐患已基本消除。汇报完毕。

应急办主任 应急办收到。报告总指挥，我是应急办主任×××。截至16日9时10分，×××县电网恢复正常运行，停电用户恢复率100%，造成大面积停电事件的隐患已基本消除。根据公司大面积停电应急预案，目前公司已经具备结束Ⅱ级应急响应条件，是否终止响应，请指示。

总指挥 收到。经应急专家组会商，符合停止响应条件，同意终止应急响应。请各部门、各单位做好灾后的后期处置工作。一是请运维部联系保险公司做好灾后理赔工作；二是应急办要继续做好向市公司、县政府的汇报工作；三是请党群工作部邀请市、县主流新闻媒体召开一次停电事件处置新闻发布会。

运检部主任 运检部收到。

党建工作部 党建工作部收到。

应急办主任 应急办收到。

导调 16日10时00分，×××县公司应急办在微信群、公司网页、安监一体化平台上发布×××县公司终止大面积停电Ⅱ级应急响应通知。

应急办 报告×××公司应急办，截至16日9时10分，×××县电网恢复正常运行，停电用户恢复率100%。根据公司大面积停电应急预案，×××县公司现已终止大面积停电Ⅱ级应急响应，终止报告已通过书面形式报市公司应急办。

市公司应急办 ×××公司应急办收到。

办公室 ×××县政府应急办，×××县供电公司根据电网恢复情况，现已终止大面积停电事件Ⅱ级应急响应。终止报告已通过书面形式报政府应急办。

综合配合人员 ×××县政府应急办收到。

导调 16日14时00分，×××县公司应急领导小组成员和各部门、各单位负责人在公司应急指挥中心开展了灾后评估会议，对电网大面积停电、变电站内涝、线路倒塔、舆情事件进行了分析、总结，总指挥陈令才布置了灾后恢复重建等具体工作。对这次应急处置表现突出的公司应急办、党建工作部、运维部、营销部、办公室、检修建设工区等部门、单位及个人进行了表彰，对应急响应表现较差、值班纪律不严的岩子河供电所、天河口供电所、双河供电所进行了通报批评。

让我们进入新闻发布会环节。

场景八　"7·15"特大暴雨灾害事件处置新闻发布会

新闻发言人　各位媒体记者，经过我公司员工连续21h的努力抢修，目前电网恢复正常运行。此次新闻发布会已向×××县政府相关部门、×××供电公司报备，得到批准。现在开始进行新闻发布会第一项，由我宣读新闻发布稿通稿。

新闻中心　下面进入问答环节，请各位记者举手示意就本次事件进行提问。

问题模拟：

（1）我是×××日报记者。请问为什么会导致大面积停电、倒塔事件？

答：本次雷暴雨天气，×××县部分地区风力达到8级，属不可抗力原因。殷草线是投运时间较早，属老旧线路，设计及建设受限于当时条件，标准较低，抵御自然灾害能力不足，导致倒塔事故。灾情发生后，×××公司立即派出抢修队伍到达事故现场，对受灾线路进行处置工作，并迅速的恢复了35kV线路的供电。

（2）我是×××县电视台记者。此次停电事件已经达到了一般电网事故标准，是否有风险管控不当因素在里面？

答：×××县公司在接到气象台的预警通知后，第一时间就发布了橙色电网风险预警，要求全公司上下认真防范，同时也及时向县政府应急办、县经信委、市公司报备告知。在大风暴雨造成了电网事件后，由于风险预警管控得当，广大干部员工全力抢修，×××县供电公司短短半个多小时内，基本恢复了主网正常供电，充分说明×××县供电公司风险管控流程畅通，措施到位。

（3）我是编钟之声报记者。此次大面积停电事件，造成了中医院停电。据说，这次事故对病人和家属造成了很大的精神伤害，要求供电公司赔偿，您是怎么看待这个问题？

答：这次特大雷暴大风天气，导致×××县大面积停电，经过供电公司连续21h抢修，目前已经恢复供电。此次强对流天气给部分客户生活、生产带来了一定的影响和损失，再次深表遗憾。灾情发生后，×××县公司积极应对，快速恢复了大部分地区供电，同时，针对重要用户，已主动派出应急发电车进行重要用户保电工作。依据供用电双方签订的供用电合同中规定的赔偿责任，这次特大自然灾害属于不可抗力因素，不在赔偿范围，因此供电公司不承担赔偿责任。同时在本次自然灾害供电设施同样受损严重，人类抵御自然灾害是个永恒的课题，需要大家共同的努力，下一步，我们将认真分析本次停电事件，不断加强电网建设，另外也希望广大客户也要提高对自然灾害的认识，做好对应措施，与供电部门一道，共同增强抵御自然灾害的能力，将损失降到最小，谢谢。

新闻中心：感谢各位媒体记者，对我们×××县供电公司的关心与支持，我们将继续秉承"人民电业为人民"的服务理念，努力做好供电服务工作。下面我宣布本次新闻发布会结束。

导调：接下来休息10min后我们开始点评……

导调：下面请各位专家对演练情况进行点评……

导调：今天演练到此结束，感谢各位的积极参与，也感谢各位对应急工作的支持。

第六节　应急保障

电网企业应急保障能力是指公司在物质、资金等方面，保障应急工作顺利开展的能力。包括应急队伍保障、应急物资保障、应急装备、应急资金保障、应急通信保障、应急指挥中心等方面内容。

一、应急队伍保障

电网企业应按照"平战结合、反应快速"的原则，在公司各单位现有人力资源的基础上，建立健全应急队伍体系，做到专业齐全、人员精干、装备精良、反应快速，逐步建立社会应急抢修资源协作机制，持续提高突发事件应急处置能力。电网企业应急队伍由应急救援基干分队、应急抢修队伍和应急专家队伍组成。应急救援基干分队负责快速响应实施突发事件应急救援；应急抢修队伍承担电网企业电网设施大范围损毁修复等任务；应急专家队伍为公司应急管理和突发事件处置提供技术支持和决策咨询。

以某电网企业为例，经过多年建设应急队伍初具规模，由应急救援基干分队、应急抢修队伍、应急专家队伍组成，具体如下。

1. 应急救援基干分队

该电网企业按照"平战结合、功能多样、训练有素、战斗力强"的原则，组建省、市、县三级应急救援基干分队，基干分队属非脱产性质，配置有单兵防护、后勤保障、发电照明、应急通信等专业应急救援工具，是全省应急队伍的尖兵，担负着电网和社会应急救援的重任。制定并落实《应急救援基干分队管理实施细则》，投入专项资金，为各级应急救援基干分队配齐单兵、生活保障、安全防护、发电照明、通信等各类应急装备，配套建成各级应急装备仓库。持续完善《应急救援基干分队标准化工作手册》，不断完善应急救援工作中各种安全风险的防范应对措施，为突发事件处置提供了强有力的保障。

2. 应急抢修队伍

该电网企业组建了以送变电公司和检修公司为主体的两支输变电专业应急救援队，队伍由省公司统一调配。各地市供电公司分别组建了应急抢修队，根据公司规模大小，每支应急救援队由若干变电应急抢险分队、输电应急抢险分队、配电应急抢险分队组成。

3. 应急专家队伍

组建了以省公司、检修公司、送变电公司、各地市公司、电力科学研究院等单位专家组成的应急专家队伍。建立了相应数据库，应急专家资源涵盖变电、输电、配电、信通、调度、营销、工程建设、应急管理、应急救援、应急处置等专业领域，完善了省、地市专家信息共享机制。

二、应急物资保障

应急物资是指为防范恶劣自然灾害或其他因素造成电网停电、电站停运，满足短时间恢复供电需要而储备的物资。为加强电网公司应急物资管理工作，提高应急物资供应能力，依据国家法律、法规和公司实际情况，电网企业须制定应急物资保障管理制度。电网企业建立总部和电网省公司、直属单位两级管理的应急物资管理体系，实行统一归口管理。应急物资管理遵循"统筹管理、科学分布、合理储备、统一调配、实时信息"的原则。总部物资部是公司应急物资工作的归口管理部门，其主要职责是：负责制定公司应急物资管理规章制度和办法；负责制订公司应急物资储备方案，并组织实施；负责应急物资管理信息化的应用；负责指导、监督、检查和考核公司应急物资储备管理工作；负责监督、检查总部和区域应急物资储备库工作；负责与合格供应商签订应急物资框架战略协议，检查、评估协议储备供应商的应急物资储备情况，并根据评估结果适时调整；负责跨区域应急物资的统一调拨；负责建立与交通部、铁道部等国家部委的沟通协调机制。

省级层面电网企业应建立本部和地市公司两级管理的应急物资管理体系，实行统一归口管理。公司本部统筹规划应急物资储备体系和配送体系建设，实施跨地区应急物资的统一调拨。地市公司是本单位（含所辖县公司）供电范围内应急物资保障工作的主体，统筹调配供电范围内应急资源，最大限度保障应急物资供应。根据灾害特点和应急工作需要，省级层面电网企业遵循"规模适度、布局合理、功能齐全、交通便利"的原则，因地制宜设立应急物资储备仓库，形成应急物资储备网络体系，有效辐射整个公司运营区域。合理确定应急物资储备的品种和数量，采用实物储备、协议储备和动态周转相结合的综合储备方式，充分利用公司系统现有资源，发挥各种物资储备方式的优势，保证应急物资的质量。

三、应急装备

应急装备为防范和有效应对重特大电力设施安全事故及地震地质、冰雪、水灾、台风等突发自然灾害，及时修复损毁设施，快速恢复电网稳定运行而准备的应急装备。

1. 应急装备配备

按照《国家电网公司应急队伍管理规定》规定，应急队伍应配备以下类别应急装备。

（1）电气专业装备：包括通用工具、安装检修特殊工具、油气处理器具、焊接器具、牵引器具、试验检测仪器及备品配件。

（2）通信及定位装备：除利用网内微波通信和手机外，应配备对讲机及卫星定位设备，通信不畅地区应配备小功率电台等通信装备。

（3）运输及起重装备：包括工程抢修车、器具运输车、车载起重机、起吊车辆及越野车辆等。

（4）发电及照明装备：包括移动发电机、现场应急照明设备和小型探照灯等。

（5）生命保障装备：包括安全帽、登高安全带、专用工作鞋和医用急救箱等。

（6）基本生活装备：包括野战餐车、野营帐篷及个人用便携式背包。背包中配有雨衣、洗漱用品、个人应急照明、应急联络手册、应急设备简化操作手册、应急药盒等。

2.应急装备管理

（1）应急仓库装备管理专责为仓库装备第一责任人，装备管理专责按照装备器具调拨清单，做好装备验收、交接，并建立台账。每周巡检一次，核对检查，做到账、卡、物一致。

（2）新启用的应急装备，应核对装备规格、技术标准、使用说明、检定证书等技术资料，按规定存档。

（3）应急装备根据品种、规格、体积、重量、性质等特征，合理分区存放。

（4）应急装备应摆放整齐，分类清楚、标训醒目，定期盘点并随时做好变更记录。

（5）应急装备实行定置管理，未经批准，不得擅自改变存放地点。

（6）仓库消防、监控、照明、防盗装置按规定配置并保持良好使用状态。

（7）应急装备户外使用时，使用单位必须向装备管理专责办理暂出库手续，核对装备名称、规格、数量等信息，归还时应进行测试或重新检定，确保应急基地实训仓库所有装备合格完好。

四、应急资金保障

为提高应对风险和防范事故的能力，保障生命财产安全，最大限度地减少财产损失、环境损害和社会影响。按照国家有关法律法规，结合电网企业实际，应将应急培训、演练、应急系统建设及运行维护等所需资金，纳入年度资金预算，建立健全应急保障资金投入机制。主要内容如下。

（1）公司设立安全生产应急专项资金，专用于保障安全生产，实行统一管理、专款专用，不得挪作他用。

（2）在应急救援投入资金使用上应做到"三到位"，即：责任到位、措施到位、资金到位。在具体实施项目上应做到"四定"，即：定项目、定措施、定责任人、定期限。

（3）各部门必须按照轻、重、缓、急和实用的原则制定出应急资金的使用计划，报财务部门审核，公司领导审批后，由财务部门安排资金支付，所列费用方可计入应急经费。应急费用使用范围包括但不仅限于以下范围。

1）应急培训及应急演练费用。

2）应急系统建设及运行维护。

3）应急预案的评审、修订费用。

4）职工劳动卫生安全防护费用。

5）消防设施与消防器材的配置及保健急救措施费用。

6）安全帽等防护用品的购置费用。

7）作业区域的救生设备、器材及临时防护、警示设施费用。

8）符合规定的其他应急措施所涉及的费用。

（4）财务部门应按国家有关规定及公司计划提取应急救援投入资金，纳入年度经费决算。公司应急专项资金的支出由财务科按计划报批。

（5）安全管理部门负责监督应急资金投入的有效实施，督促相关部门按计划实施。

（6）各部门应确保采购的应急设施、装备和物资合格有效，并进行经常性的检查、维护、保养，确保其完好、可靠。

（7）对不按规定使用应急资金或应急资金落实不到位的部门，公司依照有关规章制度给予处分处罚。

五、应急通信保障

电网企业应按照国家有关标准配备适用的卫星通信、数字集群、短波电台等无线通信设备，健全完善已有的有线通信设备和网络信息系统，增大应急通信系统的传输容量，增强极端条件下应急通信的可靠性，并根据需要配备保密通信设备。电网企业信息通信工作实行公司统一领导、各级单位分级负责。各级单位信息化领导小组是本单位信息化工作的领导和决策机构。

（1）公司信息化领导小组负责贯彻落实国家信息化工作的方针政策；审议公司信息化发展战略和规划；审议信息化年度项目和业务预算建议；审查公司重大信息化建设及深化应用方案；研究制定公司重大网络与信息安全事项；领导公司信息安全专家审查委员会相关工作；研究信息工作中的其他重大事项和问题。

（2）各省公司级单位信息化领导小组负责贯彻落实公司信息工作要求；审议本单位信息发展规划；审议本单位信息年度项目和业务预算建议；依据公司统一部署，审查本单位信息化建设及深化应用方案；依据公司要求制定本单位网络与信息安全事项；领导本单位信息安全专家审查委员会相关工作；研究信息工作中的其他事项和问题。

（3）各地（市）公司信息化领导小组负责贯彻落实公司信息通信工作要求；依据公司统一部署，审查本单位信息化建设及深化应用方案；依据公司要求制定本单位网络与信息安全事项；决策本单位信息通信工作事项。

（4）电网企业信息通信工作主要遵循以下原则：

1）战略主导、支撑发展：以电网发展和公司发展战略为导向，支撑电网建设和运行，服务公司经营和管理。

2）统一规划、整合资源：坚持自上而下，统筹规划一体化企业级信息系统和电力通信网，推进资源整合、应用集成和发展集约化。

3）突出重点、分步实施：按照突出重点、试点先行、分步实施、全面推广的策略，统一组织，分级负责，明确分工，实现信息通信建设有序开展。

4）深化应用、提升水平：按照实际、实用、实效的要求，深化数据共享和业务融合，不断提高信息系统实用化水平。

5）先进适用、务求实效：引入和应用先进信息通信技术，注重效果，实现信息通信建设先进性、适用性和有效性的有机统一。

6）安全可靠、确保稳定：强化网络与信息安全管理，加强通信网的安全管理，提高信息通信系统可靠性，保障电网及公司业务系统安全稳定运行。

六、应急指挥中心

应急指挥中心具有为电力应急指挥提供全方位信息技术支撑的应用系统，应用系统服务于电力突发事件的预防与应急准备、监测与预警、应急处置与救援、事后恢复与重建四个阶段，具有日常工作管理、预案管理、应急值班、应急资源调配与监控、辅助应急指挥、预测预警、应急培训、演练与评估管理等功能。可以实现总部—省—市—县四级的互联互通。

一般情况下，电网企业信息通信中心是应急指挥中心管理的责任单位，负责应急指挥中心各系统的日常巡视、运行维护和操作管理等工作；负责做好接入应急指挥中心的调度自动化有关实时和非实时系统的功能完善、数据更新和运行保障等工作；负责应急管理系统中的 EMS 系统、水库调度系统、雷电观测系统等接入信息的维护和更新；负责应急管理系统中视频会议系统和地方电视新闻信息的维护、权限配置等工作；负责应急指挥中心通信系统、信息系统、电话会议系统、大屏幕系统等支撑系统的技术保障工作。启用应急指挥中心后，负责与相关单位联调，确保应急指挥中心声音质量、画面质量和导播效果。

第五章　监测与预警

为了保障国家供电网络的安全、维护及突发事件的应急处理，国家电网有限公司开始了应急指挥系统的建设。国家电网应急指挥系统如图5-1所示，是集成多源信息、整合应急力量、综合评估风险并指挥应急过程的应急管理系统。应急管理系统具备的功能作用，一是贯通多个信息系统，通过数据库的共享从而实现对电网进行全面的监测，并根据监测结果对电网的运行情况进行风险的预警；二是基于对电网突发灾难事件的相关数据信息的分析，对发生事故后的电网运行进行科学预测和风险评价，相应生成具有针对性的应急处置方案和资源调度方案。设计了应急信息系统功能结构，包括停电事故预测预警、资源调配、指挥决策、数据交换、信息发布和模拟演练等功能。

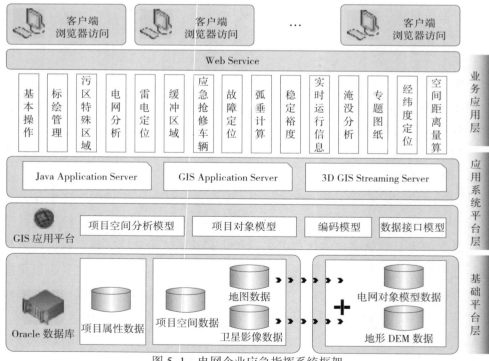

图 5-1　电网企业应急指挥系统框架

一、基础信息数据库

电网应急基础数据库是电网企业应急指挥系统的核心工作，尤其在突发事件发生后能够快速获取各类基础数据，进行事故快速评估，了解影响人口、经济损失、人员伤亡等情况，利用数据模型对应急基础数据库进行查询，能够成为救灾指挥决策者部署行动方案的重要决策依据。随着云计算、大数据、物联网和移动互联网新技术的发展，对电力行业引起了深刻的变革。电力生产过程的复杂性和供应的瞬时性，使各种电力突发事件的发生变得难以预测，少数小范围的故障或破坏，就可能会造成连锁性的故障，其带来的后果和影响难以估量，甚至会引起公众的恐慌。通过数据收集和分析，运用云计算和大数据思维，从海量多源异构数据中发现问题，利用数据做到事前预警、事中实时感知、事后恢复和重建，提高应对城市电力突发事件的应急管理能力。

1. 应急数据采集

电网突发事件涉及多个相关领域数据，例如天气信息、电网受损数据、用户用电负荷数据、电网基础数据、电网历史维修数据等。电网突发事件大数据形式与内容的多样性、获取方式与来源的多元化以及高维特征引起的维数灾难等问题，给大数据的获取和分析带来了巨大困难。由于突发事件的突发性，实时感知的海量数据还存在噪声多、混杂、质量差和可信度低等问题，更增加了大数据分析和处理的难度。

电网企业应急指挥系统数据源层为应急系统接入所需数据来源，其采集的数据主要包括以下三类。

（1）基础地理数据。基础地理数据来源于权威的测绘部门，主要包括国家1∶25万基础地理数据、城市城区图、行政区划界线图等，数据具有准确性高、精度高及现势性强等特点，能够满足电网应急保障、抗灾救灾等方面的实际应用需求。

（2）公共数据。公共数据主要由相应的专业部门提供的直接成果或辅助资料组成，包括人口、经济、房屋、学校、医院、通信、重点目标分布、地方政府联系信息及消防力量等一系列基本情况。

（3）电网专业数据。包括电网运行信息（EMS/SCADA、WAMS、设备在线监测系统等）、调度管理与生产管理信息（OMS、PMS等）及应急管理信息（应急物资、抢修监控、营销系统等）。

如图5-2所示，电网运行信息、调度生产管理信息等信息均可由电力系统安全Ⅲ/Ⅳ区获得，部分电网也与气象部门建立了气象、灾害等数据接口，而重要用户、应急物资可利用数据仓库技术存储并动态更新，这些为多源信息的融合提供了可能。

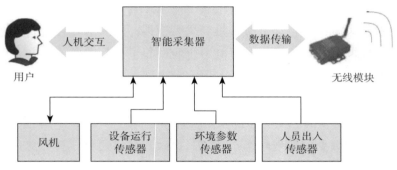

人机交互　智能采集器　数据传输

用户　无线模块

风机　设备运行传感器　环境参数传感器　人员出入传感器

图5-2　电网突发事件基础数据采集

2. 应急数据传输与交换

应急数据传输与交换作为应急平台的信息整合工具，包括内部接口和外部接口，实现与其他应急系统的互联。电网公司内部现有系统都是独立建设的，需要采用数据仓库技术形成统一的数据支撑。国家电网应急指挥系统平台应急数据传输与交换需要重点解决如下问题。

（1）各个系统数据格式、标准都不一致，例如同一设备在其他信息系统中的编号和名称与电网企业应急指挥系统中的设备编号和名称就可能不一致，如何实现这类设备的统一并保证后续新增设备的一致性将是一个难点。

（2）信息联动关联关系建立。设备不同类型的信息散布在各个独立的信息系统中，彼此之间没有关联。当一个事件发生时，往往需要主动推出与该事件相关的信息，如国家电网应急指挥系统收到一个遥信变位信息后，需要判断遥信变位是否是由保护动作引起的，将导致停电的设备和区域等。

（3）由于国家电网应急指挥系统所涉及的数据十分庞大，不可能把所有信息系统中的数据都在应急平台中复制一份，因此需要确定哪些信息需要从关联系统抽取，哪些信息需要周期更新，哪些数据需要在应急平台中保存，保存的周期和时间等，这都需要从实际的需求特点和应急平台的硬件环境出发，给出统一的规划。

为解决上述问题，电网企业应急指挥系统数据接口层根据数据的结构特征与时限特征设计开发适配器，基于交互规约及行业标准对其进行数据清洗、数据转换、数据加工处理，并分类为实时与非实时数据进而存入数据层中。数据层存储了经数据接口处理得到的各种实时与非实时数据。其中，实时数据会随着时间不断滚动更新，而非实时数据则随着时间累积而不断增加，为系统功能的实现提供信息与数据支撑。

3. 应急数据管理

由于突发事件的突发性，实时感知的海量数据还存在噪声多、混杂、质量差和可信度低等问题，更增加了大数据分析和处理的难度。如何能够高效地整合气象部门、消防数据，打破数据壁垒，实现各部门间的数据共享，充分利用大数据及与云计算技术，强化电网突发事件应急监测。通过构建城市电力突发事件大数据应急中心，实现电网突发事件大数据应急管理，具体框架如图5-3所示。

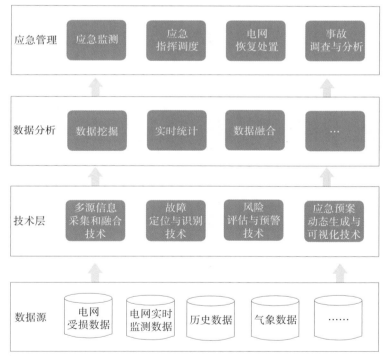

图 5-3　电网企业突发事件基础数据库管理框架

通过数据的采集、传输、数据分析和融合以及故障定位、风险评估与预警，实现数据的可视化，加强应急指挥人员准确及时地掌握突发事件的实时动态，更好地帮助应急指挥人员进行资源调度、电网恢复以及事故的调查与分析。

省公司层面电网企业不断完善应急信息网络，具备预防和应急准备、监测与预警、应急救援和处置情况跟踪等功能，在省公司层面建立覆盖全省的强大应急信息技术系统、专业管理支撑机构，建议利用和拓展省公司投资新建的湖北电网应急抢修中心大楼，参考国内外先进应急信息指挥中心建设理念，将全省的应急信息枢纽平台设置在湖北电网应急抢修中心，并作为省公司应急办的专业支撑机构。中心接入电网信息、气象信息、地质信息、水文信息、道路交通信息、应急广播、网站新闻信息等资源，为省公司提供信息支持、决策依据和专业管理服务，与各地市公司应急指挥中心实现信息共享和互通，如图5-4所示。

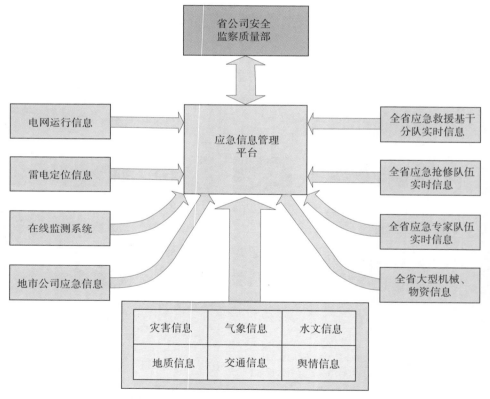

图5-4　省级层面电网企业基础数据库架构

二、突发事件监测与预警

突发事件监测是指电网企业或者相关部门通过设立各种监测网点，根据突发事件的性质和种类长期、连续地收集、核对、分析监测目标的状态分布，对可能引起突发事件的各种因素和发生前的各种征兆，进行观察、捕捉和预测，并将信息及时上报和反馈的活动。电力行业具有资金密集和技术密集的双重特点，现代电力系统具有高度的自动化水平，具备建立高水平应急预警系统的条件，同时，电力系统很多重大事故的发展过程都是瞬间造成的，而且由于户外的暴露度相当高，自然界的多种灾害都会对其造成重大的影响，因此，其预警体系建设不但必要也具有高度复杂性。电力系统的预警程序同其他行业的应急预警程序大概相同，包括危险源辨识、风险评估、预警分级、预警响应或者控制等几个方面的内容。

1. 重大危险源识别

应急管理中的风险的识别和预警环节其根本目的预防为主。电网企业应急管理的前期部分归纳为电网风险的识别及预警作为，也展现了"未雨绸缪"中的思想。在我国已进入发展大机组、大电网高自动化的今天，输电网络结构的复杂程度前所未有，而经济发展、社会进步依赖于电力能源的现实又使得对电网稳定性的要求尤为重要，加之全球破坏事故和极端天气、地质灾害频发，都对电网的建设带来了风险和挑战。

电网风险识别预警工作就是要在电网未遭受实质性损害前预先识别电网风险因素和潜在隐患，依靠风险分析和评估模型来判断风险隐患发生的可能性，从而利用科学有效的预防措施来降低甚至避免威胁电网的风险因素的发生。

省公司层面应全面贯彻国家电网公司决策部署，梳理公司层面风险和部门层面风险，由公司各部门汇总编制各自职能范围内的部门风险清单，然后公司风险管理部门汇总部门风险清单，编制全面风险清单，并编制重大风险清单，提交公司党政联席会议讨论、确定。然后对四个方面重大风险进行战略分析，作为公司重点的防控对象。

（1）电网安全风险。一是外部形势安全压力。社会发展、企业生产、群众生活与电网安全紧密相关，大面积停电对现代社会影响巨大；法治社会建设和国家政策的实施对安全生产依法问责的力度越来越大，和谐社会发展对供电可靠性的期望值越来越高，新闻媒体、监管机构对突发事件的关注度越来越敏感；

二是电网运行控制安全压力。特高压交流和跨区直流之间相互制约，电网特性更加复杂，上下级电网相互间的影响更大，对运行控制要求更高。一方面，下级电网局部的故障冲击可能造成全网功率波动甚至振荡，省内大机组跳闸可能引发静稳破坏，对上级电网造成严重影响。另一方面，特高压直流大功率输送方式下若发生直流闭锁，将引起交流线路潮流大范围、大幅度转移，可能引发暂稳、动稳、热稳以及电压稳定问题，对下级电网造成影响。

（2）自然灾害破坏风险。近些年来，随着对自然资源的掠夺性开发，使人类的生存环境不断恶化。各种自然灾害，像气候变暖、地震、洪水、强台风、低温冰冻、水土流失等问题的严程度不断上升对电网的安全建设和安全运行造成了极为不利的影响，如2008年元月南方各省特大冰雪灾害、五月汶川地震灾害造成财产和人员的重大损失。湖北是夏季洪灾、雷暴雨、冬季雾闪、污闪、冰闪等多发省份，对电网安全稳定运行带来巨大挑战。具体影响如下。

1）连续遭遇高强度、大范围、长时间强降雨袭击，大范围强降水将发生洪涝灾害，泥石流、山洪暴发和山体滑坡等可能造成电力设施受损严重，造成受灾变电站失压停运，多条线路跳闸，造成倒杆、倒塔、基础损坏、接地网损坏，对穿越山区的电力主干线路构成巨大的威胁，影响公司供电可靠性，增大公司大修维护成本。

2）因洪涝灾害影响配网正常供电，涉及供电用户大面积停电，造成负荷损失，由于洪涝灾害破坏性大，短期修复困难，影响公司社会形象和经济效益。

3）灾后抢修重建工作任务重，抢修时间紧，涉及设备多，需要立即启动应急预案，紧急调拨大量资金和抢修物资，将耗费大量人力、物力和抢修车辆，同时抢修过程需要相关政府部门和电力系统各单位积极配合，协调调集抢险应急物资，全力以赴开展应急抢修恢复供电工作，将给公司和抢修人员带来巨大考验。

（3）线路舞动风险。一是在大范围大风降温、雨雪冰冻等恶劣天气过程影响下，输电线路轻者会发生闪络、跳闸，重者发生电网大范围的输电线路覆冰舞动故障，波及各个电压等级的输配电线路，线路舞动将造成部分塔材螺栓松动、绝缘子金具、间隔棒等金具损坏断裂、断线、横担脱落等事故，引起多条线路跳闸，覆冰舞动范围广、涉及设备多、危害影响大，将给电网造成严重影响，可能发生大面积停电事故；二是防舞动治理资金需求量大，涉及电压等级，资产归属复杂，线路需要分别向国网公司、华中电网公司申请改造资金，线路需公司内部调拨专项改造、大修资金，增大省级公司运行维护成本；三是防舞动治理由于工作任务重，涉及单位多，涉及停电线路条数多，需针对不同的地形、气候、结构条件采用不同的防舞动治理措施，将耗费大量人力、物力，同时治理过程停电改造将影响公司供电可靠性，带电作业改造将给公司和作业人员安全带来巨人考验。并且防舞动综合治理工作周期长，需统筹安排，按照线路在电网中的重要性和各断面运行的实际需要，确定分年度、分月度治理方案。

（4）负面舆情风险。

1）公司规模较大，供电服务覆盖面广，区域天气变化频繁，供电涉及人口多，历史遗留问题多，突发新闻事件和负面信息来源多；

2）当今媒体发展迅速，尤其是互联网发展迅速，影响较大。负面信息被媒体报道后容易在网上迅速传开，形成舆论焦点，对公司形象造成伤害；

3）有些动机不纯的记者，不以法律为依据、不以事实为准绳，为了一己私利，将一些不真实的事情虚假报道、夸大其词，导致恶劣影响。

2. 风险评估

（1）输电网安全性评价。电网评价包括电网承受故障扰动的能力、电源的多元化和调峰能力、电源的满足性、电网结构的合理性、厂网协调能力：①调度运行及运行方式评价。电网发用电平衡情况、备用容量和事故备用容量执行情况，电网倒闸操作管理、无功电压调整控制策略、电网薄弱环节和存在问题的分析、典型事故应急预案的制订、运行方式及电网安全稳定管理、电网稳定分析及控制实施、对电源的安全稳定要求。②继电保护评价。包括继电保护配置及选型、继电保护的运行与维护、继电保护装置运行管理、保护装置检验管理、继电保护动作统计分析。③通信及调度自动化评价。包括通信网络机构配置、调度自动化系统配置、通信直流电源、调度自动化实现功能及应用、通信调度自动化系统运行维护管理、调度自动化运行及信息覆盖面、通信调度自动化系统运行指标。④电气一次设备评价。包括枢纽变电站的状况，主要设备变压器、电压互感器、电流互感器、高抗、低抗、开关等整体运行工况及技术状况、主要设备的专业管理及技术资料、线路及联络线的运行管理、过电压防护、线路的巡视和维护、外绝缘配置和防污闪情况和接地要求。

（2）发电厂并网运行安全性评价。并网安全管理评价包括并网调度协议、并网运行方式、并网经济协议、并网运行条件：①并网运行管理评价。包括运行管理职能指挥体系、现场运行管理操作规程、特殊运行方式事故处理预案，全厂停电保厂用电措施、黑启动方案。②并网设备管理评价：包括发电设备、电气一次设备及电气二次系统设备、通信、远动及调度自动化设备。

（3）电网调度系统安全性评价。调度运行评价重点针对调度运行动态管理水平进行评价，包括调度管理制度、调度运行安全管理、调度计划管理、调度日常管理、调度运行专业人员培训工作：①运行方式评价。重点对电网的运行方式安全及电网安全稳定管理水平进行评价，包括运行方式及电网安全稳定管理、无功及电压管理、电网安全自动装置、前期规划及基建项目投产管理、电力系统参数管理、运行方式专业人员培训工作。②继电保护评价。重点对电网的继电保护运行及管理水平进行评价，包括制定本网继电保护运行管理制度、继电保护装置动作统计分析制度、继电保护配置和选型原则、继电保护专业人员培训工作、继电保护技术监督、继电保护运行指标。③调度自动化评价。重点对系统配置、运行管理、实现功能及运行水平进行评价，包括调度自动化主站系统配置和功能与应用、调度自动化主站系统设备运行环境、电力监控系统的安全保障、基础自动化系统设备配置及信息覆盖面、调度自动化系统运行指标及运行管理、调度自动化专业技术管理、调度自动化专业人员要求。④电力通信评价：重点对系统配置情况、运行管理及运行水平进行评价，包括通信网结构配置、通信运行管理、通信运行指标和技术管理、通信电源系统、通信站防雷、通信专业人员培训工作。⑤综合安全管理评价：重点评价综合安全生产和安全管理水平，包括安全目标管理、各项规章制度、安全监督检查分析、设备安全管理、调度系统专业管理、消防和交通安全管理、安全培训。

3. 预警分级

预警是应急工作重要的一部分，预警的目的是为了对可能发生的事故发出警报，使得相关部门采取相应的措施，提前做好各种准备。预警分级考虑的因素是可能对造成大面积停电的各种诱因及其可能产生的后果，也就是说大面积停电事故还没有发生的情况下进行的，是一种预测性的。

（1）根据预测分析结果，对可能发生和可以预警的突发事件进行预警。公司预警级别分为Ⅰ级、Ⅱ级、Ⅲ级和Ⅳ级，分别用红色、橙色、黄色和蓝色标示，Ⅰ级为最高级别。

（2）预警级别的划分标准在专项应急预案中具体规定。各单位预警级别的划分标准可根据实际情况确定。各专业日常工作中为了防范风险的发生而采取的预防通知、风险预警、工作提醒等不属于公司突发事件预警管理范畴。

4. 预警程序

（1）预警申请。公司应急办或有关职能管理部门接到国家电网有限公司、政府相关部门预警信息，或获取到气象灾害预警信息和基层单位上报的相关信息后，相关专项处置领导小组及办公室立即激活，分析研判可能造成本专业突发事件发生的趋势和危害程度，提出公司预警发布建议，经公司专项应急处置小组批准后由公司应急办负责发布。

（2）预警批准。红色、橙色预警信息由公司应急领导小组（或分管领导）批准和解除；黄色、蓝色预警信息由公司副总师或应急办主任批准解除。

（3）预警发布。预警信息可通过传真、综合短信平台、安监一体化平台、应急指挥信息系统等方式发布。

（4）预警内容。预警信息的内容包括突发事件名称、预警级别、预警区域或场所、预警期起始时间、影响估计及应对措施、发布单位和时间等。

5. 预警行动

电网公司本部、各有关单位根据实际情况，按照专业管理和分级负责的原则，立即采取以下部分或全部措施。

（1）红色、橙色预警期间，专项处置领导小组成员迅速到位，及时掌握相关事件信息，研究部署处置工作；公司专项应急办公室组织相关职能部门在应急会商室开展应急值班。黄色、蓝色预警期间，公司专项应急办公室组织相关部门应急联系人开展值班，做好突发事件发生、发展情况的监测和事态跟踪工作。

（2）加强与政府相关部门的沟通，及时报告事件信息。

（3）组织相关部门人员和应急专家对突发事件信息进行分析评估，预测发生突发事件可能性的大小、影响范围和严重程度以及可能发生的突发事件的级别。

（4）加强对电网运行、水电站大坝、重点场所、重点部位、重要设备和重要舆情的监测工作。

（5）采取必要措施，加强对重要客户、高危客户及人民群众生活基本用电的供电保障工作。

（6）核查应急物资和设备，做好物资调拨准备。

（7）有关职能部门根据职责分工，协调组织应急队伍、应急电源、应急通信、交通运输和后勤保障等准备工作。

（8）做好新闻宣传和舆论引导准备工作。

（9）视情况做好启动应急协调联动机制的准备工作。

（10）应急队伍和相关人员进入待命状态。

6. 预警调整与结束

（1）预警调整。公司各相关职能部门和专项处置办公室应密切关注预警信息变化和事态发展，当有关情况证明突发事件风险发生变化的，由专项处置办公室提出预警调整建议，经公司专项领导小组批准后，由公司应急办负责发布。

（2）预警结束。预警期内，公司各相关职能部门和专项处置办公室根据事态发展，持续跟踪或收集预警动态信息，当有关情况证明突发事件不可能发生或危险已经解除的，由专项处置办公室向专项处置领导小组提出解除建议，红色、橙色预警信息由公司专项处置领导小组批准解除，黄色、蓝色预警信息由相关副总师或应急办主任批准解除。

如预警期满或直接进入应急响应状态，预警自动解除。省级层面电网企业突发事件预警流程图如图5-5所示。

7. 电网风险预警

（1）自然灾害对电网风险的预警。一是根据气象台的中长期预报，对特殊天气如雷雨、冰雹、大雪、大风、浓雾、地震、洪水等进行关注；二是根据气象台重要天气预报和灾害性天气预报，对特殊天气情况进行跟踪，同时与气象部门密切联系，掌握天气的变化，及时通知相关供电公司和有关厂站启动应急预案，做好防范措施。

（2）电网设备对电网风险的预警。一是定期对电网进行安全性评价，完善电网的在线监测和全寿命周期管理；二是加强设备的运行和检修管理，按要求定期对有关设备进行预防性试验和检修技改；三是加强对设备的运行监视和巡视，及时发现隐患和缺陷，按要求及时进行整改和处理。

（3）人为因素对电网风险的预警。一是调度运行人员应随时掌握当值电网运行状况，严格执行调度规程及各项规章制度，提高调度水平；二是运行方式人员应根据系统运行和负荷情况，合理安排电网设备检修，积极调整电运行方式，做好发用电平衡；三是继电保护人员确保重要设备（如重要联络线、联络变压器及重要变电所母线）主保护健康稳定运行，并认真计算和核对保护整定值，确保整定正确无误；四是现场运行人员在操作前要认真核对现场设备编号和标示，明确操作流程、操作任务并加强现场的操作监护。

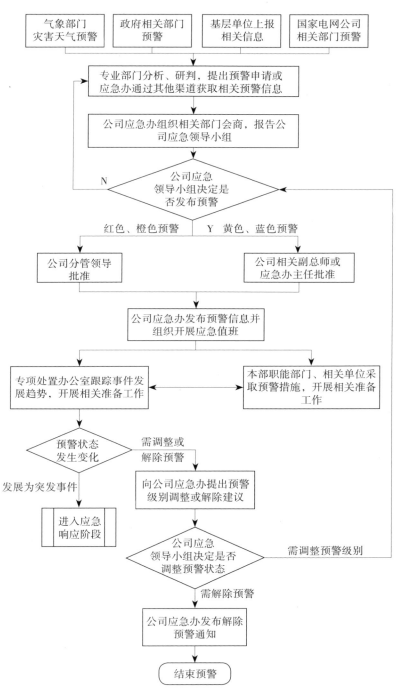

图 5-5　省级层面电网企业突发事件预警流程图

（4）其他偶然因素对电网的风险预警。一是根据政府及职能部门的政策变化，分析对国民经济发展产生影响和对电网安全产生的影响；二是根据国家形势的发展变化，分析动荡、骚乱、恐怖事件等对电网安全的影响；三是建立输电线路保护区下公路、树木、河流、房屋等资料档案，定期对输电线路进行巡视检查，重要的保电时期还必须对重要输电线路进行特巡和夜巡。

（5）电网的分析报告。年度电网运行分析是对过去一年电网运行中存在的主要问题进行总结，对今年乃至今后几年在电网运行可能出现的问题和薄弱环节进行分析和计算，并提出相应的建议和解决措施，尽可能的减少影响电网安全运行的风险因素：①发受用电分析。根据社会经济发展，用电增长因素、发电厂的投产、增容计划和区域外的来电情况，对电网发受用电平衡进行分析测算，及时提出平衡缺口的方案，并汇报政府部门，采取错峰限电、企业轮休、负控负荷、可中断负荷等一系列措施，做到有序用电，规避缺电对电网稳定造成的风险；②频率分析。对本省发电机组故障、区外来电线路跳闸、外省大机组跳闸以及电网异常和故障等造成不合格频率的因素进行分析，加强发电企业机组的技术改造、按规定保证电网旋转备用，同时提出自动低频减负荷装置及低压自动减负荷装置的运行要求，防止频率崩溃造成电网瓦解和大面积停电事故；③无功电压分析。通过对全网无功平衡的计算，分析容性无功设备容量补偿度和感性无功设备容量补偿度，要求无功补偿设备与新建和改建发、输变电工程同时设计、同时施工、同时投产，防止电压崩溃造成电网瓦解和大面积停电事故；④电网潮流计算和稳定分析。通过短路电流计算，找出短路电流超标的厂站，提出限制短路电流超标的措施，包括调整地区电网的运行方式，安排合理的开机运行方式。对所辖电网联络线、重要设备、枢纽变电站母线故障和受端系统中容量最大机组跳闸和小扰动动态稳定计算分析，提出对策，落实措施，减少风险对电网的影响。

第六章　应急处置与救援

应急处置与救援是突发事件全过程应急管理的事中阶段。应急处置与救援是指在突发事件发生后，为了将人员伤亡和财产损失降到最低所采取的救援措施。应急处置与救援包括应急响应、现场救援、信息报送等。

一、应急响应

应急响应是针对各种突发事件而设立的各种应急方案，通过该方案使损失减到最小。国家电网有限公司根据突发事件性质、级别，按照"分级响应"要求，总部、相关分部，以及相关单位分别启动相应级别应急响应措施，组织开展突发事件应急处置与救援。

1. 先期处置

（1）突发事件发生后，电网企业事发单位在做好信息报告的同时，要启动预案响应措施，立即组织营救受伤害人员，疏散、撤离、安置受到威胁的人员。

（2）控制危险源，标明危险区域，封锁危险场所，控制事态发展，采取其他防止危害扩大的必要措施。

（3）对因本单位的问题引发的或主体为本单位人员的社会安全事件，有关单位要迅速派出负责人赶赴现场开展劝解、疏导，做好舆情应对工作。

2. 响应启动

电网企业专项处置办公室接到各单位突发事件信息，收到政府相关部门事件信息通报后，或预警状态发展为突发事件后，应立即组织分析研判，及时向公司专项处置领导小组报告，并提出应急响应建议，经公司专项处置领导小组批准后由公司应急办发布。

3. 分级响应

有关部门在各专项预案中，应对各类突发事件进行响应分级，原则上应急响应可分为Ⅰ级、Ⅱ级、Ⅲ级、Ⅳ级四个等级，Ⅰ级为最高级别。具体响应级别的划分标准在专项应急预案中具体规定。

如发生大面积停电，根据大面积停电影响范围、严重程度和社会影响，确定响应级别。发生特别重大、重大、较大、一般大面积停电事件时，分别对应Ⅰ级、Ⅱ级、Ⅲ级、Ⅳ级应急响应。

（1）Ⅰ、Ⅱ级响应。初判发生特别重大突发事件，公司应迅速报告国家电网有限公司、省政府、国家能源局监管局，并按照本预案处置原则分别启动Ⅰ、Ⅱ级响应，在上级主管部门的统一领导下开展处置工作。原则上Ⅰ、Ⅱ级响应由专项处置小组组长批准。以大面积停电为例。

1）发生下列情况之一，电网进入Ⅰ级停电事件状态：①因电力生产发生重特大事故，引起连锁反应，造成区域电网大面积停电，减供负荷达到事故前总负荷的30%以上；②因电力生产发生重特大事故，引起连锁反应，造成重要政治、经济中心城市减供负荷达到事故前总负荷的50%以上；③因严重自然灾害引起电力设施大范围破坏，造成省电网大面积停电，减供负荷达到事故前总负荷的40%以上，并且造成重要发电厂停电、重要输变电设备受损，对区域电网、跨区电网安全稳定运行构成严重威胁；④因发电燃料供应短缺等各类原因引起电力供应严重危机，造成省电网60%以上容量机组非计划停机，省电网拉限负荷达到正常值的50%以上，并且对区域电网、跨区电网正常电力供应构成严重影响；⑤因重要发电厂、重要变电站、重要输变电设备遭受毁灭性破坏或打击，造成区域电网大面积停电，减供负荷达到事故前总负荷的20%以上，对区域电网、跨区电网安全稳定运行构成严重威胁。

2）发生下列情况之一，电网进入Ⅱ级停电事件状态：①因电力生产发生重特大事故，造成区域电网减供负荷达到事故前总负荷的10%以上，30%以下；②因电力生产发生重特大事故，造成重要政治、经济中心城市减供负荷达到事故前总负荷的20%以上，50%以下；③因严重自然灾害引起电力设施大范围破坏，造成省电网减供负荷达到事故前总负荷的20%以上，40%以下；④因发电燃料供应短缺等各类原因引起电力供应危机，造成省电网40%以上，60%以下容量机组非计划停机。

电网企业重点开展以下工作：①专项处置小组启动Ⅰ、Ⅱ级应急响应，领导、指挥处置工作；②开启公司应急指挥中心，由公司董事长或（或其授权人员）主持，组织各职能部门及事发单位召开视频会商会议；③组织相关部门在应急会商室开展应急会商及应急值班，做好信息汇总和报送工作；④委派公司分管领导或事件处置牵头负责部门主要负责人和专家赶赴现场，协调指导应急处置；⑤调派公司应急救援基干分队赶赴事发现场；⑥相关部门立即采取相应措施，按照处置原则和部门职责开展应急处置工作；⑦跨区域调集应急队伍和抢险物资、装备，协调解决应急通信、医疗卫生、后勤支援等方面问题；⑧必要时请求地方政府部门和兄弟单位支援；⑨与政府职能部门联系沟通，做好信息发布及舆论引导工作。

（2）Ⅲ级响应。初判发生较大突发事件，公司应迅速报告国家电网公司、省政府、国家能源局监管局，并按照相关预案处置原则启动Ⅲ级响应，在公司专项处置领导小组的统一领导下开展处置工作。原则上Ⅲ级响应由专项处置小组授权相关副总工程师批准。启动Ⅲ级应急响应后，公司重点开展以下工作：①开启公司应急指挥中心，由公司分管领导或其授权的副总师主持，组织各职能部门及事发单位召开视频会商会议；②组织相关部门应急联系人开展电话值班，做好信息汇总和报送工作；③由公司职能部门负责人带队组成现场处置工作组赶赴现场，指导协调现场应急工作；④视情况调派公司应急救援基干分队赶赴事发现场；⑤相关部门立即采取措施，按照处置原则和部门职责开展应急处置工作；⑥视情况跨区域调集应急队伍和抢险物资、装备，协调解决应急通信、医疗卫生、后勤支援等方面问题；⑦与政府职能部门联系沟通，做好信息发布及舆论引导工作。

（3）Ⅳ级响应。初判发生一般及以下级别突发事件，原则上由事发单位负责处置，公司应急办跟踪事态发展，做好信息收集和相关协调工作。原则上Ⅳ级响应应经专项处置领导小组办公室主任批准。启动Ⅳ级应急响应后，公司应重点开展以下工作：①事件处置牵头负责部门开展应急值守，及时跟踪事件发展情况，收集汇总分析事件信息。其他部门按职责开展应急工作；②公司事件处置牵头负责部门主要负责人或分管负责人负责指挥协调，视情况委派部门分管负责人或相关处室负责人及专家赶赴现场协调指导应急处置。

4. 应急处置

（1）发生突发事件时，事发单位应迅速开展先期处置，制定应急救援方案，开展现场应急救援工作。

（2）事发单位根据情况需要，请求上级主管部门启动内部应急协调联动机制，请求地方政府启动外部应急协调联动机制。

（3）根据地方政府要求，公司积极参与社会应急救援，保证突发事件抢险和应急救援的电力供应，向政府抢险救援指挥机构、灾民安置点、医院等重要场所提供电力保障。

5. 响应调整与结束

根据事态发展变化，电网企业专项处置办公室提出突发事件应急响应级别调整建议，经专项处置领导小组批准后，按照新的应急响应级别开展应急处置。

突发事件得到有效控制，危害消除后，电网企业专项处置领导小组下达解除应急指令，由电网企业应急办发布应急结束信息。以大面积停电为例，在同时满足下列条件下，电网企业专项处置领导小组可宣布应急结束。

（1）电网主干网架基本恢复正常接线方式，电网运行参数保持在稳定限额之内，主要发电厂机组运行稳定。

（2）停电负荷恢复80%以上，重点地区、重要城市负荷恢复90%以上。

（3）发电燃料恢复正常供应、发电机组恢复运行，燃料储备基本达到规定要求。

（4）无其他对电网安全稳定运行和正常电力供应存在重大影响或严重威胁的事件。

省级层面电网企业大面积停电事件应急响应流程如图6-1所示。

二、现场救援

发生突发事件时，事发单位应迅速开展应急救援，制定应急救援方案，开展现场应急救援工作，并根据情况需要，请求上级主管部门启动内部应急协调联动机制，请求地方政府启动外部应急协调联动机制。以大面积停电事件为例。

1. 先期处置

（1）事发单位和各级调度机构。

1）立即开展电网事故调度处理。

2）迅速开展电网设备设施抢修工作，尽量降低事故影响。

3）了解事件情况，及时报送相关信息。

（2）公司专项处置办公室、各有关部门密切关注事件发展态势，掌握事发单位先期处置进展情况。

2. 调控中心

（1）积极开展电网先期处置工作，调整电网运行方式，做好电网故障处理，限制事故发展，防止电网解列，解除事故对人身和电网的威胁；接受上级调度机构领导，做好跨区电网调度工作。

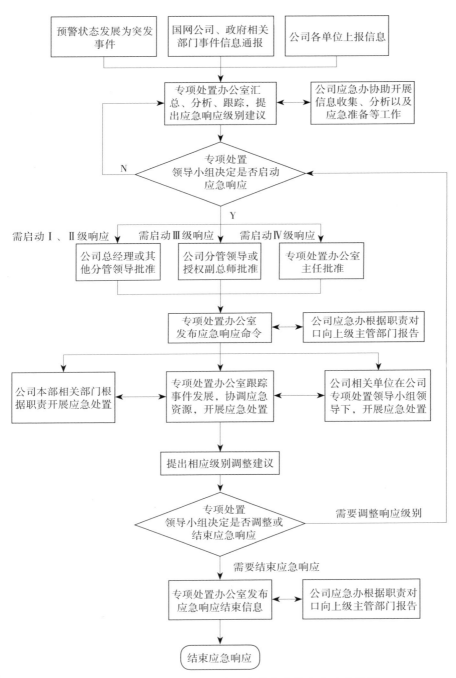

图 6-1 省级层面电网企业大面积停电事件应急响应流程

（2）掌握电网故障处置进展，向专项处置办公室和上级调度机构汇报处置情况。

（3）指挥或配合开展重要输变电设备、电力主干网架的恢复工作，尽快恢复停电用户的供电，优先恢复厂（站）自用电和重要客户的保安电源。

（4）及时向营销部门提供电网停电范围及相关信息。

（5）做好电网黑启动准备。

3.设备检修

（1）运维检修部。

1）组织制定设备抢修方案；

2）调集应急抢修队伍、物资，开展设备抢修和跨区支援；

3）及时向现场派出人员，指导现场抢修工作；

4）迅速组织力量开展电网恢复应急抢险救援工作；

5）收集统计现场设备损坏、修复信息和财产损失信息。

（2）建设部。组织建设施工力量参加抢险救援、抢修恢复工作。

（3）科技信通部。组织开展信息系统、通信设备抢修恢复工作。

（4）安全监察部（保卫部）。组织做好抢修现场安全监督工作。

4. 电网与供电恢复

发生大面积停电事件后，电力调度机构和有关电力企业要尽快恢复电网运行和电力供应。

在电网恢复过程中，电力调度机构负责协调电网、电厂、用户之间的电气操作、机组启动、用电恢复，保证电网安全稳定留有必要裕度。在条件具备时，优先恢复重点地区、重要城市、重要用户的电力供应，各发电厂严格按照电力调度命令恢复机组并网运行，调整发电出力，各电力用户严格按照调度计划分时分步地恢复用电。

（1）营销部。①根据调控中心提供的停电范围，立即梳理所影响的重要供电用户名单，及时向重要客户通报突发事件情况；②协助做好紧急状态下的电力供应工作；③协调组织相关部门调配应急电源等装备，按照政府应急指挥机构的要求，指导相关单位制定应急供电方案，优先为政府应急抢险救援指挥部、灾民安置、医疗救助、交通、高铁、电铁、机场、通信、供水、供气等重要场所、重要客户提供应急供电和应急照明；④确定重要客户恢复供电优先级次序方案，经公司专项处置领导小组同意并组织实施；⑤督促地市公司保障关系国计民生的重要客户和人民群众基本用电需求，积极开展对重要客户的紧急供电；⑥收集统计用电负荷和电量的损失、恢复信息、对重要客户恢复供电情况，及时向公司应急处置办公室汇报。

（2）安全监察部（保卫部）。组织协调应急救援基干分队参与应急供电、应急救援等工作，组织跨区支援。

5. 社会应急

发生大面积停电事件后，受影响或受波及的地方各级政府、各有关部门、各类电力用户要按职责分工立即行动，组织开展社会停电应急救援与处置工作。

（1）对停电后易造成重大影响和生命财产损失的单位、设施等电力用户，按照有关技术要求迅速启动保安电源，避免造成更大影响和损失。

（2）地铁、机场、高层建筑、商场、影剧院、体育场（馆）等各类人员聚集场所的电力用户，停电后应迅速启用应急照明，组织人员有组织、有秩序地集中或疏散，确保所有人员人身安全。

（3）协调联动。

1）事发单位按照签订的应急协调联动协议，与相关省公司、公司内部单位以及政府、社会相关部门和单位启动协调联动机制，共同应对停电事件；

2）公安、武警等部门在发生停电的地区要加强对关系国计民生、国家安全和公共安全的重点单位的安全保卫工作，加强社会巡逻防范工作，严密防范和严厉打击违法犯罪活动，维护社会稳定；

3）消防部门做好各项灭火救援应急准备工作，及时扑灭大面积停电期间发生的各类火灾；

4）交通管理部门组织力量，加强停电地区道路交通指挥和疏导，缓解交通堵塞，避免出现交通混乱，保障各项应急工作的正常进行；

5）公司应急救援基干队伍视情况开展应急支援。

（4）物资部。

1）及时收集应急物资需求信息，制定应急库存物资、协议储备物资、动态周转物资调拨方案，确保物资配送及时到位；

2）实时跟踪统计应急物资调拨及配送等信息，负责向应急处置办公室汇报物资供应情况。

（5）科技信通部。

1）开展通信、信息设备抢修恢复工作；

2）按公司应急处置办公室要求，配合开展机动应急通信系统的组织和协调，做好应急通信保障工作；

3）协调做好应急指挥中心、抢修现场通信保障工作。

（6）后勤工作部。

1）做好公司应急处置人员的食宿安排和供应，提供必要的生活办公用品；

2）组织做好现场人员救护，与医院联系伤员转移、治疗事宜；

3）做好公司调度通信大楼相关职责范围内的安全供电及安全保卫工作。

（7）安全监察部（保卫部）。联系交通、公安等部门，为电网恢复、电力保障等工作提供便利。

（8）对外联络部。

1）及时收集有关舆论信息，组织编写对外发布信息；

2）通过公司官方微博、微信等渠道及时发布相关停电情况、处理结果及预计抢修恢复所需时间等信息；

3）联系和沟通新闻媒体，召开新闻发布会、媒体通气会，及时发布信息，做好舆论引导工作。

（9）营销部。

1）协助做好信息收集和发布工作；

2）组织相关单位，根据相关部门发布的停电信息，将停电原因、预计恢复时间等信息告知来电客户，请求理解和支持。

6. 防御次生灾害

（1）事发单位、救援单位、相关部门加强次生灾害监测预警，防范因停电导致的生产安全事故。

（2）事发单位、救援单位、相关部门组织力量开展隐患排查和缺陷整治，避免发生人员伤害、火灾等次生灾害。

7. 事态评估

公司大面积停电事件处置领导小组办公室组织对大面积停电范围、影响程度、发展趋势及恢复进度进行评估，并将评估情况报公司大面积停电事件处置领导小组，必要时为请求政府部门支援提供依据。

8. 队伍建设

国家电网公司作为关系国家能源安全和国民经济命脉的国有重要骨干企业，承担着保障更安全、更经济、更清洁、可持续电力供应的使命，同时肩负着政治责任和社会责任，始终以服务社会为己任。电力应急救援基干分队，作为电力应急救援的"特种兵"和"先遣队"，是以电力救援为主、专兼并存、技术一流的综合应急救援队伍。其主要职责是在经营区域内发生较大及重特大灾害时，以最快速度进入事发地，协助当地政府开展应急救援、职工伤亡救助、应急供电等先期工作任务；及时掌握并反馈受灾地区电网受损情况及社会损失、地理环境、道路交通、天气气候、灾害预报等信息，提出应急抢险救援建议，为公司应急指挥决策提供可靠信息；开展突发事件先期处置，搭建前方指挥部，担负前期勘察、信息收集、营地搭建、应急通信、相关电力设施隔离等"急难险重"特殊任务，确保应急通信畅通，为公司后续应急队伍的进驻做好前期准备。

（1）电力应急救援队伍现场标准化的意义：①电力应急救援队伍现场标准化是实现现代管理的必然趋势。国家电网有限公司作为现代化大型国有企业，在生产、基建等各方面早已推行标准化管理，并取得了良好效果，基干分队各项工作的标准化管理是大势所趋；②有利于规范基干分队的日常管理。建立基干分队日常管理制度，规范基干分队的培训、考核、装备等管理，是提高应急救援水平的必要手段；③能有效管控现场安全风险。既能提前制定有效的控制措施，把不安全状态消除在作业活动之前，又能有效控制现场的违章作业，杜绝冒险蛮干的不良现象；④有利于提高队伍应急处置效率。能够对现场工作进行合理安排，让所有应急队员保持一致，从而大大提高应急技能的熟练度，进而提高工作效率；⑤有利于进行教育训练。基干分队新老队员的各项培训都能依据标准化工作手册进行统一培训，强化理论知识；⑥有利于防止同类问题再次发生。针对基干分队在应急处置、演练、培训过程中暴露出的流程、装备、安全等方面问题，通过制定措施、完善流程，逐步修订标准化工作手册，形成可靠的工作方式方法，能够有效防止同类事件发生。

（2）现存问题分析：①电力应急救援基干分队作为一支非脱产性质的应急救援队伍，其人员主要依托电力生产、基建专业的骨干组成，平时队员都处在各自岗位，训练时间有限，队伍磨合度不高，在演练、应急救援处置工作中存在应急技能不熟练、配合不默契等情况；②应急装备科技含量高、使用方式方法复杂，在培训、演练、突发事件救援处置中，由于电力应急救援基干分队的非脱产性质，人员对应急装备使用学习的时间短，缺乏连续性，在实际的培训、演练和处置中往往依靠经验操作应急装备，日常保养和使用不规范，影响装备寿命，甚至会威胁到使用人员的生命安全；③从电力应急救援基干分队所担负的任务来看，其安全风险突出、应急救援工序多、应急装备使用复杂、环境因素多变、作业时间不定，具有突发性、流动性、临时性和分散性的特点，这些特点决定了队伍管理难度大；④应急队员培训时间短，不能在培训中掌握所应该具备的各项技能。培训时使用培训基地提供的应急装备，与各单位配置的实际相差较大。

（3）建立电力救援工作标准化的策略和方法。

1）明确电力应急救援各级管理职能。在各级管理层级中，国家电网公司总部作为战略规划层，为各省电力应急救援基干分队制定了统一的队伍建设纲领文件，为各省电力应急救援基干分队的建设提供统一的标准，明确基干分队的职责和任务，提出日常管理意见，制定装备标准和标识标准，每年组织对各省电力应急救援基干分队进行应急技能培训。各省电力公司是战术计划层，主要根据总部的纲领性文件，制定详细的队伍管理制度和办法，明确队伍结构和挂靠单位，配置专用装备和车辆，制定年度的培训和演练计划，组织各地市电力应急救援基干分队的技能培训，队伍进行演练，对各单位电力应急救援基干分队管理情况进行检查和考核。基干分队挂靠和管理单位负责电力应急救援基干分队的具体管理工作，是运行管理层，由于基干分队的"非脱产"性质，决定着这一层将是基干分队管理的重点，也是实际负责基干分队管理的主体。其主要任务是按照公司制定的细则办法，为基干分队挑选合适的队员，配置必要的库房和硬件设施资源；制定相应的管理制度，根据公司下达的培训和演练计划，结合实际制定工作计划，并组织实施；负责对各自的基干分队进行考核；根据突发事件的性质或公司命令，出动基干分队参与应急救援、抢险或协调联动等任务。各级电力应急救援基干分队是最终的执行层，主要是执行上级单位的命令，开展应急演练、培训等活动，参与应急救援、抢险等应急处置工作。

2）创建标准化工作手册。标准化工作总册的主要内容由工作范围、工作任务、前期准备、危险点分析及控制措施、分组安排、基本作业内容及标准、作业记录、总结评价几个部分组成。除部分专业领域外，大多数分册均具有通用性，如营地搭建、后勤保障部分。各分册的主要以表格的形式，内容主要包含装备工器具及材料准备、作业内容及标准、备注等几个方面。

3）建立救援现场标准化管理流程。要实现持续改进，必须先把流程标准化。如图6-2所示，根据突发事件的类型、等级的不同和现场的实际情况，为标准化工作手册的使用建立流程，用流程图的形式，明确标准化工作手册制定、审核、准备、现场使用、效果评估、考核等各节点的关系。

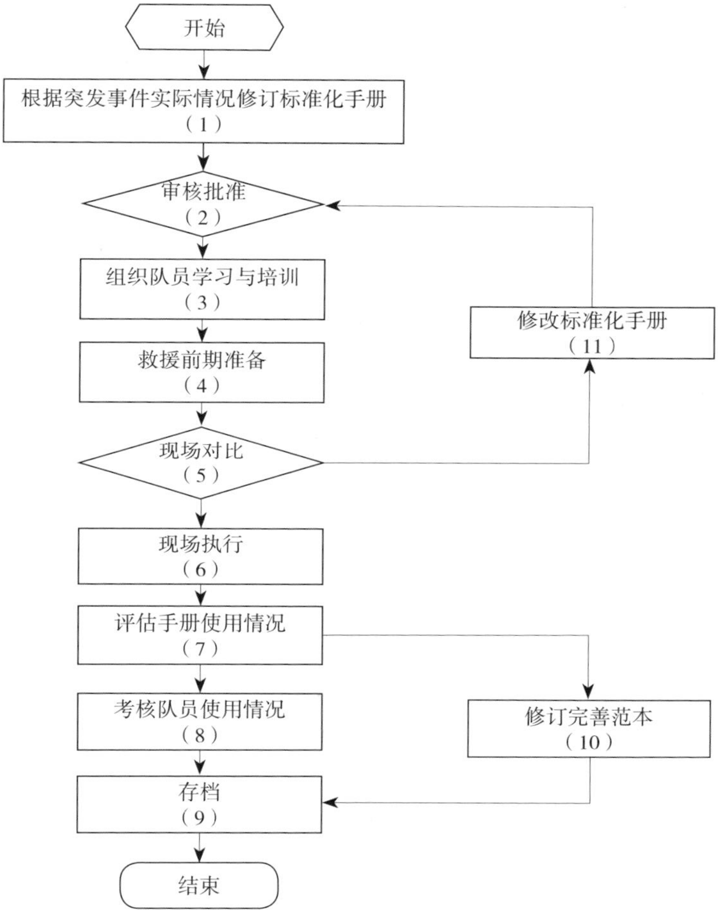

图 6-2　省级层面电网企业救援现场标准化管理流程

4）采用6S理念开展应急装备管理。

整理（SEIRI）　针对不同的突发事件和基干分队任务，将基干分队装备配置最优化，列出必要的装备清单和数量，剔除不需要的装备，避免重复和过剩。

整顿（SEITON）　根据列出的装备清单对库房进行清理，对装备进行分区摆放，将库房分为通用装备区（四个突发事件均需要的装备）、必要装备区、不必要装备区，科学布局，对装备放置位置加以标识，加快基干分队面对突发事件时装备的领取速度，达到快速出动的目的。

清扫（SEISO）　定期清理库房，建立责任制，将每个区域、角落责任到人，维护库房良好的装备保存环境。

清洁（SEIKETSU） 制定应急装备的保养和维护月度时间表，定期对装备进行维护保养，保证装备的技术性能，对库房进行定时整理，定期对装备进行清点。

素养（SHITSUKE） 贯彻《应急救援基干分队标准化工作实施管理办法》《应急救援基干分队培训管理制度》《应急救援基干分队考核办法》，加强激励机制，通过开展应急演练、培训，使应急队员养成良好的工作习惯。

安全（SECURITY） 不断强化安全教育培训，培养队员的安全意识，在演练、培训、应急处置过程中落实标准化手册中的安全控制措施，通过对安全风险的控制，保障人员、装备安全。

5）采用PDCA管理方法不断完善。基干分队标准化工作手册如要适应新的装备和工艺，必须适时进行修订，不断完善改进，才能跟得上时代发展。因此，手册创建完成后，在实际使用过程中将遵循PDCA管理模式，至少每两年至少修订一次，如遇到重大的工艺变革，立即组织修订，实现持续改进的目标。

三、信息报送

应急信息是指处置突发事件的相关信息。主要包括事件种类、性质、发生原因、时间、地点、危害因素、范围、造成或可能造成的人员伤亡、经济损失、社会影响、处置过程、处置结果、善后结果、事件调查、责任追究、恢复重建、人力、物力、财力、使用情况等。以大面积停电事件为例。应急信息报送制度为做好突发事件应急工作中的信息报送工作，规范突发事件信息报告内容、程序和方法，明确信息报告时限和要求，严格信息报告责任追究，确保信息传输及时准确。以某电网企业发生大面积停电事故信息报送制度如下：

1. 报送程序

（1）内部报送程序：①预警期，各有关单位要按预警通知要求向专项处置办公室和公司应急办报告信息；②调控中心在获知发生大面积停电事件后30min内，将相关信息报送公司大面积停电事件处置领导小组办公室，由其汇报电网企业分管领导并通报办公室、安全监察部（保卫部）、运维检修部、营销部、科技信通部、对外联络部等部门；③事发单位在获知发生大面积停电事件后30min内，即时报告公司大面积停电事件处置领导小组办公室。即时报告可以以电话、传真、邮件、短信息等形式上报。向上级即时报告后，应在2h内以书面形式上报，并按照要求做好续报工作；④收到一般及以上大面积停电事件报告后，公司大面积停电事件处置领导小组办公室、相关部门应立即核实，向公司领导汇报；⑤应急响应期，事发单位向公司专项处置办公室和公司应急办报告事件信息。公司专项处置办公室和公司应急办根据职责对口向上级主管部门报告。

（2）对外报送程序：①当可能发生较大以上大面积停电事件时，公司应急办向省政府总值班室、省应急办、省能源局、国家能源局华中监管局等上级主管部门报送信息；②获知发生大面积停电事件后，公司大面积停电事件处置领导小组办公室、办公室、安全监察部（保卫部）履行相关手续后，在规定时限内向政府有关部门进行信息初报：公司大面积停电事件处置领导小组办公室1h内报省应急办、省能源局、国家能源局华中监管局；办公室1h内报省政府总值班室；如构成重大以上生产安全事故，安全监察部（保卫部）立即报告省应急办。其后，根据政府要求做好信息续报；③督促相关单位向地方政府报告有关情况，向地方政府提出预警建议，按有关规定通知重要用户。

2. 报送内容

（1）内部报送内容：①预警阶段，相关单位报告预警发布和措施落实情况，大面积停电事件可能发生的时间、地点、性质、影响范围、趋势预测和已采取的措施等；②发生大面积停电事件，事发单位即时报告的内容包括时间、地点、基本经过、影响范围等概要信息；③响应阶段，相关单位向公司大面积停电事件处置领导小组办公室报告本单位启动、调整和终止事件应急响应情况；以及各单位电网设施设备受损、电网运行、抢险救援、次生灾害、人员伤亡情况，对电网、用户的影响，已经采取的措施及事件发展趋势等；④应急响应时，相关单位具体报告的内容包括大面积停电事件发生的时间、地点、电网设备设施受损、电网减负荷及对用户的影响、人员伤亡、初步原因、舆论反应、已采取的措施及事件发展趋势等信息。事发单位启动、调整和终止事件应急响应情况。事发单位应急队伍、应急物资、应急装备需求等信息。应急抢修、电网恢复、营销服务等重要节点信息。

（2）对外报送内容：①信息初报的内容包括时间、地点、基本经过、影响范围等概要信息；②信息续报的内容包括事件信息来源、时间、地点、基本经过、影响范围、已造成后果、初步原因和性质、事件发展趋势和采取的措施以及信息报告人员的联系方式等。

3. 报送要求

（1）调控中心。在预判可能发生大面积停电事件 30min 内（或获知发生大面积停电事件 30min 内），将相关专业信息以电话或短信等快捷方式报送分管领导、专项处置办公室，并将专业信息通报各职能部门。

（2）事发单位：①发生大面积电网停电事件后 10min 内，以手机短信方式向公司专项处置办公室、公司应急办报告停电时间、范围以及初步统计的 10kV 及以上的停电设备和停电用户数量等信息；②各单位向公司和当地政府及相关部门汇报信息，必须做到数据源唯一、数据正确；③Ⅰ、Ⅱ级应急响应期间，执行每天两次定时报告制度；④预警期内和Ⅲ、Ⅳ级应急响应期间，执行每天一次定时报告制度；⑤各单位根据公司临时要求，完成相关信息报送；⑥公司办公室、应急办向上级及政府相关部门报告前，应经公司分管领导或公司专项处置领导小组审核批准，并执行国家有关规定。

4. 信息发布

（1）预警期和应急响应期间，对外联络部负责对外信息发布和舆论引导工作。对外联络部要及时与主流新闻媒体联系沟通，按政府有关要求，做好新闻发布工作。接到大面积停电事件信息后，对外联络部应在 30min 内通过公司官方微博等方式完成首次发布，在此后 1h 内进行事件相关信息发布。并视事态进展情况，每隔 2h 开展后续信息发布工作，直至应急响应结束。

（2）发布信息主要包括突发事件的基本情况、采取的应急措施、取得的进展、存在的困难以及下一步工作打算等信息。

（3）信息发布和舆论引导工作要做到及时主动、正确引导、严格把关，做到信息发布的及时性、连续性和闭合性。

（4）信息发布的渠道可包括公司网站、当地主流媒体（如联系电视台做滚动字幕，在后期黄金时间播出等）、新闻发布会、95598 电话告知、短信群发、电话录音告知、公司官方微博/微信等形式。

（5）外联部组织开展舆论监测针，对传统媒体报道（广播、电视、报纸等）及网络平台（微博、微信、论坛、网站、博客等）开展 24h 舆情监测，汇集有关信息，跟踪、研判社会舆情，及时调整应对策略，有针对性的提供事件相关内容，开展舆论引导工作。

（6）信息发布和舆论引导工作应实事求是、及时主动、正确引导、严格把关、强化保密。

第七章 事后恢复与重建

事后恢复与重建是突发事件全过程应急管理的事后阶段。事后恢复与重建是指突发事件被控制后，电网企业应急部门致力于恢复生产，尽力将受损实施、场所、生产经营秩序和从业人员心理恢复到正常状态的过程。事后恢复与重建是电网企业应急管理运行机制的重要环节，也是实现突发事件应急管理目标的重要组成部分。事后恢复与重建主要包括后期处置、应急处置评估以及恢复重建。其基本原则包括：

（1）贯彻"考虑全局、突出重点"原则，对善后处理、恢复重建工作进行规划和部署，制定抢修恢复方案。

（2）督促事件属地单位认真开展设备隐患排查和治理工作，避免次生事件的发生，确保电网安全稳定运行。

（3）督促事件属地单位整理受损电网设施、设备资料，做好相关设备记录、图纸的更新，加快抢修恢复速度，提高抢修恢复质量，尽快恢复正常生产秩序。

（4）妥善处理好向媒体后续信息的披露工作。

一、后期处置

电网企业突发事件的后期处置，主要是采取相关措施，防止突发事件的次生、衍生事件的发生；做好事件损失的统计和分析工作，开展事件原因调查和灾后人员心理救助等相关工作。

1. 评估事件损失

按照《中华人民共和国突发事件应对法》（中华人民共和国第六十九号主席令）第五十九条规定，在突发事件应急处置工作结束后，应当立即对突发事件造成的损失进行评估。电网企业应由财务部牵头，组织相关人员通过查阅突发事件应急处置记录、相关报告、保险理赔资料，开展事件直接经济损失、间接经济损失和非经济损失的调查评估。

2. 事件原因调查

（1）按照《电力安全事故应急处置和调查处理条例》（国务院令第599号）规定，达到特别重大事故级别的由国务院或者国务院授权的部门组织事故调查组进行调查；重大事故由国务院电力监管机构组织事故调查组进行调查。较大事故、一般事故由事故发生地电力监管机构组织事故调查组进行调查。国务院电力监管机构认为必要的，可以组织事故调查组对较大事故进行调查。未造成供电用户停电的一般事故，事故发生地电力监管机构也可以委托事故发生单位调查处理。

（2）电网企业专项处置办公室组织人员对事件的起因、性质、影响、经验教训等问题进行全面调查，各有关部门要认真配合调查组的工作，事故调查工作包括调查应急救援情况和事故现场，开展技术分析，判定事故原因，查明事故性质和责任，编制事故调查报告，提出安全预防措施建议等。电网事件原因调查过程中应坚持依法依规、实事求是、尊重科学、注重实效的原则，严格执行"四不放过"。通过核查事件原因调查分析报告、现场核查等方式，查明原因、确认责任、追责惩处、增强意识、整改预防，提升各级人员的管理能力，增强事故防范能力，减少事故发生。

（3）电网企业有关部门应组织或配合事件调查组编制事件调查报告，事件调查报告应包括以下四个方面内容：① 事件发生的时间、地点、单位；② 事件发生的简要经过、伤亡人数、经济损失的初步估计；③ 电网停电影响、设备损坏、应用系统故障和网络故障的初步情况；④ 事件发生的原因、暴露的主要问题、需要吸取的主要教训等。

突发事件原因调查原则如图7-1所示。

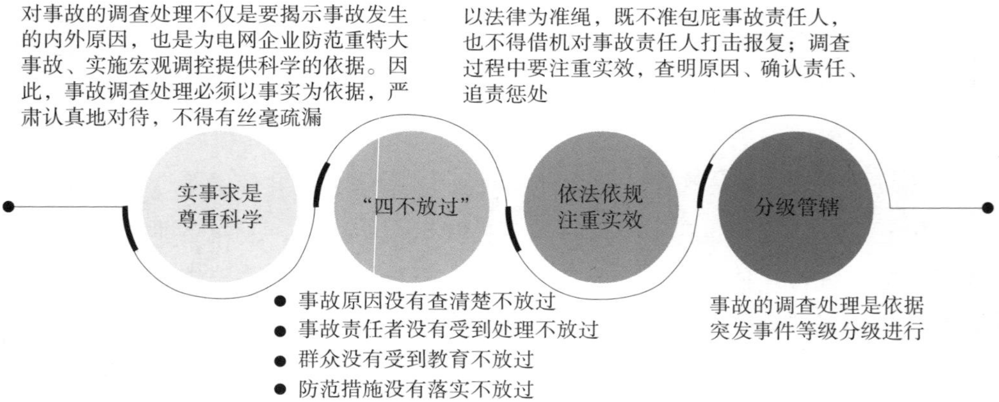

对事故的调查处理不仅是要揭示事故发生的内外原因，也是为电网企业防范重特大事故、实施宏观调控提供科学的依据。因此，事故调查处理必须以事实为依据，严肃认真地对待，不得有丝毫疏漏

以法律为准绳，既不准包庇事故责任人，也不得借机对事故责任人打击报复；调查过程中要注重实效，查明原因、确认责任、追责惩处

实事求是
尊重科学

"四不放过"

依法依规
注重实效

分级管辖

- 事故原因没有查清楚不放过
- 事故责任者没有受到处理不放过
- 群众没有受到教育不放过
- 防范措施没有落实不放过

事故的调查处理是依据突发事件等级分级进行

图 7-1　突发事件原因调查原则

3. 事件理赔

突发事件保险理赔是指保险标的发生保险事故而使被保险人财产受到损失或人身生命受到损害时，或保单约定的其他保险事故出现而需要给付保险金时，保险公司根据合同规定，履行赔偿或给付责任的行为，是直接体现保险职能和履行保险责任的工作。突发事件理赔的范围包括因遇保险责任范围内的各种灾害而遭受的损失，进行施救或抢救而造成的损失以及相应支付的各种费用。电网企业在事件损失评估完成后，相关部门应及时搜集理赔相关资料，开展保险理赔工作和费用结算。

4. 灾后人员心理救助

《国家突发公共事件总体应急预案》（国发〔2005〕第11号）中规定："对突发公共事件中的伤亡人员、应急处置工作人员，要按照规定给予抚恤、补助或补偿，并提供心理及司法援助"。突发事件发生后，电网企业应组织人员对需要心理救助的人员进行心理疏导和救助，将心理援助作为突发事件后期处置和灾后重建工作的一部分，旨在最大限度地减轻突发事件对受干扰人员造成的心理伤害。

二、应急处置评估

为规范生产安全事故应急处置评估工作，总结和吸取应急处置经验教训，不断提高生产安全事故应急处置能力，确保发生安全事故后，立即采取有效措施，组织抢救，防止事故扩大和滋生次生事故，最大限度地减少伤亡和财产损失。电网企业应依据《生产安全事故应急处置评估暂行办法》（安监总厅应急〔2014〕第95号），结合公司实际，制定本公司《生产安全事故应急处置评估制度》。

1. 应急处置评估制度

应急评估是整个突发事件应急处置的最后环节，它是评判应急管理部门决策、计划、组织、管理水平的重要手段。电网企业应建立健全事件处置评估调查与考核机制，包括调查与考核办法，对每次事件的应急处置过程进行调查评估，并将考核纳入企业安全生产考核范畴。电网企业安全监督管理部门应对应急处置各项工作进行评估考核，其他相关部门参与相关事件的评估调查，事发单位做好应急处置全过程资料收集保存，主动配合调查。

2. 评估内容

应急处置结束后，公司应急办及时组织开展突发事件应急处置评估，重点对应急指挥、电网恢复、供电服务、信息报告、信息发布、社会联动等环节进行评估，电网企业应急处置评估的主要内容包括如下几部分。

（1）事故信息接收与报送情况。主要包括信息接收与报送是否符合有关规定；是否有迟报、瞒报、漏报等情况。

（2）事故单位应急准备及先期处置情况。主要包括应急处置主体责任落实情况；应急处置规章制度、应急预案、应急演练、救援队伍、救援装备、物资储备、资金保障等的落实情况；事故发生后先期处置情况。

（3）公司及有关部门日常监管及应急响应、组织施救情况。主要包括应急救援组织是否完善；制度建设、日常管理、应急联动等的落实情况；事故发生后的应急响应，指挥调度，处置措施，次生、衍生事故防范、信息发布、事故报告等工作情况。

（4）应急预案执行情况。主要包括应急预案的启动和执行落实情况；预案的实用性、可操作性。

（5）应急救援队伍工作情况。主要包括应急救援队伍是否足够，应急救援装备是否满足救援条件，应急救援保障是否到位，应急物资补充是否到位等。

（6）主要技术措施及其实施情况。主要包括应急处置方案是否完善科学，应急处置措施是否执行到位，是否采取防范次生灾害和衍生事故的措施，措施是否到位，是否及时发布应急救援信息。

（7）救援结论。主要包括应急处置是否成功、事故是否扩大等。

（8）经验教训及相关建议。主要包括应急处置过程中的经验与教训，对下一步应急处置工作的建议。

3. 应急处置评估报告

电网企业应急处置评估报告包括以下内容：①事故应急处置基本情况；②事故单位应急处置责任落实情况；③地方人民政府应急处置责任落实情况；④评估结论；⑤经验教训；⑥相关工作建议。

4. 落实整改

电网企业应落实应急处置评估调查报告有关建议和要求，改进应急管理工作，做好资料归档和备案，进行闭环整改。

【例7-1】 事故处置案例：国网湖北省电力公司2015年"6·1"客轮倾覆

救援保电应急处置评估报告

1. 事件概况

2015年6月1日晚约21时28分左右，由南京开往重庆、载有454人的"东方之星"客轮，在长江监利段容城新港码头下游900m处突遇龙卷风翻沉。

2. 突发事件呈现特点

公司配电网受损较大。6月1日夜至2日凌晨3时，雷电大风暴雨灾害天气共造成公司（荆州、黄冈、咸宁公司）118条10kV线路跳闸，2150个配电台区、136368个用户停电。其中，客轮翻沉地点监利地区24h降水量达150.6mm，因雷雨大风天气造成监利供电公司45条10kV线路停运，1305个配电台区，61688个用户停电，特别是客轮翻沉事发地主供电源——10kV玉22平桥线供电半径长、设备老旧，6月1日出现4处断线、15处短路接地故障。电网恢复抢修点多面广、工作量较大。

事发突然责任重大。客轮翻沉事件发生突然，其事发地虽隶公司供区监利县供电公司供电所辖区域，但实际救援地点无公司供电台区和低压供电线路，仅有容城新码头施工用专用变压器一台，救援用电保障匮乏、可靠性不高。政府前沿指挥部、救援现场应急照明用电以及善后处置相关重要单位、场所供电是否正常，关系到救援工作的有效开展和国网央企形象，作为属地供电保障部门，履行社会责任的压力重大。

3. 应急处置过程

（1）预防预警过程。

1）公司预防预警过程。根据湖北省专业气象服务台、华中电网预警〔2015〕02号发布的信息，经研判于6月1日13时发布《国网湖北省电力公司预警通知》（湖北电网预警〔2015〕02号）暴雨黄色预警，对做好保供电和相关应急准备工作有针对性的提出了措施要求；20：10再次通过公司省—地应急管理微信群平台发布了监利、石首、洪湖、咸宁等地暴雨黄色预警通知，进一步要求做好各项防范措施。

2）荆州供电公司预防预警过程：接省公司预警通知后，荆州供电公司于13时30分对各所属二级单位发布了荆州电网〔2015〕01号暴雨黄色预警通知，进一步明确相关预警预防及信息报送工作要求。20时25分，再次通过地—县应急管理微信群平台转发了省公司、荆州气象台预计未来6h监利、石首、洪湖等地暴雨黄色预警通知，要求加强电网运行情况跟踪掌握，在安全开展突发事件处置的同时，严格执行信息及时报送制。

（2）保供电应急响应过程。

1）应急指挥。省公司应急指挥：6月2日凌晨5时许，在获悉客轮翻沉事件后，省公司领导高度重视，于7时06分，启动公司一级应急响应。总经理、副总经理第一时间奔赴现场坐镇指挥事故应急救援保电工作，并提出对现场保电采取$N-2$的工作要求。省公司党委书记专门致电荆州供电公司，要求充分发挥共产党员服务队在应急抢险保供电中的突出作用，全力做好事故救援供电保障工作。

省公司应急办及时启动现场督导和应急会商机制，开通省、地市、县应急指挥中心，调派卫星单兵装置前往事发现场，各相关部门协调联动，公司应急办安质部、运检部、外联部等部门相关人员赶赴现场，统一协调、靠前督导，保障应急救援迅速顺畅。

2）现场应急指挥。6月2日11时许，荆州供电公司保电队伍在救援现场建立临时指挥部，在了解掌握救援现场保电实际情况后，16时，公司统一部署，在监利公司玉沙培训基地成立保电应急现场指挥部，由荆州供电公司主要领导、相关副总工程师、办公室、安质部、运检部和监利供电公司领导班子等人员组成，设置综合协调、现场应急、电网保障、后勤服务、新闻信息等5个工作组，开展24h应急值班，接受政府指挥部统一领导，统筹协调安排救援保电工作。现场指挥部每天早8点、晚18点召开应急会商会议，互通现场保电情况和信息，分析、部署下步工作，确保救援保电工作有序开展。

3）跨区应急支援。6月2日8时30分，公司启动跨区应急支援，紧急派遣省公司应急救援基干分队15人，携带应急救援设备前往监利救援现场；9时，调遣宜昌、荆门、咸宁供电公司应急基干分队各携带1辆应急发电车，前往监利救援现场；11时，调遣武汉公司、省送变电公司应急基干分队各携带应急照明灯塔1台、5～6套泛光照明设备，前往监利救援现场；12时，联系海洋王照明厂家派员前往现场提供技术支持；3日9时，根据现场需求，再次增调遣孝感供电公司应急基干分队携带1辆应急发电车，前往监利救援现场。所有跨区支援队伍接到通知后，迎着暴雨恶劣天气，均于当天安全到达监利保电应急现场指挥部集结到位。

4）保供电实施。监利救援现场共有省公司及7家单位参与救援。其中，国网湖北省电力公司领导及相关人员开展前沿督导，国网荆州供电公司作为事发地单位全力投入应急救援，国网武汉、宜昌、孝感、咸宁、荆门供电公司和省送变电公司作为支援单位参与救援。

经统计，救援现场共投入应急基干队员和抢修人员605人，车辆108台（应急发电车6台、带电作业车1台、应急通信车1台、运维抢修及其他车辆100台）、移动照明灯塔3台、应急发电机48台、安装及提供照明设备119台套。

5）救援前沿指挥部保电。6月2日4时许，监利供电公司接到当地政府通知，于5时02分组织人员携带发电设备赶赴现场，为政府前沿指挥部提供应急临时电源，并投入32人、抢修车辆5辆重点对客轮翻沉事故现场主供电源10kV平桥线玉2202支线进行抢修。

7时30分，荆州供电公司在总经理吴耀文的带领下，集结应急基干队和相关部室负责人共20人，携2台400kW发电车、发电机和泛光照明设备8台套等装备奔赴事发现场。

9时，荆州供电公司救援保电队伍到达监利，经了解事发现场已开展交通管制，车辆无法进入。总经理吴耀文带领相关人员徒步近5公里，于10时20分到达政府前沿指挥部，进入事发现场主动对接用电需求，并建立现场临时指挥部，对保电现场开展查勘。

12时55分，经过线路紧急改道2.6km抢修，恢复事故现场主供电源10kV玉2202支线供电，并针对该条线路开展专人特巡特维和重要部位蹲守。

14时15分，经多方努力，荆州供电公司应急基干分队、保电抢修人员和监利供电公司配合人员共25人，携2台400kW发电车、8台套发电机和泛光照明等装备进入政府前沿指挥部供电配电点开展保电工作。

6月5日18时30分，应政府前沿指挥部要求，架设1处全方位泛光灯为指挥部车辆停靠点提供照明。

6月7日8时30分，根据政府前沿指挥部安排，撤离救援前沿现场1台应急电源车到监利县城区开展重要单位及场所机动保电。为满足供电N-2要求，在政府前沿指挥部设置2台5kW发电机提供后备电源。

6月10日13时15分，按照救援现场政府指挥部命令，所有人员及装备撤离保电现场，返回公司现场指挥部待命，参与监利城区机动保电。

沉船现场：6月2日21时，央视现场提出用电需求，荆州供电公司2名基干队员携3台泛光照明设备进入沉船现场为央视报道和现场搜救提供照明，至6月4日完成供电任务。

6月5日19时，应政府前沿指挥部要求，由荆州供电公司基干分队6人，架设5套全方位泛光灯，为沉船现场搜寻提供照明。6日7时完成供电任务。

救援搜救码头。

6月3日15时，根据政府前沿指挥部要求，经现场勘察后，18时安排武汉供电公司基干分队13人、车辆3台，在搜救码头架设2处7.2kW10m移动应急灯塔、3处全方位泛光灯，为遗体搜救及打捞临时放置处、武警营地、救援码头提供照明。

6月7日13时20分，按照政府前沿指挥部指令，撤离保电现场，经省公司和现场指挥部批准，于当晚返回本单位。

救援现场武警第二执勤点　6月2日23时40分，省送变电公司主动在武警第二执勤点架设1台6kW10m移动灯塔，为现场执勤提供照明。并安排基干队员2人、车辆1台驻守，直至10日12时撤离。

救援现场遗体转运通道　6月4日17时30分，应搜救现场武警部队要求，安排省送变电公司12人、车辆4台，沿江在沉船至救援搜救码头以及遗体外运沿线通道处，架设9处全方位泛光灯为武警搬运遗体、民政部门转运遗体处、救援码头提供照明。23时，根据现场需要，公司现场指挥部紧急调集3台泛光照明设备增援省送变电公司遇难者遗体转运通道保电现场。

6月5日15时40分，省送变电公司紧急调拨的一座便民应急充电方舱到达救援现场转运处等待区，为正在救援现场的救援人员提供移动通信电子设备应急充电。

18时20分，根据现场武警部队要求，公司再次为现场新增3台泛光照明设备，累计共在救援现场遗体转运通道架设泛光照明设备15台套。

6月9日8时，现场武警部队结合现场实际情况，安排供电公司撤除10套泛光照明设备，仅保障救援码头、营地照明需求。

21时，"东方之星"翻正船体发生倾斜突发事件，公司应政府前沿指挥部和现场武警部队要求，紧急在船只停靠点安装泛光照明设备6套，为平衡船体装、搬运沙袋现场提供照明保障。公司现场所有保电人员均积极参与装、搬运沙袋工作。

6月10日11时20分，按照政府前沿指挥部指令，撤离保电现场，经省公司和玉沙现场指挥部批准，省送变电公司于当晚返回本单位。

6）重要单位及场所保供电。6月2日20时30分起至14日，公司安排力量对监利及周边有善后工作的县市重要单位及场所开展保电工作。

监利县人民政府（救援后方指挥部）：由孝感供电公司、省送变电公司应急基干分队10人，1台发电车驻守。

监利县人民医院 由咸宁公司基干分队人员7人、1台发电车驻守。

凯瑞宾馆（各大主流媒体驻地）：由宜昌供电公司基干分队人员6人、1台发电车驻守。

监利县容城殡仪馆 由荆门供电公司基干分队和监利供电公司运维人员共17人、电源车1台驻守，6月3日按照政府指挥部要求，紧急为监利容城殡仪馆新增315kVA配电变压器1台，保障后期大批冰棺接入需要。

江陵县殡仪馆 6月3日起，由荆州供电公司出动37人次，车辆10台次，将江陵县殡仪馆配电变压器由100kVA增容至200kVA，低压配电柜由100A增至200A，新敷设低压线路70m，护套线200m，多用插板50个，新增高投灯3盏，安排3名运维人员在殡仪馆保电驻守。

洪湖市殡仪馆 6月3日起，由荆州供电公司出动49人次，车辆7台次，对洪湖市殡仪馆电源进行改造，将配电变压器由160kVA更换为315kVA，架设低压电缆480m，更换8个电缆分线箱、100个多用插座，安排4名运维人员在殡仪馆保电驻守。

仙桃市殡仪馆 6月3日起，由荆州供电公司出动11人次，车辆3台，对仙桃市殡仪馆设备进行了用电安全检查，对其备用发电机进行了启动试验（运行正常），对向该殡仪馆供电的2条10kV线路进行特巡特维。

潜江市殡仪馆 6月3日起，按照潜江市政府统一安排，由荆州供电公司出动36人次，车辆6台，新架设低压电源线路230m，使潜江市殡仪馆形成双电源。新增多用插座20个，安排4名运维人员在殡仪馆保电驻守，对向该殡仪馆供电的2条10kV线路进行特巡特维。

6月5日，因受客轮翻沉事故影响，监利县城区已无法提供大量高考考生及家长住宿，监利县委县政府决定采取考生集中住校参考方式，保障高考顺利有序进行，供电公司具体落实监利县城区重要单位及场所高考保电任务。鉴于部分高考考点学生高达2000人左右，为避免发生高考考点社会公共事件，根据县委县政府统一部署，公司现场指挥部在统筹兼顾的考虑下，6月6日8时起，对监利相关重要单位及场所保电进行了调整。

监利县一中高考考点 由孝感供电公司基干分队6人、发电车1台驻守，同时机动兼顾监利县人民政府保电。

监利县翔宇中学高考考点 由咸宁供电公司基干分队7人、发电车1台驻守，同时机动兼顾监利县人民医院保电。

7）监利配网保供电。6月2日11时15分，荆州供电公司暂停监利、洪湖、江陵片区检修作业任务，对监利及周边地区6座110kV及以上变电站恢复有人值守。并从邻近的潜江、洪湖供电公司调派应急抢修队伍50人，支援监利抢修、保电工作开展。截至2日21：00，荆州监利地区因雷雨大风天气造成的45条10kV线路，1305个配电台区，61688个用户全部恢复供电。期间，累计出动抢修人员360人，抢修车辆130台次。

抢修完毕后，安排潜江、洪湖两支支援队伍和监利供电公司共计395人、车辆62台，以监利县城为重点，对相关区域电力设施开展特巡特维，并配合跨区支援单位对政府机关、宾馆医院、殡仪馆等重要场所实行现场驻守。

家属安抚情况 监利县供电公司积极落实地方政府安排的遇难者2个家庭8名家属的吃、住、行和安抚工作任务，并按3名员工安抚1名家属的比例排班轮值，保证24h安抚服务不间断。

驻守殡仪馆职工劳动保护情况 公司现场指挥部针对殡仪馆及周围环境恶劣，空气混浊，以及值守点值守人员长期高度紧张工作等原因，及时联系地方疾控中心，为驻守监利、洪湖、江陵殡仪馆的保电驻守人员配备专用防护服和空气呼吸器，统一调配人员对驻守点实行轮岗驻守，并从北京聘请2名心理援助专家，为驻守在殡仪馆的员工提供心理援助服务。

4. 信息报告与对外披露

（1）信息报告：客轮倾覆事件发生后，事发地单位荆州供电公司及时了解掌握事件信息，迅速向省公司应急办等上级部门汇报，保持与省公司应急办的沟通联系。保电期间，现场指挥部通过应急管理微信平台实时向省公司汇报现场保电工作安排和部署情况，并每日两次向省公司应急办上报当日救援保电工作快报及相关数据情况，较好的保持了信息的沟通和交流。

事件发生后，省公司应急办及时向国家电网公司汇报了电网受损及保电工作开展情况，同时向省政府应急办、国家能源局华中监管局进行了专题汇报。自6月2日开始至保电应急处置工作结束，每日及时收集、分析保电信息，编制工作快报，通过电子邮件或传真向省政府应急办、国家能源局华中监管局、国家电网公司上报救援保电工作开展情况及供电恢复状况。期间，向外报送快报简报78份。

（2）信息披露：在全力开展救援保电工作的同时，供电公司加强信息报送和品牌传播工作，积极展现公司救援保电所做的工作和取得的成效，供电公司全方位保电工作引发社会广泛关注，得到了各级领导和社会各界的充分肯定。

主动与中央及地方主流媒体沟通联系，公司救援保电工作受到中央电视台、新华社、《人民日报》《湖北日报》等媒体的高度关注和密集报道。央视新闻频道、国际频道分别以《110座灯塔照亮救援地》《电力工人连夜加班架设灯塔》等为题，对公司开展"东方之星"客轮翻沉救援供电保障工作进行了深入报道。新华网、人民网、湖北日报、湖北卫视、荆州电视台等各大主流媒体通过各种形式聚焦公司救援保电工作，生动反映了事件发生后公司第一时间组织精干力量开展救援保电的进展和成效，充分彰显了国家电网"责任央企"的良好形象。

在各主流媒体密集报道供电公司救援保电工作的同时，也注重开展内部宣传报道，组建现场新闻采写团，及时报道供电公司员工现场保电工作情况，事发地单位荆州供电公司更在内部主页开辟"直击救援保电"专栏，实行24h跟踪报道，有效地在公司内部传播正能量。

据统计，救援保电期间各级主流媒体和公司内部共编发新闻92篇、信息25条。其中，中央电视台播出新闻3条、湖北卫视播出3条，湖北日报刊发新闻1篇、新华网、人民网、大楚网刊发11篇，国家电网有限公司《国家电网报》《国家电网》杂志、省公司官方微博(微信)发布新闻8篇；国家电网有限公司刊发《国家电网专报》2期，《国家电网全力做好长江翻沉客船救援供电保障》被中央办公厅采用。

5. 救援保电结算工作

公司组织各单位对救援保电期间发生的费用进行了全面梳理，抢修及保电共发生费用284.5万元。其中，事发单位荆州供电公司抢修及救援保电共发生费用235.23万元，跨区支援应急救援费用49.27万元。

6. 应急处置综合评估

应急处置工作亮点　本次救援保电工作公司主动应对及时，总体组织到位，指挥果断，响应快速。信息报告准确、有效，数据出口一致，上下信息汇集统计流程较为规范。抢修、保电作业现场安全管控到位，在环境复杂、条件艰苦的情况下，人员、设备均保持了良好的安全状态。信息披露积极主动，对内对外宣传快速高效，树立了"国家电网"的良好品牌形象，公司卓有成效的救援保电举措得到省、地、县各级政府、现场救援武警部队以及社会各界的广泛好评和高度赞誉，得到了国家电网公司的充分肯定。湖北省省长王国生在保电现场认为"公司救援及时、措施得力，体现了责任央企敢于担当、乐于奉献，在大灾面前有大爱的精神。"

公司本次救援保电应对工作安全有序高效、社会效益显著，充分展现了公司的企业宗旨和核心价值观，同时，也反映了公司应急工作体系的不断完善。主要体现在以下7个方面：①提前预警、强化预防。密切跟踪天气趋势，针对近期天气情况，提前发布两次暴雨黄色预警通知，从指挥协调、电网运行、人员队伍、后勤保障等全方位有针对性做好各项应急准备工作；②主动应对、快速响应。灾难发生后，公司立即启动应急一级响应，主要领导第一时间赶往救援现场指挥保电工作。事发地荆州供电公司反应迅速，组织人员携带保电装备积极深入事发现场，成立临时指挥部，主动开展救援现场保电工作。及时调集全省大型应急保电设备，6支跨区支援队伍均在接到调遣通知后，当日携带装备到达公司现场指挥部集结待命；③应急会商、统筹协调。充分发挥现场指挥部综合协调功能，明确各保电点联系负责人，坚持每日两次召开应急会商会议，主动与政府指挥部沟通，及时掌握用电需求，建立现场微信信息平台，合理调整保电力量部署和后勤保障供给，确保救援保电工作顺畅、高效、有序开展；④信息共享、归口管理。省公司应急办归口抢修及保电工作进展信息归集、汇总、发布，编发救援保电工作日报，省、地、县实现信息共享、同步联动，有效保证了信息报告及时、准确，信息发布规范、全面；⑤尊重事实、有效宣传。主动联系中央电视台、新华社、湖北日报等主流媒体，以媒体的视角和镜头记录现场救援保电场景，大量的宣传报道有效传播了国家电网品牌，得到各级领导和社会各界的肯定；⑥服务大局、乐于奉献。事件发生后，为确保事发地用电需求，公司主动暂停监利、洪湖、江陵片区检修作业任务，恢复周边变电站有人值守，安排力量开展线路特巡特维和蹲守工作，公司员工不计代价、不讲条件、不怕牺牲，全力投入保供电；⑦以人为本、关爱员工。救援工作开展的同时，公司重视对救援现场员工身心健康的关注，组织开展心理疏导，强化后勤补给，保障一线人员以饱满的精神状态，安全高效地投入应急保电工作。

7. 存在的问题和不足

（1）突发事件处置经验有待进一步增强。长期以来，公司所属地市级以下单位较多关注于大面积停电对社会造成的影响，应急处置经验的积累局限在内部电网事件处置上，对于突发社会公共安全事件处置重视不够、意识不高、经验积累不足，未充分考虑到公共突发事件政府处置要求，与政府及相关部门联动机制建立不到位。救援保电前期，荆州供电公司保电队伍虽主动进入救援现场开展保电工作，但因考虑不充分，未携带相关生活后勤保障物资，在政府对事发现场统一管理下，造成后勤补给在前期跟不上。

（2）应急保电装备配置有待进一步完善。目前，公司系统大型全方位移动灯塔仅武汉供电公司、省送变电公司（省应急基干分队）等少数几家单位拥有，在正常供电条件不满足的条件下，无法满足突发事件下大型作业场所保电需要。同时，县市公司应急抢修队伍装备配置差、管理不规范，突发事件下，装备使用率不高，故障频繁。此次处置中，荆州潜江、洪湖供电公司携带的四套泛光照明设备，在救援现场使用两次后，灯具、发电机基本损坏无法使用。

（3）基干分队技能、响应有待进一步提高。救援保电现场，运用最多的是发电机，频繁、长时间的使用发生故障后，大部分的基干队员不会维护、修理，依赖于厂家技术支持，未真正体现应急基干分队专业化的能力。省公司2012年为各单位应急基干分队统一配置了应急装备，但未考虑到运输的需要，在突发事件下，装备的运输需通过租赁车辆，一定程度上影响了响应的及时性。

（4）处置宣传报道认识有待进一步加强。监利供电公司作为事发地供电属地管理单位，虽在第一时间为政府指挥部提供了应急照明，但因考虑到事件的影响，未及时将公司正常开展应急处置保电工作有效宣传，导致事件处置前期有关媒体报道未正确反映公司责任央企形象。

（5）配电运维管理水平有待进一步提升。今年以来，厄尔尼诺现象加剧，雷暴雨、大风等恶劣天气频发，公司系统配电网运行故障时有大面积发生，一方面是部分区域配电网设备老旧，加之基层班组日常运维不到位，"以抢代维"；另一方面是运行环境并不乐观，虽受自然现象主观影响，但线路通道树障清除困难大、阻碍多，清除的不彻底也影响到正常供电。

8. 改进措施及建议

（1）丰富应急演练内容，积累处置经验。在固化组织开展内部迎峰度夏（冬）大面积停电应急演练的基础上，拓宽演练范围，丰富演练内容，加大与地方政府、部门或重要用户间的协同演练。通过综合性演练，尽可能地检验公司多个专项处置预案的合理性、可操作性，促进不同条件、不同环境下应急处置经验的积累，特别是应急指挥层处置经验的积累。

（2）加大应急装备投入，满足处置要求。全面清理公司系统各层级应急装备配置情况，特别是应急保电照明装备，建立统一的台账体系，出台通用管理制度，明确管理职责、维护要求等细化措施，促进应急装备体系的标准化建设。针对各层级装备配置情况，结合各类突发事件处置需求，分区域合理购置、部署中、大型应急装备，加大对县市公司应急装备的投入，确保突发事件下内外均可兼顾。

（3）拓宽专业队伍知识，提升处置效能。对于应急基干分队专业知识的培训，不能仅限于对装备的使用培训，应结合应急处置工作实际，进一步拓宽实战技能培训内容，特别是增加装备日常维护、故障判别、修复处理等实用化技能知识培训课程。适时组织开展基干分队的跨区联动拉动演练，模拟突发事件下集团化作业，增进队伍磨合，提升协同作战能力。

（4）完善对外宣传机制，提高维品能力。公司及地市两级对外宣传联络管理部门应加大对县市公司对外工作的指导，督促基层单位进一步完善建立对外联动机制。在突发事件处置过程中，应能积极主动与政府宣传管理部门、主流媒体沟通联系，正确、正面的及时宣传相关工作开展情况，努力提高宣传、维护国网公司责任央企品牌形象能力。

（5）加强配网精益管理，提升运维水平。按照"谁管理谁负责"要求，增强基层班组主动运维意识，提高运维管理精益化水平，严格落实责任，加强设备的日常巡视与维护。积极向各级政府和电力设施保护领导小组进行汇报，加强与经信委、安监局、林业局等部门的沟通，争取支持配合，营造上下合力，依法依规，共同推动清障工作全面开展，确保营造良好的配电网线路设备运行环境。

三、恢复与重建

恢复与重建是突发事件事后管理的重要环节，是在突发事件应急处置结束后，遭受损失的电网企业向事前正常生产秩序的回归，涉及需求评估、规划选址、工程实施、技术保障、基础设施、产业、生态环境、组织系统、社会关系、心理援助等工作。我国的事后恢复与重建建设工作具有自身的特点，突出表现为三个"兼顾"：一是"紧急"恢复性重建与长远发展性重建兼顾；二是快速重建与高质量重建兼顾；三是"复原性"重建与"升级性"重建兼顾。电网企业恢复重建要与电网防灾减灾、技术改造相结合，坚持统一领导、科学规划，按照公司相关规定组织实施，持续提升防灾抗灾能力。

1. 主要内容

（1）电网企业制定临时过渡措施和整改措施计划，针对存在的设备、设施和场地等隐患，落实资金、合理安排进度，实施整改并确保安全。

（2）电网企业结合事件调查报告分析结果，查找存在的问题，修改相关工作规划，按修改过的建设方案实施建设。

2. 实施方案

（1）项目前期和计划管理：①事后抢修恢复、原地重建项目按照相关文件的要求，按照投资管理权限上报备案，其他重建项目根据国家发改委颁布的《企业投资项目核准办法》，在取得相关的支持性文件后，编制和上报核准申请报告；②35kV 及以上的电网重建项目（包括需单独立项的二次系统项目和电力线路迁改及电缆下地工程）都必须按照有关规定单独编制可行性研究报告（以下简称可研），110kV 及以上电网异地重建项目前期工作按相关电网项目前期工作管理办法执行；③电网公司对重建工程项目实行年度投资计划管理。其中，资本性支出和融资计划纳入公司预算管理；④电网公司重建工程项目投资计划应安排专项计划，纳入电网基本建设项目投资计划的灾后重建项目应单独注明；⑤电网公司发展策划部是电网公司重建工程项目计划管理的牵头部门，生技部、农电部、营销部、科技部等部门应配合重建计划管理，具体分工如下：各基层单位应根据重建规划，在完成前期工作后，将事后重建项目纳入年度投资计划上报电网公司；电网公司发展策划部负责电网公司重建工程项目计划的汇总和下达，并具体负责 35kV 及以上电网项目，电力线路迁改和电缆下地工程，以及受损建筑物重建计划的编制；电网公司生技部、农电部、营销部、科技部等部门负责各自所管理的重建工程项目计划的编制，并报送发展策划部汇总；⑥受损电厂应根据电源项目恢复方案及恢复重建项目进度，提出资金需求建议计划，经电网公司相关部门审查后，下达恢复重建项目预算及实施计划；⑦事后重建工程项目（不包含事后改造项目）应当依法履行基本建设审批程序，严格新开工计划批复程序；⑧事后重建投资计划在执行中确需调整的，各单位应在报送下年度投资计划建议之前提出调整申请，并说明调整原因。年度投资计划调整建议经电网公司审批后执行；⑨电网公司事后重建工程项目须按期上报统计数据，包括定期统计调查和不定期专项统计调查。各有关部门应按照规定的格式，按时将各自所管理的事后重建工程项目统计数据报发展策划部汇总。

（2）恢复重建期间的管理：①35kV及以上项目（不包含灾后改造项目）实行工程报建制度和开工审批制度。各建设管理单位在工程开工前，依照相关工程建设项目报建表及电网公司建设与改造工程开工报告，及时向电网公司报送相关审批材料，待审批同意后，方能正式开工。因灾受损生产建筑物和设施的恢复重建，必须在电网公司立项并下达投资计划后才能实施；②各建设管理单位应在工程正式开工前，按照项目管理的要求，督促施工单位参照《建设工程项目管理规范》编制相应的施工组织方案，并根据工程特点成立工程业主项目管理部进行工程施工管理，精心组织，精心施工；③受损建筑物恢复重建工程项目所在单位作为项目建设管理责任人，应严格执行国家电网公司、省电网公司的有关管理规定，认真按照基本建设程序，做好重建项目的各项管理工作；④灾后重建工程应全面执行《中华人民共和国安全生产法》《电力建设安全健康与环境管理工作规定》和《国家电网有限公司安全生产工作规定》，按项目法人单位、建设管理单位、设计单位、监理承包商、施工承包商共同管理施工现场安全健康与环境工作的原则，各自承担由此规定所明确的安全责任和相应工作范围内的安全健康与环境工作责任；⑤工程建设过程中，应由建设管理单位牵头，与监理、施工方一起定期（每月至少一次）对施工现场进行安全检查；工程量较小、工期较短的工程，在施工期间至少应组织进行一次安全检查。并督促有关方对检查所发现的问题和隐患及时进行整改；⑥事后重建工程的质量管理实行项目法人责任制、参建单位法定代表人责任制和质量终身责任制。各建设管理单位要督促施工单位建立和完善质量保障体系，严格执行相关技术导则，把好工程施工关和验收关；⑦各单位应参照国家有关规定组织工程的验收及启动投运工作。工程启动投运后，应及时办理竣工验收签证及资产移交手续。事后重建工程验收时应按照国家有关规定对工程是否符合要求进行查验，对不符合要求的，不得出具竣工验收报告；⑧凡事后恢复重建工程所涉及的建设、设计、施工、监理、招标代理、物资供应等单位、部门，都应按照国家有关档案工作的规定，建立工程档案管理体系，按照各自的管理职责和档案资料的收集范围，做好事后恢复重建工程文件材料的形成、积累、收集、整理、移交、归档和保管利用工作，确保工程档案的齐全、完整、准确、系统和安全；⑨项目业主单位的档案部门要及时掌握事后恢复重建工作中对原项目档案的利用需求，提前安排，确保档案提供利用及时、准确、有效。同时，要加强对事后恢复重建各参建单位档案工作的监督、检查和指导，督促参建单位切实做好恢复重建工作中各类文件材料的收集、整理和归档；⑩事后恢复重建工程竣工档案最后由恢复重建各参建单位向项目业主单位（电网公司所属运行管理单位）移交，其归档范围和整理要求按照《国家重大建设项目文件归档要求与档案整理规范》（DA/T 28—2002）的规定执行，分类执行《电力工业企业档案分类规则（6—9大类）》，案卷质量应符合《科学技术档案案卷构成的一般要求》（GB/T 11822—2000）的规定，验收工作按照《国家档案局、国家发展和改革委员会关于印发〈重大建设项目档案验收办法〉的通知》（档发〔2006〕2号）的规定执行。

【例7-2】 汶川地震灾区电网恢复重建案例分析

汶川地震对电力设施造成巨大损害。据统计，国家电网在地震中有258座110kV及以上变电站不同程度受损，90座停运。四川电网地处地震灾害重灾区，受损停运35kV及以上变电站171座，10kV及以上输电线路2769条。为明确汶川地震灾区电网恢复重建的原则和标准，指导和规范电网恢复重建工作，国家能源局组织制定了《汶川地震灾区电网恢复重建导则》，主要内容如下：

电网企业应查清受损电网设施的数量、地点、性质和受损程度，进行工程质量和抗震性能鉴定，保存有关资料和样本，为改进电网建设工程抗震设计规范和工程建设标准，采取抗震设防措施提供科学依据。

电网企业和相关设计单位要在认真研究的基础上，提出修订电网抗震设计规程规范的建议。在相关标准正式出台前，灾区电网恢复重建，应依据所处地震带烈度分级，适当提高抗震标准，增强电网抗灾能力。

变电站站址选择应在无不良地质地带、地质构造相对稳定的区域，避免在地震断裂带附近建站，原则上不宜在9度抗震设防烈度地区建站。确需在地震活动区建站的，应严格按照现行国家标准《建筑抗震设计规范》（GB 50011—2001）的要求，掌握地震活动情况、工程地质和地震地质的有关资料，并提出抗震措施。抗震设防烈度要采用新的中国地震动参数区划图规定的地震基本烈度。

变电站内建筑物的设计应严格按照《建筑工程抗震设防分类标准》（GB 50223—2008）的要求。330kV及以上变电站和220kV及以下枢纽变电站的主控通信楼、配电装置楼、就地继电器室的抗震设防类别为乙类。对必须在发生地震较频繁且地震强度较大的区域建设变电站，变电站规模应尽可能小型化，站内建筑最好采用单层建筑，分散布置。

变电站屋外构（支）架的抗震措施。地震烈度7度及以上地区屋外配电装置构（支）架结构，要在满足结构受力和设备变形要求的前提下，具有适当的地震变形的延性特征；如有必要可采用钢结构。组合电气设备和有硬连接的设备基础，应采用整体钢筋混凝土基础或加强基础之间联系梁，以抵抗不均匀变形造成设备损坏。

变电站内电气设施的抗震设计应符合本地区抗震设防烈度的要求。一般情况下，当抗震设防烈度为6～8度时，应符合本地区抗震设防烈度提高一度的要求。抗震设防烈度7度及以上时，电压等级为330kV及以上的电气设施、安装在屋内二层及以上和屋外高架平台上的电气设施应进行抗震设计；抗震设防烈度为8度及以上时，所有电压等级的电气设施都应进行抗震设计。

输电线路路径选择应避开易出现滑坡、泥石流、崩塌、地基液化等不良地质地带；当无法避让时，应适当提高抗震设防标准或采取局部加强等措施。地质灾害易发区多回输电线路，宜多通道架设，以降低灾害风险。大跨越工程应进行地震安全评估。

输电线路杆塔及基础的抗震设计。对位于地震烈度为7度及以上地区的混凝土高塔和位于地震烈度为9度及以上地区的各类杆塔均应进行抗震验算；对大跨越杆塔及特殊重要的杆塔基础，当位于地震烈度为7度及以上的地区且场地为饱和沙土和粉土时，均应考虑地基液化的可能，并采取必要的稳定地基或基础的抗震措施；对220kV及以上的耐张转角塔基础，当位于地震烈度为八度以上地区时，均应考虑地基液化的可能，并采取必要的稳定地基或基础的抗震措施。

电网恢复重建工作要分阶段、分重点实施，优先保证骨干网架和受损严重地区电网恢复，保障地震灾区居民生活和灾后重建工作的电力供应。对于受损较轻的电网设施和直接影响居民生活、基础设施建设的电网设施，应就地抓紧实施抢修。以后再逐步改造加固，提高抗灾能力。对于受损较重、可在原址恢复重建的电网设施，应在抗震复核和地质灾害评估的基础上，尽早提出恢复重建方案，尽快开工建设。加快岷江水电外送输电通道恢复工作。对于破坏严重、无法原址恢复的电网设施，应科学选址，异地重新建设；对于满足灾后重建城镇、企业用电需求的新增规划项目，应科学设计，兼顾长远。

各电网企业原则上应在2008年内恢复受损较轻电网设施和部分受损较重、但供电急需的电网设施；2009年进一步恢复受损较严重电网，丰水期前恢复岷江水电外送输电通道；2010年全面恢复受损较为严重电网供电能力，完成原地重建或异地重建工作。同步恢复生产用房、营销系统等生产辅助设施。

电网设施恢复重建工作应严格遵守规程规范，确保工程质量。设计单位应严格按照电力设计抗震设防要求、工程建设强制性标准和电力行业设计规范进行设计；施工单位应严格按照施工图、设计文件和电力行业施工标准进行施工；工程监理单位应严格执行电力工程施工监理相关规定。项目业主应加强安全生产管理，防止抢修和重建过程中发生事故。

电网企业应加强恢复重建工程建设概预算管理，积极配合相关部门审定建设工程量，严格资金和费用核算。按照国家要求，救灾专项资金等各种渠道的恢复重建款项要做到专款专用。

恢复重建过程中，要加强对施工人员的管理，加强对当地野生动植物的保护。位于自然保护区、风景名胜区、森林公园、地质公园和世界遗产地周边的电网设施，恢复重建工作应尽量减少不利影响。

对于抢修恢复和原地恢复重建的输变电设施，原则上按照电网项目投资管理权限，由项目业主上报主管部门备案；异地重建的输变电设施，应按照电力项目基本建设程序，上报相应主管部门核准。有关部门应按照投资体制规定，尽可能简化程序，特事特办，急事急办，加快办理。

地方政府应协调规划、林业、交通、铁道和环保等有关部门，及时解决电网设施抢修、重建中的工程选址选线、通道清理、抢险物资运输和污染防控等问题，确保电网恢复重建工作顺利开展。

相关制造企业应抓紧生产，保障电网设施恢复重建所需设备、材料的供应；交通运输部门要提供必要的运输保障，确保恢复重建物资及时运达施工现场。

各级政府应组织有关部门加强对电网设施恢复重建资金使用的监督检查。

第八章　舆情应对

电网企业因其在国民经济和社会生活中的基础性作用以及产品与服务的自然垄断属性，决定了其必须应对更加复杂的社会公共关系，必须应对越来越密集、严苛的公众舆论监督，也意味着必须随时应对网络舆情对企业形象的冲击。电网企业舆情呈现以下特征：

（1）电网企业属于"敏感体"，极容易攻击焦点。

（2）正面新闻被较少关注，负面新闻跟风严重。

（3）电网企业与公众缺乏相互沟通和理解，容易造成误解，垄断、薪酬福利、电价、社会责任等是电网企业舆情的重点内容。舆情应对是指按照国家电网有限公司品牌建设规划推进和国家应急信息披露各项要求，规范信息发布工作，建立舆情分析、应对、引导常态机制，主动宣传和维护公司品牌形象的能力。

根据舆情事件造成影响的性质、严重程度等因素，国家电网有限公司将舆情事件分为蓝色、黄色、橙色、红色四级。蓝色舆情，与公司相关，对品牌传播具有正面效应，公众和政府部门给出正面评价的舆情信息；黄色舆情，与公司相关，对品牌传播不造成负面影响的舆情信息。主要指反映辖区内公司及其所属单位日常工作、经营活动动态的信息，内容不具有负面倾向性，不会对国网品牌形象造成影响的舆情信息；橙色舆情，与公司相关，对品牌传播有轻微负面影响的舆情信息。主要指反映公司及其所属单位辖区内生产、经营、管理、服务中存在的不足、问题和漏洞，内容客观，立场公正，传播范围较小，潜在影响小，社会反响不大，短期内未造成国网品牌形象损失的舆情信息；红色舆情，与公司相关，对品牌传播有重大负面影响的舆情信息。主要包括反映公司及其所属单位存在严重的安全、经营、管理、服务等问题，即将或已经造成对社会公众切身利益的恶劣影响的舆情信息；不负责任的批评和恶意造谣、攻击，严重影响国网品牌声誉的舆情信息；被中央电视台采访报道，被省级媒体头条报道，被省级以上重要报纸、网站媒体、重要论坛报道，高人气微博等转载的舆情信息。

一、舆情处置

舆情处置是指对于网络事件引发的舆论危机，通过利用一些舆情监测手段，分析舆情发展态势，加强与网络的沟通，以面对面的方式和媒体的语言风格，确保新闻和信息的权威性和一致性，最大限度地压缩小道消息、虚假信息，变被动为主动，先入为主，确保更准、更快、更好地引导舆情的一种危机处理方法。

1. 应急指挥机构

（1）公司新闻突发事件处置领导小组。舆情事件发生后，公司新闻突发事件处置领导小组及其办公室（以下简称"专项处置领导小组"及"专项处置办公室"）立即启动应急响应，在某电网企业应急领导小组领导下，统一指挥、协调公司突发事件新闻应对工作。公司专项处置领导小组组长由公司分管领导担任，成员由相关副总师、办公室、对外联络部、安全监察部（保卫部）、运维检修部、建设部、营销部、农电工作部、科技信通部、物资部、经济法律部、电力调度控制中心、电力交易中心等职能部门主要负责人组成。专项处置领导小组下设专项处置办公室，设在对外联络部，主任由对外联络部主任担任，成员由专项处置领导小组成员部门相关人员组成。

（2）各单位新闻突发事件应急指挥机构。公司系统各单位参照本预案设置成立相应的应急指挥机构，在地方政府组织指挥机构和专项处置领导小组的领导下，具体指挥属地应对工作。人员组成参照公司相应机构确定。

（3）现场指挥机构。专项处置领导小组根据事件进展情况，必要时成立现场指挥部，组织相关部门成员及应急专家参与处置工作。

2. 舆情监测预警

为加强网络舆情监测管理，某电网企业应建立健全舆情收集和分析机制，公司对外联络部负责突发事件新闻应急专项预案、大面积停电事件部门应急预案的修编、培训、演练；负责突发事件的媒体应对、信息发布、舆论引导和舆情监测；组织对电网运行、水电站大坝、重点场所、重点部位、重要设备和重要舆情的监测工作，收集开展舆论监测，针对传统媒体报道（广播、电视、报纸等）及网络平台（微博、微信、论坛、网站、博客等）开展24h舆情监测，汇集有关信息、跟踪、研判社会舆情，以便实时掌握公司相关舆情信息传播状态，及时调整应对策略，根据监测分析结果制定对策，按照规定程序进行舆情引导。

省级层面电网企业新闻突发事件处置领导小组构成示意图如图8-1所示。

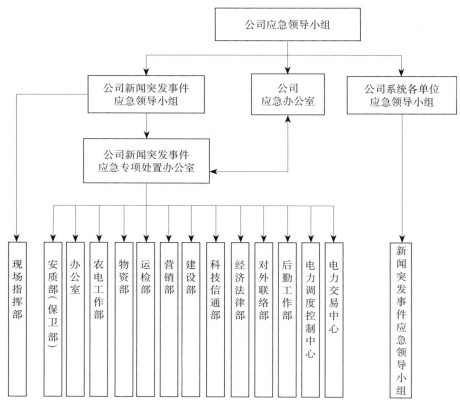

图8-1 省级层面电网企业新闻突发事件处置领导小组构成示意图

（1）舆情监测：①公司对外联络部加强新闻舆情监测工作，主要获取渠道为：传统媒体：通过对报纸、杂志、广播、电视等渠道进行风险监测；网络媒体与新媒体：通过对网站、论坛、博客、新闻客户端、微博、微信公号等渠道进行风险监测。公司各部门、各单位负责各自职责范围内的突发事件风险监测工作；②公司相关部门、单位应积极主动配合对外联络部的工作，对可能引发舆情变化的重大举措，提前向对外联络部提供相关信息，由对外联络部进行新闻风险评估，并制定相应应对措施；各单位加强与属地政府相关职能部门的沟通联络，了解新闻应急活动趋势，制订应对方案；定期对新闻应急工作进行检查，制定并实施新闻应急措施，发现异常及时汇报处理。

省级层面电网企业新闻突发事件处置工作预警流程如图8-2所示。

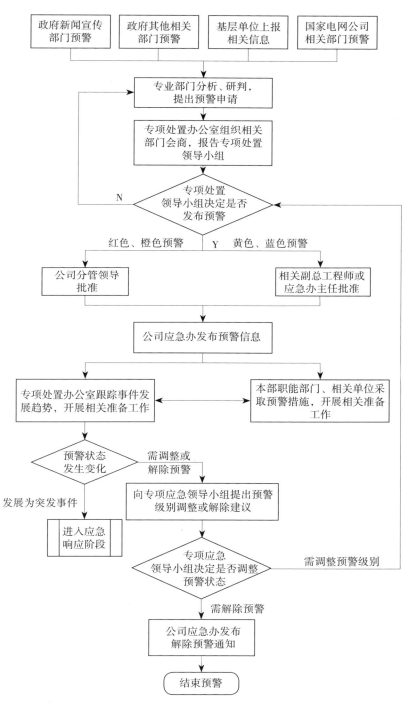

图 8-2　省级层面电网企业新闻突发事件处置工作预警流程图

（2）预警分级。根据公司各专项事件应急处置领导小组确定的突发事件预警分级标准，新闻突发事件处置领导小组对应确定新闻应急工作的预警分级标准。公司突发事件新闻处置应急预警分为Ⅰ级、Ⅱ级、Ⅲ级和Ⅳ级，依次用红色、橙色、黄色和蓝色标示，Ⅰ级为最高级别。

（3）预警发布。公司各职能部门及专项处置办公室获取到职责管理范围内的突发事件预警信息后，立即汇总并分析研判，提出预警建议，经专项处置领导小组批准后由公司应急办发布，其中红色、橙色预警通知由公司分管领导批准，黄色、蓝色预警通知由公司相关副总师或专项处置办公室主任批准；突发事件新闻应急预警信息包括突发事件的类别、起始时间、可能影响范围、警示事项、应采取措施等；必要时公司应急办向国家电网有限公司、湖北省政府相关主管部门报送预警发布情况。

（4）预警行动。进入预警期后，公司本部、各有关单位根据实际情况，按照专业管理和分级负责的原则，立即采取以下部分或全部措施：①Ⅲ级、Ⅳ级预警响应。专项处置办公室组织相关部门应急联系人开展电话值班，做好突发事件发生、发展情况的动态跟踪工作。视情况组织相关部门人员和应急专家进行会商和分析评估，做好新闻宣传和舆论引导准备工作；②Ⅰ级、Ⅱ级预警行动。专项处置领导小组成员迅速到位，研究部署处置准备工作。专项处置办公室组织相关职能部门开展应急值班；组织相关部门人员和应急专家进行会商和分析评估。做好新闻宣传和舆论引导准备工作；③预警调整和解除。

（5）预警调整。专项处置办公室根据预警动态和事态趋势，预警行动效果，向专项处置领导小组提出对预警级别调整的建议，经专项处置领导小组批准后，由公司应急办发布。

（6）预警解除。预警期内，公司各相关职能部门和新闻处置办公室根据事态发展，持续跟踪或收集预警动态信息，当有关情况证明突发事件不可能发生或危险已经解除的，由专项处置办公室向专项处置领导小组提出解除建议，红色、橙色预警通知由公司分管领导批准解除，黄色、蓝色预警通知由公司相关副总师或专项处置办公室主任批准解除。若预警期过后仍未发生突发事件，预警自动解除。

3.舆情应急响应

省级层面电网企业新闻突发事件应急响应流程如图8-3所示。

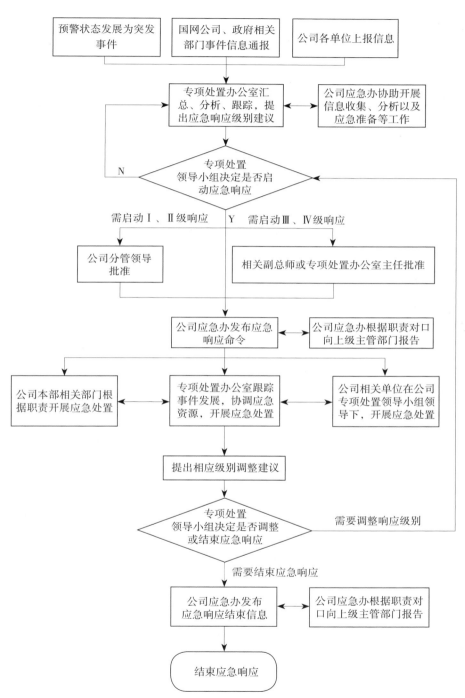

图 8-3 省级层面电网企业新闻突发事件应急响应流程图

（1）响应分级。公司突发事件的舆情应急响应分为Ⅰ、Ⅱ、Ⅲ、Ⅳ级。响应级别确定可采取以下方式：发生特别重大、重大、较大、一般新闻突发事件时，分别对应Ⅰ级、Ⅱ级、Ⅲ级、Ⅳ级应急响应；专项处置领导小组根据突发事件影响范围、严重程度和社会影响，确定响应级别。

（2）响应启动：①事发单位。启动本单位应急响应，并立即向专项处置办公室报告；②专项处置办公室。收集事件信息后，立即将信息通过电话、传真、邮件、短信等形式通报给有关部门，分析研判并提出定级建议，报专项处置领导小组；③专项处置领导小组。根据专项处置办公室的汇报和建议，批准启动突发事件新闻应急响应，统一领导和部署新闻应急处置工作；④突发事件新闻应急响应经专项处置领导小组批准后由公司应急办发布，其中Ⅰ级、Ⅱ级响应由公司分管领导批准，Ⅲ级、Ⅳ级响应由公司相关副总工程师或专项处置办公室主任批准。

（3）指挥协调。公司新闻突发事件处置领导小组及其办公室开展以下应急处置工作。

1）Ⅰ级、Ⅱ级响应：①委派文字记者、摄影（摄像）记者前往事发现场；②指定新闻发言人，根据事发单位提供的信息，迅速拟定新闻发布方案和发布通稿内容，遇重大、敏感问题时，及时向公司应急办负责人请示；③组织召开新闻发布会，新闻发布会做到时间简短、主题集中、内容富有针对性；④迅速与相关媒体沟通，妥善协调新闻采访相关事宜，跟踪审稿，直至新闻落实到版面或节目终审，切实把握好舆论导向；⑤做好舆情监测，安排专（兼）职人员开展7×24h舆情监测（包括网络舆情监测），一旦发现重大舆情迅速上报，危机不解除监测不终止；⑥争取得到当地宣传主管部门、网络主管部门的支持，采取措施，加强舆论引导，积极营造有利突发事件顺利解决的舆论环境。

2）Ⅲ级、Ⅳ级响应：①视情况委派记者前往事发现场；②迅速与相关媒体沟通，妥善协调新闻采访相关事宜，跟踪审稿，直至新闻落实到版面或节目终审，切实把握好舆论导向；③做好舆情监测，安排专（兼）职人员开展7×24h舆情监测（包括网络舆情监测），一旦发现重大舆情迅速上报，危机不解除监测不终止；④争取得到当地宣传主管部门、网络主管部门的支持，采取措施，加强舆论引导，积极营造有利突发事件顺利解决的舆论环境。

（4）响应措施。公司相关部门及事发单位应根据职责和应对工作需要，采取针对性措施：①先期处置。事发单位和公司相关部室迅速查实原因，客观、准确拟定新闻发布内容的初稿，视情况接受新闻媒体的采访；②事态评估。专项处置办公室会同其他部门对突发事件的影响程度、发展趋势及恢复进度进行评估，为调整或结束应急响应提供依据。

（5）响应调整和结束。

1）响应调整。公司专项处置领导小组视各类突发事件造成的负面影响，按照事件分级条件，决定是否调整响应级别。

2）响应结束。当同时满足以下条件时，可以结束响应：①其他专项应急处置领导小组宣布结束应急响应；②舆情平稳，相关突发事件新闻危机得到有效平息；③响应结束程序。

3）应急响应遵从"谁启动、谁结束"的原则：①国家电网有限公司、湖北省政府启动的应急响应，在接到结束命令后，专项处置领导小组根据处置效果，研究决定结束应急响应，并由公司应急办发布结束命令；②公司启动的应急响应，由专项处置领导小组根据处置效果，研究决定结束应急响应，并由公司应急办发布结束命令；③地市单位启动的应急响应，由地市级单位根据本单位处置效果，研究决定结束应急响应，发布结束命令。

二、媒体应对的基本原则

公司对外联络部是媒体应对的职能部门，应及时与主流新闻媒体联系沟通，通过新闻媒体做好信息发布相关工作；编制相关新闻报道材料，受理记者的采访申请及记者管理等工作；协调公司新闻发言人出席新闻发布会、媒体通气会，协调相关部门和单位参加，接受媒体采访；协调相关单位的新闻发言人按照规定接受媒体采访；跟踪评价信息发布的效果，总结发布工作。

（1）先发制人。一是第一时间发布权威信息，提高时效性，增加透明度，牢牢掌握新闻宣传主动权。

（2）公开透明。舆情出现后，如不在第一时间做出回应，会出现大量谣言。谣言如不及时、有效地控制，负面作用是不言而喻的。谣言的扩散可形成强大的社会舆论压力，给产品形象、企业形象以致命性打击。制服谣言最有力的武器就是公开、透明，确保所提供信息的真实性。谣言止于公开透明，提供的信息多了，谣言就失去了藏身之处。

（3）有针对性。首先要让公众听得懂。涉及专业性问题时，应尽量避免使用行话、术语，要用带有感情色彩、简洁明了的语言表述，这样才能有效获取媒体、公众对企业的理解和同情。另外，不要绕圈子，不要长篇大论，应该直截了当、干脆利落。

（4）统一口径。明确舆情管控重点，及时上传下达，统一对外口径。危机发生后，企业内部很容易陷入信息混乱状态，对外发出混乱无序、互相矛盾的、甚至是对立的声音。这样会让人觉得企业内部混乱，并且容易暴露出企业内部矛盾，同时也会让媒体和公众莫衷一是，引发公众猜疑和不信任，导致一些媒体进行不准确的报道，从而引发新的危机。应由企业新闻发言人或指定的新闻发言人统一管理对外发布信息的工作。避免出现多人表态或擅自表态的情况。

（5）主动与媒体合作。电网企业与媒体的接触不可避免，具体负责人应熟悉本部门工作情况，有良好的表达能力与敏捷的思维能力。通过加强对话沟通、真心诚意、客观地解释说明，寻求与媒体建立一种合作、互动的良好关系。

（6）品牌建设宣传。通过媒体宣传电网企业在重大社会事件中（比如抗洪保电、抗震救灾、无电地区电力建设等）所体现出的良好风貌与企业责任，提升公司认知度与美誉度，为企业发展提供良好的舆论环境。

三、新闻发布会

公司突发事件应急新闻宣传工作按照坚持"统一领导、分级负责、属地为主、快速反应"的原则，整合资源，相互协作，形成合力，建立和完善新闻发布制度、新闻采访受理和新闻稿件审核机制，加强新闻发布人员业务培训等。

1. 新闻发布工作机制

（1）舆情收集、研判与预警机制。公司各级新闻发布归口管理部门应建立舆情收集整理与分析研判工作机制，各级专业部门应加强舆情敏感点的梳理，定期报送新闻发布归口管理部门。

（2）重要信息通报核实机制。公司各级新闻发布归口管理部门应建立完善重要信息通报机制，确保公司自上而下信息通畅，加强重要信息核实与有效共享，确保公司对外新闻发布口径一致。

（3）发布材料保障机制。公司各级专业部门要按照新闻发布工作要求，及时准确地提供信息，保障对外新闻发布工作的顺利开展。

（4）新闻发布与反馈机制。公司各级新闻发布归口管理部门可按照本单位工作需要，主动开展新闻发布；各专业部门可根据本专业领域工作要求，提出新闻发布需求。新闻发布后，各级新闻发布归口管理部门负责实施发布效果评估，反馈相关部门。

（5）应急响应工作机制。涉及新闻应急事件的专业部门应及时开展突发应急事件调查，报新闻发布归口管理部门。新闻发布归口管理部门应会同相关专业部门开展突发事件的新闻发布与应对。

（6）人员备案机制。各省公司、直属单位新闻发言人（专题新闻发言人）名单和新闻发布归口管理部门负责人名单须报公司总部备案；地市级公司、县供电企业新闻发言人（专题新闻发言人）名单和新闻发布归口管理部门负责人名单报所属省公司备案。

2. 新闻发布工作流程

（1）启动发布工作。根据年度新闻发布计划和工作需要、突发应急事件分析结果或社会舆情分析结果，以及媒体采访要求，由新闻发布归口管理部门提出发布建议，并组织实施。本单位领导或各专业部门也可提出发布需求，由新闻发布归口管理部门组织实施。

（2）制定发布方案。新闻发布归口管理部门根据实际情况选择适当的新闻发布时机和形式，制定相应的新闻发布工作实施方案，履行报批及报备程序。

（3）收集媒体问题。新闻发布归口管理部门应及时了解媒体关注的问题，整理并形成媒体问题列表或访谈提纲，及时提供专业部门。

（4）收集发布资料。专业部门应积极支持和配合新闻发布工作。涉及新闻发布具体内容的专业部门应根据领导批复意见和实际发布需要，主动、及时、准确地提供新闻发布资料，起草新闻发布稿，准备媒体问题应答材料，并提出新闻发布的相关要求，送新闻发布归口管理部门。

（5）实施新闻发布。按照确定的发布方案和新闻发布内容，实施对外新闻发布。

（6）事后效果评估。新闻发布后，由新闻发布归口管理部门评价发布效果，总结发布工作，及时报本单位领导，并向新闻发言人、有关部门反馈。

3. 发布渠道

信息发布的渠道如下：

（1）公司官方网站。

（2）公司官方微博。

（3）公司新闻发言人。

（4）官方微信服务号。

（5）其他渠道。当地主流媒体（如联系电视台做滚动字幕，在后期黄金时间播出等）、新闻发布会、95598电话告知、短信群发、电话录音告知。

4. 信息发布要求

（1）突发事件发生后，对外联络部或相关单位应根据实际情况原则上在30min内通过公司网站、官方微博、微信（或相关单位官方微博、微信）等方式完成首次发布，在此后1h进行事件相关信息发布。视事态进展情况，每隔2h开展后续信息发布工作，直至应急响应结束。

（2）对外联络部、相关单位（部门）通过电视、报纸等传统媒体及微博、微信、网站等网络平台开展24h舆情监测，有针对性的发布事件相关内容引导舆论。

（3）对外联络部、相关单位及时与各级新闻主管部门、网信办联系并汇报相关情况，与主流新闻媒体进行沟通。

（4）发布信息和新闻报道内容须经公司专项处置领导小组审核后，由对外联络部或外联部指定单位统一发布。

第九章　电网企业应急能力建设评估

一、电网企业应急能力建设评估概念

以电网企业为评估主体，以应急能力的建设和提升为目标，以应急管理理论为指导，构建科学合理的建设与评估指标体系，建立完善评估方法，对突发事件综合应对能力进行评估，查找电网企业应急能力存在的问题和不足，指导电网企业建设完善应急体系。

二、评估意义

党的十九大以来，党中央提出要加强、优化、统筹国家应急能力建设，构建统一领导、权责一致、权威高效的国家应急能力体系，提高保障生产安全、维护公共安全、防灾减灾救灾等方面能力，确保人民生命财产安全和社会稳定。《国家突发事件应急体系建设"十三五"规划》《安全生产应急管理"十三五"规划》《国家大面积停电事件应急预案》《国务院办公厅关于加快应急产业发展的意见》等对应急管理工作作出了明确部署，要求全面提升应急救援处置效能。

为了全面贯彻党的十九大和十九届二中、三中全会精神，以习近平新时代中国特色社会主义思想为指导，认真落实党中央、国务院关于安全生产应急管理工作的决策部署，牢固树立安全发展理念，弘扬生命至上、安全第一的思想，坚持党政同责、一岗双责、齐抓共管，加强制度保障、应急准备、预防预警、救援处置、恢复重建等方面能力建设，促进电力应急产业发展，着力提升人身伤亡事故、重特大设备事故和大面积停电事件应急救援处置能力，最大程度减少电力突发事件造成的损失和影响，为实现电力高质量发展提供有力保障。

目前，我国电力系统呈现大规模特高压交直流混联、新能源大量集中接入等特点，运行控制难度加大。自然灾害频发多发，外力破坏时有发生，大面积停电风险依然存在。电力工业不断发展，电力体制改革继续深化，电力生产安全压力增加，应急管理责任体系仍需完善，应急管理方法和技术手段有待创新，应急救援处置能力亟待提高，应急产业的支撑保障作用亟需加强。全面加强电力应急能力建设，进一步提高电力应急管理水平势在必行。

深入贯彻落实国家关于应急管理工作的法律法规和决策部署，从电力行业实际出发，坚持预防与应急并重、常态与非常态结合，以加强应急基础为重点，以强化应急准备为关键，以提高突发事件处置能力为核心，健全完善电力行业应急管理持续改进提高的工作机制，应急能力建设评估目的如图9-1所示。

图 9-1　应急能力建设评估目的

1. 电力行业应急能力建设评估工作遵循以下原则

（1）监管部门指导。国家能源局制定应急能力建设评估标准规范，明确工作目标和要求，指导督促企业评估应急能力建设，协调解决突出问题。国家能源局派出机构负责监督指导辖区内企业应急能力建设评估，将企业评估情况列入年度安全生产监管内容。

（2）企业自主管理。企业按照本通知要求，自主开展应急能力建设评估。根据实际细化建设目标，制定评估计划；自主划分评估等级，完善评估制度，明确奖惩措施；自主组建评估专家队伍或委托咨询机构，开展专业培训，扎实推进本企业此项工作。

（3）分级分类评估。企业依照有关规范要求，按电网、发电、电力建设等不同专业和下属企业类别，针对性地开展应急能力建设评估，以打分量化形式，确定评估等级，强化分类指导。

（4）持续改进提高。企业要边评边改，以评促建，强化闭环管理，补齐短板，滚动推进应急能力建设评估，及时总结经验，完善制度措施，持续改进和全面提高企业应急管理能力。

2. 电力行业应急能力建设评估工作要求

（1）落实企业应急能力建设评估的主体责任。企业要深刻认识应急能力建设评估的重要意义，切实加强组织领导，明确责任部门和人员，依据《电网企业应急能力建设评估规范（试行）》《发电企业应急能力建设评估规范（试行）》《电力建设企业应急能力建设评估规范（试行）》和有关标准规范，以预防准备、监测预警、处置救援、恢复重建等重要环节为主加强应急能力建设，全面提高本单位突发事件的应对水平；要强化自主管理，将应急能力建设评估作为企业管理的重要内容，建立健全工作机制，制定评估工作实施方案和年度计划，明确建设措施和保障条件，积极开展建设评估；要根据企业情况，组织评估专家队伍，明确工作程序，客观、公正、独立地开展评估。企业工作方案和年度工作计划以及评估情况要定期报告相关监管机构。

（2）做好应急能力建设评估的监督管理。国家能源局派出机构要加强应急管理工作的监督，指导企业有计划、有步骤、积极稳妥地推进应急能力建设评估。要结合安全生产风险预控体系建设、诚信体系建设、专项监管等工作，将企业应急能力建设评估作为督查内容，督促企业加强薄弱环节建设；适时抽查企业应急能力建设评估工作，对未按计划开展评估工作或对评估发现的问题整改不力的企业，要限期责令整改。

（3）建立应急能力建设评估长效机制。企业要建立完善相关制度，加强组织保障，明确目标考核要求，持续推进应急能力建设。要加大评估发现问题的整改力度，将应急能力建设评估与企业事故隐患排查治理有机结合，不断优化应急准备。坚持分类指导，对评估得分较低的企业，要重点抓改进、促提升；评估得分较高的企业，要重点抓建设、促巩固，确保企业应急能力全面提升。各派出机构要根据企业应急能力评估情况，适时选择典型企业和工程建设项目，搭建经验交流平台，促进企业进一步提升评估水平。

（4）强化应急能力建设评估的宣传和培训。各单位要做好电力应急能力建设评估的宣传教育，营造浓厚氛围，培育典型、示范引导，不断提高应急能力建设评估的积极性、主动性和创造性。要积极组织专业培训，制定培训计划和培训大纲，依托现有资源，以评估专家、应急管理人员为重点，运用多种方法开展应急培训，不断提高人员专业素质和管理水平。

三、评估方法

根据《国家能源局综合司关于深入开展电力企业应急能力建设评估工作的通知》（国能综安全〔2016〕542号）和国家电网公司《关于深入推进应急能力建设评估工作的通知》（国家电网安质〔2016〕1139号）文件要求，以国家能源局下发的《发电企业应急能力建设评估规范（试行）》为依据，以"一案三制"为核心，围绕预防与应急准备、监测与预警、应急处置与救援、事后恢复与重建四个方面对电网企业应急能力进行全面的建设与评估。

1. 评估内容

评估内容如图9-2所示。

图9-2　应急能力建设评估内容

（1）预防与应急准备。主要包括8个二级指标，分别是：法规制度、应急规划与实施、应急组织体系、应急预案体系、应急培训与演练、应急队伍、应急指挥中心、应急保障能力。

（2）监测与预警。主要包括3个二级指标，分别是：监测预警能力、事件监测、预警管理。

（3）应急处置与救援。主要包括6个二级指标，分别是：先期处置、应急指挥、现场救援、信息报送、舆情应对、调整与结束。

（4）事后恢复与重建。主要包括3个二级指标，分别是：后期处置、应急处置评估、恢复重建。

具体评估规范指标体系见表9-1。

表9-1　电网企业应急能力建设评估规范指标体系

一级指标	二级指标
1. 预防与应急准备	1.1 法规制度
	1.2 应急规划与实施
	1.3 应急组织体系
	1.4 应急预案体系
	1.5 应急培训与演练
	1.6 应急队伍
	1.7 应急指挥中心
	1.8 应急保障能力
2. 监测与预警	2.1 监测预警能力
	2.2 事件监测
	2.3 预警管理
3. 应急处置与救援	3.1 先期处置
	3.2 应急指挥
	3.3 现场救援
	3.4 信息报送
	3.5 舆情应对
	3.6 调整与结束
4. 事后恢复与重建	4.1 后期处置
	4.2 应急处置评估
	4.3 恢复重建

2. 评估方法

电网企业应急能力评估以静态评估为主，适当辅以动态评估。

（1）静态评估。静态评估的方法包括汇报座谈、检查资料、现场勘查等。检查的资料应包括应急规章制度、应急预案，以往突发事件处置、历史演练等相关文字、音像资料和数据信息；现场勘查对象应包括应急装备、物资、应急指挥中心、信息系统等。静态评估标准分1000分，其中一级评估指标中预防与应急准备500分（占50%），监测与预警100分（占10%），应急处置与救援300分（占30%），事后恢复与重建100分（占10%）。具体设置情况见表9-2。

表 9-2　静态标准分设置情况

一级指标	标准分	二级指标	分值
1. 预防与应急准备	500	1.1 法规制度	45
		1.2 应急规划与实施	20
		1.3 应急组织体系	60
		1.4 应急预案体系	95
		1.5 应急培训与演练	80
		1.6 应急队伍	40
		1.7 应急指挥中心	45
		1.8 应急保障能力	115
2. 监测与预警	100	2.1 监测预警能力	30
		2.2 事件监测	30
		2.3 预警管理	40
3. 应急处置与救援	300	3.1 先期处置	30
		3.2 应急指挥	85
		3.3 现场救援	85
		3.4 信息报送	60
		3.5 舆情应对	30
		3.6 调整与结束	10
4. 事后恢复与重建	100	4.1 后期处置	30
		4.2 应急处置评估	40
		4.3 恢复重建	30
合计	1000		1000

（2）动态评估。动态评估的方法包括访谈、考问、考试、应急演练等。动态评估标准分200分，其中访谈10分（占5%），考问40分（占20%），考试50分（占25%），演练100分（占50%）。

1）访谈。主要面向应急领导小组（或应急指挥中心）成员。了解其对本岗位应急工作职责、总体应急预案和大面积停电事件等专项预案内容、预警、响应流程的熟悉程度等。

2）考问。选取一定比例的部门负责人、管理人员、一线员工进行提问、询问。主要评估其对本岗位应急工作职责、相关预案内容以及相关法律法规等的掌握程度。

3）考试。建立应急考试题库。选取一定比例的管理人员、一线员工进行答题考试。主要评估其对应急管理应知应会内容的掌握程度。

4）应急演练。分为桌面演练和现场演练。应急演练主要针对应急领导小组（或应急指挥中心）成员、部门负责人、一线员工，按相应职责评估参演人员对应急处置流程、响应措施的掌握程度。

3. 评估得分

对各项指标进行评分，逐级汇总，形成实得分，再转化为得分率。

得分率=（实得分/总标准分）×100%，其中，总标准分为静态评估和动态评估标准分之和。

4. 评估报告

根据评估情况撰写评估报告，对电网企业应急能力给出评估得分，并对总体情况和每个二级指标评估结果进行说明，总结评估过程中发现的亮点和不足，并针对存在的问题提出整改建议和意见。

四、实施步骤

某电网企业应急能力评估推进与实施分以下五个阶段进行。

1. 宣传发动阶段

（1）宣传发动。召开动员大会，向各级领导及相关人员讲解开展应急能力建设和应急能力评估工作的重要性，提高员工的参与意识，动员全体员工积极参与到这项工作中来。

（2）全面培训。一是下发《电网企业应急能力建设评估规范》及相关资料，开展各级管理人员和全体干部员工的宣传和培训工作，确保相关人员明确评估的目的、程序、必要性和具体开展方法；二是按照评估规范中的职责分工，开展相应的预案及相应的培训，以更好地迎接专家的评估。

（3）分解项目。制定评估工作方案，明确各层面、各评估项目的责任部门、配合部门及人员，各部门应结合各自实际，明确需查评的项目，并将评估项目层层分解至下属部门、班组及人员。

2. 自查评、整改阶段

（1）各职能部门要切实落实工作责任，查找公司在应急能力建设和开展应急管理工作上存在的漏洞。各部门按照工作分解，各自需检查的工作项目，认真开展自查自评工作，并将自查发现的问题发至评价项目对应的责任部门。

（2）各部门根据自查发现问题的整改计划表认真落实整改措施。在整改过程中，应按照轻重缓急，优先考虑重大问题的整改。对于确实无法立即整改的，要制定并落实相应的改进措施，公司应急办公室定期通报重大整改项目完成情况。

3. 复查自评和专家评审申报阶段

公司应急办公室组织相关人员，依照《电网企业应急能力建设评估规范》所列的专业内容，逐项逐条进行统一复查评分，重点对自查评发现问题的整改情况进行逐一核实，填写检查记录，统计评价结果，形成专业查评报告，并汇总形成自查总体报告。公司应急办公室根据自查结果和整改情况，向有关部门提出应急能力评估申请。

4. 专家评审阶段

应急能力评估专家对公司进行应急能力评估。

5. 持续改进提高阶段

应急能力评估后，对专家评估发现的有关问题，按照评估专家提出的改进意见或建议，依据《电网企业应急能力建设评估规范》制定并实施纠正和改进措施。同时，继续加强应急能力建设，按照闭环管理和持续改进的要求，促进公司应急能力建设和管理工作水平。

第十章 应急救援处置工作安全风险辨识与防范

电网企业应急救援处置工作安全风险辨识与防范见表10-1。

表10-1 应急救援处置工作安全风险辨识与防范

序号	辨识项目	辨识内容	辨识要点	控制措施	典型案例
1	应急队员	1.1 应急人员身体、精神状况不佳及着装不符合要求，发生人身伤害事件	现场负责人在工作前注意观察、询问和检查	（1）应急人员应注意休息，保证良好的精神状态和体力。 （2）应急人员应着装规范，按照要求穿应急救援服装（根据不同季节穿不同应急服）。 （3）现场负责人发现应急队员出现精神不振、注意力不集中时，应询问、提醒，必要时更换合格应急人员	
		1.2 应急人员业务技能不过关，发生人身伤害事故	现场负责人工作前核查所有应急人员业务技能培训情况	（1）每年对应急人员进行相应的安全生产教育和岗位技能培训。 （2）作业前，对其应急流程及安全措施有针对性地指导和培训学习	
2	应急管理人员要求	2.1 应急管理人员不具备其岗位相适宜的个性特征，不能在工作中进行调整	充分了解管理人员的情况，根据实际情况指派相应工作	采取专业气质测试、个性测试等心理测试工具，但需由专业人员进行测试	

续表

序号	辨识项目	辨识内容	辨识要点	控制措施	典型案例
2	应急管理人员要求	2.2 应急管理人员不具备必须的沟通能力、计划能力、组织协调指导能力、执行力、现场管理能力	充分了解管理人员的情况，根据实际情况指派相应工作	采取专业气质测试、个性测试等心理测试工具，但需由专业人员进行测试	
3	人员心理素质及心理伤害	3.1 应急管理人员、应急人员心理素质不过硬，遭遇突发事件，无法积极面对，表现出恐惧与慌乱，导致错误指挥及错误行动	丰富的知识和经验	（1）通过认知预演，实现应激预防。（2）培养良好的个性，提高自我效能感。（3）家庭、学校和社会应携手共同开展心理教育活动，强化群体的心理承受能力。（4）开展多种形式的全民教育、终身教育、灾难教育、忧患意识教育	
		3.2 在救援过程中，由于受灾地区出现严重死伤情况，个别队员出现严重的应急心理反应症状、心理危机	指派专人进行心理辅导	（1）现场负责人或管理人员应主动掌握现场队员心理状况、精神状态，加强与队员之间的沟通，消除心理障碍。（2）请心理医生或心理咨询师现场进行心理干预和药物治疗	
4	工作组织（工作前准备）	4.1 应急救援所需各类工器具、仪器仪表、设备台账等资料准备不充分，无法满足现场救援需要	指派专人进行	（1）设置一名仓库管理员，对其仓库装备进行整理，完成设备台账。（2）严格进出库制度，一旦出现损坏或遗失及时上报。（3）对于因数量过少导致可能无法完成救援任务的装备进行补充和增加	

续表

序号	辨识项目	辨识内容	辨识要点	控制措施	典型案例
4	工作组织（工作前准备）	4.2 工作前所需各类应急装备、物质、资料等准备不充分，导致人身和设备事故	现场负责人工作前认真进行装备、物质等准备工作	（1）工作前，针对其应急任务进行备料，所需要的应急装备、工器具及安全防护设施、安全用具应充足并且符合要求。 （2）现场使用的各类装备、工具、材料、仪器仪表合格完好	
		4.3 应急组织不够科学，分工不明确，没有根据工作需要合理安排工作时间及人员	现场工作组织应科学合理	（1）合理配置应急人员，正常开展相应的工作。 （2）通过培训让应急人员熟悉各类救援中自己的工作任务。 （3）工作时间应满足正常工作需要，尽量避免疲劳作业。 （4）指派现场应急人员数量要满足需要，搭配合理，保证人员能够胜任工作	
		4.4 多地点、多班组、多专业工作，相互协调不力，指挥混乱和信息传送有误，导致人身和设备事故发生	现场工作前现场负责人应检查通信器材，规范指挥用语	（1）通信工具应配备充足和完好，避免影响工作任务的下达及相互联系。 （2）现场各个工作小组，必须明确专人信息传达，避免多人指挥造成现场工作秩序的混乱	
5	卫生防疫	救援处置现场存在肠道传染病、呼吸道传染病、虫媒传染病、皮肤黏膜疾病、中暑、冻伤等理化因素疾病，造成人员伤害	救援现场事发前固有的疫情危险源，灾后生态环境破坏、水源污染、食品污染、传染病流行	（1）进入救援现场前，向现场负责的卫生防疫部门或医院了解当地疫情情况及防范措施。 （2）向全体队员交代现场疫情及防范措施。 （3）严格落实现场各项防疫措施，注重个人卫生、注重饮水和饮食卫生、注重环境卫生。 （4）一旦发现人员受到感染和患病，及时送往医院救治	

续表

序号	辨识项目	辨识内容	辨识要点	控制措施	典型案例
6	车辆驾驶	6.1 超速驾驶，交通事故，油品泄漏，发生次生火灾爆炸事故，造成财产损失和人员伤亡	按照道路交通安全法的规定行驶车辆	（1）严格按照驾驶员操作规程驾驶，上车先系好安全带。 （2）停车后先检查是否拉上手刹制动然后才能离开。 （3）车辆速度过快发生碰撞、侧翻，都能造成车辆损坏，行驶时注意观察路况。 （4）加强车辆GPS全过程监控。 （5）路况不好地段密切注意，选择安全路线出行	
		6.2 疲劳驾驶，交通事故，造成财产损失和人员伤亡		（1）坚持劳逸结合，驾车外出时要注意休息，保证足够的睡眠。 （2）娱乐要适可而止。原则上夜间不超过22点。 （3）无特殊情况不得派驾驶员夜间出车	【例10-1】
		6.3 酒后驾驶或醉酒驾驶，交通事故，油品泄漏，发生次生火灾爆炸事故，造成财产损失和人员伤亡		（1）驾驶员应严格遵守道路交通安全法和公司"禁酒令"。 （2）做到本人不喝酒、乘车人不劝酒。 （3）经常对驾驶员进行酒驾事故警示教育，增强安全意识。 （4）加强安全检查，对酒驾司机零容忍	【例10-2】

序号	辨识项目	辨识内容	辨识要点	控制措施	典型案例
6	车辆驾驶	6.4 冰雪路上车速快、急刹车、急转方向、没有足够的安全距离侧滑、翻车造成财产损失和人员伤亡	副驾驶履行道路情况监控责任	（1）车辆控制在20km/h左右。 （2）不能急刹车，采取挡位控制车速。 （3）必要时，安装防滑链。 （4）匀速行驶。 （5）不能急转方向。 （6）保持车距。 （7）通过冻结冰面时，应查明冰的厚度和强度，将车门打开。配送中心通过时，应依次通过，不可多车通过。 （8）车辆有前驱动的要与加力挡同时使用	
		6.5 遇到大雪，加装防滑链不规范，导致车辆行驶时防滑链脱落，发生交通事故	应急人员进行加装防滑链时，要按照正规操作流程进行	（1）安装后要仔细检查。 （2）以能塞进两根手指为准。 （3）检查月牙板是否扣紧	
		6.6 不具备超车、会车条件，强行超车、会车，导致交通事故，造成财产损失和人员伤亡	指派驾驶技术过硬的队员驾驶车辆	（1）超车前，须开左转向灯，鸣喇叭。 （2）超车时，应确认安全后，从被超车辆的左边超越。 （3）超越后，在同被超车辆保持必要的安全距离后，开右转向灯，驶回原车道。 （4）夜间超车时，应变换远近光灯示意。 （5）被超车示意左转弯、掉头时不准超车。 （6）不准超越正在超车的车辆。 （7）在超车过程中，与对面来车有会车可能时，不准超车	

续表

序号	辨识项目	辨识内容	辨识要点	控制措施	典型案例
6	车辆驾驶	6.7 车辆有磨损、质量差或严重外伤导致爆胎、翻车、伤人	驾驶员坚决执行开车前车辆常规检查	（1）出车前检查轮胎气压、磨损程度及外伤。 （2）高温天气轮胎气压不能过高。 （3）如发现有磨损严重的轮胎及时更换。 （4）车辆行驶中，应尽量避免急速起步、急转方向盘、紧急制动和急加速。 （5）经常检查清除轮胎花纹中所嵌的石头、钉子、玻璃块等杂物。 （6）使用一段时间后应按规定进行轮胎换位。 （7）按规定载荷进行装载，并注重载荷的均匀分布，严禁车辆超载运行。 （8）正确掌握轮胎的使用方法	【例10-3】
		6.8 货车运输，人和货物混合运输，发生交通事故造成财产损失和人员伤亡	严禁客货混载	（1）加强对驾驶员的安全教育。 （2）大型货运汽车，在短途运输时，车厢内可以附载押运或装卸人员1~5人，并留有安全乘坐位置，载物高度超过车厢栏板时，货物上不准乘人。 （3）货运汽车挂车、拖拉机挂车、半挂车、平板车、起重车、自动倾卸车、罐车不准载人。 （4）机动车除驾驶室和车厢之外，其他任何部位不准载人	
		6.9 坡路停车，未拉紧手制动器或未垫好堰木导致滑车翻车、伤人，交通事故造成财产损失和人员伤亡	拉紧手制动器或垫好堰木	（1）停放时，拉紧手制动器，熄火挂入低速前进挡。 （2）在车轮下垫好堰木	

续表

序号	辨识项目	辨识内容	辨识要点	控制措施	典型案例
7	应急船只驾驶	7.1 冲锋舟发动机启动前未进行检查，导致发动机异常，设备损坏	发动前例行检查	（1）检查油箱。检查油箱摆放是否安全，确认燃油标号和机油比例、确认航行油量是否充足（自动混油的机型要检查机油箱内机油数量），检查油箱是否浸漏，油路连接是否正确。松开油箱上放气螺栓，捏动手油泵，观察机器以外油路有否浸漏情况（必须使用发动机专用机油和高品质燃油）。 （2）小心打开机盖（注意弯腰时上衣口袋中物品不要落入水中）再次捏动手油泵，观察油路系统是否漏油、观察燃油滤清器内是否有水或其他污物。 （3）检查电线是否松动，习惯性按紧火花塞帽；观察挡位联接、油门控制联接、点火控制联接是否正常。 （4）观察机罩内是否干净，如需打扫必须使用不脱毛的毛巾小心擦拭，机罩内不得放入任何杂物。 （5）小心盖好机盖，检查机盖有否破损，机盖是否盖好；检查机盖进气口附近是否卫生。 （6）供电系统检查电瓶夹头及电线安装是否松动，检查电瓶液是否符合标准，检查船上电路有否破损，连接是否紧密，防止短路和断路。 （7）检查桨叶是否损坏变形。 （8）检查冷却水进口是否有杂物或浮游生物堵塞。 （9）检查航向调整片水下部分是否松动。 （10）检查自动升降是否灵活，注意升降过程声音是否正常并将船外机调至完全内倾、操纵系统是否灵活可靠。 （11）紧固装置是否紧密紧固件，检查操纵线连接机器螺母，检查装机螺栓是否紧固	

序号	辨识项目	辨识内容	辨识要点	控制措施	典型案例
7	应急船只驾驶	7.2 乘坐人未按照乘船要求乘坐，导致船体翻转、人员落水	乘坐人上船后，驾驶员宣布高速艇乘坐注意事项	（1）上艇后乘坐人必须服从驾驶员安排。 （2）乘坐人在上岸前不得解开，或脱下救生衣。 （3）船内严禁烟火、航行时未经驾驶员同意不得换位或站立。 （4）乘坐人在船上不得撑开伞具。 （5）乘坐人不得向船舱内外乱扔垃圾。 （6）高速行驶时请乘坐人把好扶手，双脚放平。 （7）穿裙子的女士请注意强风。 （8）请保管好易碎物品	【例10-4】
		7.3 航行过程中，未按航行原则行驶，通行过程中导致船体损毁及人身事故的发生	驾驶员应看清水域形势	（1）航行时尽量靠右、小船避让大船、快船避让慢船。 （2）超船、会船减速鸣号，把握好船距。遇重载易进水船只或稳性不好的木船时必须反复鸣号、尽量远离。 （3）不准在2500s/min以上转急弯。 （4）遇30cm以上波浪时减速，船身与波浪垂直过浪。 （5）弯道、峡谷、支流汇入地带必须减速间断鸣号。 （6）航道交汇处如果右转，要减速靠右行驶，如果左转，要减速先向右转前行100m，确认安全后再向左转回对面航道。 （7）航行中如果要进入左面支流，必须先看清支流中和对面驶来船只，确认安全后也必须尽量靠右绕，进入左面支流航道。 （8）不准夜航、雾航、雨航	【例10-5】

续表

序号	辨识项目	辨识内容	辨识要点	控制措施	典型案例
7	应急船只驾驶	7.4 船只被水下物体划伤，船只无法航行甚至沉没	驾驶员应看清水域形势	（1）航行时因避开水面或水下漂浮物，不得高速行驶。 （2）清楚判断其周边环境，确保安全情况下，快速通过	
		7.5 航行过程中遇到洪峰，导致船只被冲走，人员落水	指派有经验的人员驾驶船只	（1）出动时应避开洪峰，如遇到洪峰，应提前弃船上到高地。 （2）如无法避开，船上人员应抓紧船体，驾驶人员应将船头对准洪峰并加速，防止船只侧翻	
		7.6 日常维护不够，导致设备在运行中出现异常，设备损坏	按照要求进行维护	（1）定期检查更换齿轮箱油。 （2）定期检查清除发动机内积碳。 （3）保护环境，避免废油污染环境。 （4）保护好螺旋桨能提高发动机的性能和寿命。 （5）保持和经销商和维修商联系，随时掌握新信息。 （6）定期维修保养发动机。 （7）使用正规发动机配件及掌握辨清真伪。 （8）做好航行日记。每使用100h或每半年检查一次（以先到期为准）： 1）对所有的润滑点施加润滑。如在咸水水域航行，须增加润滑次数。 2）更换发动机齿轮油和燃油过滤器。若发动机使用频繁，应缩短齿轮油的更换间隔时间。	

续表

序号	辨识项目	辨识内容	辨识要点	控制措施	典型案例
7	应急船只驾驶	7.6 日常维护不够，导致设备在运行中出现异常，设备损坏	按照要求进行维护	3）初次使用100h或经过第一年之后，须更换火花塞。以后则每使用100h或每年检查一次，需要时更换火花塞。每使用100h或每年检查一次（以先到期为准），检查内容如下： a. 外观检查节温器是否腐蚀，弹簧是否断裂。应保证在室温下节温器完全闭合。 b. 检查发动机上的燃油过滤器是否堵塞。 c. 检查发动机的正时调定情况。 d. 检查防蚀保护阳极，如在咸水水域行驶，应增加检查次数。 e. 排净和更换齿轮箱中的润滑剂。 f. 对传动轴上的花键施加润滑剂。 g. 如果需要，应检查和调节气阀间隙	
8	水域救助	8.1 水域搜救时，人员落水被冲走或溺亡	个人做好防护措施	（1）正确穿戴救生衣，坐在船上时不得坐在船舷上，架设人员应遵守安全规程，不得高速驾驶、危险驾驶。 （2）救援人员下水救援时，一定要系安全绳，安全绳的另一端要进行固定，专人保护	
		8.2 营救落水人员时被拖下水中	指派有经验的队员进行营救	（1）营救落水人员应优先抛掷救生圈，使用救生圈将人员拉至船边后，由2人一起将落水人员拉上船。 （2）在多人落水时，应该按照"先近后远，先水面后水下"的顺序救人。 （3）徒手救人时，要注意稳定对方的情绪，从侧面、后面接近被救人员	【例10-6】

续表

序号	辨识项目	辨识内容	辨识要点	控制措施	典型案例
8	水域救助	8.3 射绳枪的误操作、误使用导致人员伤亡、设备损坏		（1）射绳枪在使用前，将挡位切换至安全挡位。 （2）发射器每次只能发射一个射弹，从而避免发射事故的发生，当插入射弹后，听到"咔"的一声，证明射弹被安全插入	
		8.4 射绳枪配件的装配不熟悉，导致设备损坏	指派有经验的队员进行操作	（1）气瓶充气一定要按照要求充到额定气压（3200psi/220Bar）。 （2）在射弹的每个喷嘴处安装有减压装置，目的是避免射弹内产生不安全的压力，不论是否发射，如果射弹被暴露在很热的环境，例如火中，如果射弹内空气压力超过安全值，减压阀将破裂释放压力。破裂后减压阀将不能再使用，必须更换。 （3）减压阀安装到发射机上，只要设备受压，减压阀就处于激活状态。 （4）气瓶可多次使用，气瓶外部任何可见的损坏都需要立即更换。不要试图重新加满一个已经损坏的气瓶。这可能会导致受伤甚至死亡。 （5）射绳枪在发射前，将一端绳头系在气瓶上，另一端系在枪体上。 （6）射绳一定要按照"8"字形收在收线盒中，避免出现打结	

序号	辨识项目	辨识内容	辨识要点	控制措施	典型案例
8	水域救助	8.5 射绳枪的正常维护不当，导致使用时出现异常，造成设备损伤、人员伤亡	指派专人负责日常维护工作	（1）沿顺时针方向从抛射体尾部拧掉喷嘴组件，用清水冲洗包括喷嘴的所有部件，甩掉部件上的水并使之干燥。 （2）检查部件内部及外部是否有任何损坏及锈蚀。 （3）干燥后，在喷嘴组件上给车螺纹涂防蚀剂并沿顺时针方向旋转至恰当位置。注意不要拧得过紧。 （4）每一个抛射体气瓶自生产之日起最长有五年使用寿命到期必须更换，或者有可见的损伤时必须更换。每一个气瓶上都有日期，购买者需要确保产品不会逾期使用	
9	废墟搜救	9.1 废墟搜救时，救援人员进入废墟内，废墟发生坍塌，救援人员被困	判断周围环境，确保安全方可进行工作	搜救时，不能贸然进入废墟，如确实因需要，应仔细观察，查看建筑物是否牢靠，并做好必要的加固措施	【例10-7】
		9.2 发生次生灾害，导致人身伤亡或设备受损		严防灾后次生灾害，特别是营地选址和行进途中，要避开地质不良区和低洼地带，严禁冒险通过，行进时应避开山体，防止落石和坍塌	
		9.3 在使用发电设备、临时供电时，设备接地不良或漏电等情况，导致人员触电	指派专人进行操作	做好设备检查，按要求做好接地措施，发电设备和电源线路要做好防护措施，防止人员误碰，还应做好防雨和水淹的措施	

序号	辨识项目	辨识内容	辨识要点	控制措施	典型案例
9	废墟搜救	9.4 现场出行卫生状况恶化，出现疫情，危害人员健康	指派专人负责检查人员健康及卫生	佩戴好防毒面具等防护装备，停止工作前，应对服装和携带的装备消毒	【例10-8】
		9.5 使用装备不当，导致人员受伤或装备损坏		正确使用各型装备，严格根据装备说明进行操作，禁止随意操作或蛮干	
		9.6 起重设备使用不当，导致人员受伤或设备损坏	指派有经验的人进行操作	（1）钢丝绳磨损，外层的钢丝直径减少1/3；钢丝绳上是否有扭结、压扁、鸟笼或其他结构性损坏。 （2）U形环使用前，必须进行外观检查。凡表面有裂纹或严重伤痕、变形、销钉损坏或拧不到根者均不得使用。U形环不得超载使用，不允许在高空将拆除的卡环向下抛摔，以防伤人，或卡环碰撞变形和内部产生不易发觉的损伤与裂纹。 （3）使用吊环时要检查丝杆是否有弯曲现象，丝扣是否完好；使用两个吊环时，注意环的方向，使环径成直线，不要孔对孔。 （4）操作人员之间保持足够的距离，操作过程中互相提示，防止互相伤害；正确佩戴安全帽、手套。 （5）知道物体的形状、重心、吊绳吊钩要牢固、物体下方不得有人	

续表

序号	辨识项目	辨识内容	辨识要点	控制措施	典型案例
10	泥石流灾害救援	10.1 搜救过程中，对周围环境勘察不足，导致次生灾害发生，造成人员伤亡	指派有经验的队员进行指挥	（1）不要停留在坡度大，土层厚的凹处。 （2）避开河沟道弯曲的凹岸或地方狭小高度又低的凸岸。 （3）长时间降雨或暴雨减小后或雨停不能马上返回危险区	
		10.2 临时住所地点选择不对，导致后勤工作被动		（1）应在泥石流隐患区附件提前选择几处安全的避难场所。 （2）选择在易发生泥石流地区的两侧外围。 （3）在确保安全的情况下，离原居住处越近越好，如交通、水电越方便越好	
		10.3 灾后疾控工作没有做到位，导致人员患病	指派有经验的专人进行疾控	（1）主要饮食和饮水卫生。 （2）宣传和掌握防病口诀"勤洗手、喝开水、吃熟食、趁热吃"。 （3）搞好环境卫生，不要随地大小便，及时清理粪便和垃圾，不能直接用手接触死老鼠及其排泄物。 （4）户外活动尽量穿长衣裤，扎紧裤腿和袖口，防止蚊虫叮咬，暴露在外的皮肤可涂抹驱蚊剂	
11	指挥帐篷和生活帐篷的搭建	11.1 营地搭建位置不佳，遭受次生灾害，威胁人员和设备安全	到达现场进行地形勘察，选择最佳位置	（1）营地选址时要避开山脚、陡崖、滑坡危险区，防止滚石和滑坡。 （2）避开河滩、低洼处，防止洪水和泥石流侵袭。 （3）避开危楼，防止余震引起的二次垮塌。 （4）不要在山顶安营，避免遭到雷击	【例10-9】

续表

序号	辨识项目	辨识内容	辨识要点	控制措施	典型案例
11	指挥帐篷和生活帐篷的搭建	11.2 组装过程中，不熟悉组装流程，导致帐篷损坏	指派有经验的队员进行安装	（1）正确使用个人劳动防护用具，防止伤害他人，两人站位正确，注意下锤力度，使用大锤进行帐篷锚固时，应徒手进行，检查锤把上紧、牢固。 （2）正确佩戴安全帽，劳保手套，防止碰伤及夹伤。 （3）跑动时集中精力，防止绊倒、碰到、刮伤。 （4）搭建帐篷时，应统一指挥，避免棚顶搭设时不协调，导致棚顶坍塌伤人。 （5）帐篷结构管材插接时，应对准角度和位置，不能用力过猛。 （6）调整顶棚拉筋松弛度时，不能过紧，以免损坏拉筋和拉环。 （7）搭建材料应轻拿轻放，不得随意乱扔，防止利器刮伤篷布	
		11.3 组装帐篷所有的工器具使用不当，导致人身伤害		（1）正确佩戴安全帽、劳保手套，防止碰伤及夹伤。 （2）使用大锤进行帐篷锚固时，应徒手进行，检查锤把上紧、牢固。 （3）防止伤害他人，两人站位正确，注意下锤力度。 （4）跑动时集中精力，防止绊倒、碰到、刮伤	

续表

序号	辨识项目	辨识内容	辨识要点	控制措施	典型案例
11	指挥帐篷和生活帐篷的搭建	11.4 帐篷总电源、分电源要求及布线不合理导致人员触电	接线人员需具备一定电工技能，布线前，应想好线路的分布及走向	（1）配电箱由一个进线单元和数个出线单元组成，装设可见断开点的透明塑壳断路器总开关和可见断开点的透明塑壳断路器分开关及五点接线端子板；接线前，做好开合开关试验、漏电保护开关试验并且确定开关在闭状态。（2）进线端严禁采用插头和插座做活动连接。（3）室内布线电源线需要配合使用保护套管，并埋置地面；如无法满足地面走线，则需要将电源线沿帐篷钢架结构高处走线。（4）帐篷内照明需加开关，开关必须一头连接相线一头连接灯泡	【例10-10】
		11.5 蛇、蝎、毒虫进入营地伤人	指派专人监护	（1）营地内配置足够的医疗用品。（2）营地搭设完成后，应使用煤油和草木灰散在营地外围和营帐入口，防止蛇、蝎、毒虫进入	
		11.6 灾害现场发生疫情，危急人员健康安全		（1）定时对营地进行消毒，喷洒消毒水。（2）现场发生疫情后，人员应佩戴口罩、手套等必要的保护装备。（3）感染疫情，需立即转移并送医	

续表

序号	辨识项目	辨识内容	辨识要点	控制措施	典型案例
12	发电设备	12.1 发电机在运输过程中，导致损坏、漏油	运输过程中合理摆放	（1）运输前，检查燃油口、机油口的密封性。 （2）运输时，发电机应放置平整，在操作或移动汽油发电机时，请您保持发电机直立。汽油发电机倾斜会有从化油器及油箱中泄漏而出危险。 （3）搬运工程中，轻拿轻放	
		12.2 在使用发电设备时，由于操作不当，导致人员触电伤害、设备损坏	指派专人进行发电机的操作	（1）通电前认真对设备进行外观检查，确定机油、燃油。 （2）按要求做好接地措施，发电设备和电源线路做好防护措施，防止人员误碰。 （3）确认发电机燃油为汽油还是柴油，防止加错燃油，导致发电机损坏。 （4）禁止运行状态下加注燃油，等待机器冷却 2～3min 之后加注，过程中禁止吸烟等停止一切可能造成明火的动作。 （5）注意在加油时切勿使燃油溢出及洒漏在发动机上。 （6）在发电机运行时，切勿在排气口附近放置任何可燃物品。 （7）切勿在雨中及雪天下使用本发电机，必须使用，需增加防雨、通风措施。 （8）在周围放置灭火器	【10-11】

续表

序号	辨识项目	辨识内容	辨识要点	控制措施	典型案例
12	发电设备	12.3 在使用发电设备时，摆放至相对封闭空间，导致废气中毒，人员身亡	发电设备摆放至户外	发电机在使用时应在室外或机房内通风较好的地方，不可以靠近门窗以及通风口，避免一氧化碳进入室内	【例10-12】
		12.4 燃油存放不当，造成大火，导致人员伤亡	存放在专用仓库内	（1）油类必须及时入库，不得露天堆放。 （2）油类应贮存在指定地点，并不得与其他物质混合储存，库房要求干燥，无积水	
13	泛光照明设备	13.1 人员在搬运及使用过程中触电、受伤	多人进行搬运；使用前要细致的检查设备	（1）检查整体绝缘情况，自带发电机的照明设备在使用前外壳必须进行接地。 （2）发电机在搬运过程中，应该2人及以上搬运，禁止1人搬运以免腰部受伤	
		13.2 架设灯架时高空坠物，导致人员受伤	灯具安装要按要求逐步进行	（1）安装灯具时连接部位要紧固到位，避免灯具松脱造成坠落伤人。 （2）灯具升起后，坠落半径内严禁站人	
		13.3 操作不当，导致设备损坏、人员伤害	照明设备要选择在最佳地段使用，做好设备保护工作	（1）灯具支撑脚架应安装在相对平坦的地势上，避免支架不稳导致灯具摔落。 （2）严禁照明灯具直射对人，以免灼伤。 （3）如遇雷暴天气，发电机应停止工作，雨天使用发电机应使用防雨罩进行遮挡	

续表

序号	辨识项目	辨识内容	辨识要点	控制措施	典型案例
14	后勤保障餐车	14.1 野外进行炊事作业时，随意排放污水或随意丢弃垃圾，废油随意倾倒，造成环境污染	现场选择合适停车地点	（1）炊事车排污水管需接排污管，排泄至指定地点。 （2）产生的生活垃圾，集中进行收集，放入专用垃圾桶。 （3）废弃的机油集中倒入专用的回收桶中，并交由专门的回收部门处理	
		14.2 进行炊事作业过程中，人员易被烫伤、切伤或划伤		（1）配菜的人员要有一定的厨师经验，避免切到手指。 （2）在进行炒菜、蒸饭时，避免与炉灶直接接触，蒸饭板拿出来时，必须戴手套。 （3）由于炒锅火候不好控制，需派专人进行控制	
		14.3 在使用发电设备时，设备存在接地不良或漏电等情况，导致人员触电	指派熟悉餐车操作的人进行	（1）将炊事车及发电机等发电装置分别进行接地。 （2）通电前认真对设备进行检查。 （3）按要求做好接地措施，发电设备和电源线路应做好防护措施，防止人员误碰。 （4）在机器运行过程中，如果触摸输出板端子部位，就会触电，有可能导致死亡，特别是双手潮湿的时候。 （5）做好防雨和水淹的措施	

序号	辨识项目	辨识内容	辨识要点	控制措施	典型案例
14	后勤保障餐车	14.4 汽、柴油在配给和补充时发生火灾或爆炸	指派熟悉餐车操作的人进行	（1）补给燃料时，请必须停止发动机的运行。另外，在加油过程中，请不要让香烟或火柴等火源接近机器。油料放置区应放置足够有效的灭火器。 （2）加油料时以及在油料放置区禁止吸烟等停止一切可能造成明火的行为。 （3）机器在运行中或刚停机后，消音器和发动机等发热部位仍处于高温状态，请勿触摸，以免烫伤	
		14.5 饮用水不合格或食品变质、不卫生影响身体健康或造成食物中毒事件	水源、食材的质量指派专人负责	（1）饮用水一定要注意卫生，特别在使用净化系统时，水源一定要是可流动性水，死水等水源禁止净化成饮用水。 （2）使用户外水源时应先用专业设备对水质进行检测，满足二级以上水质要求方可采用。 （3）肉类、鱼类等易变质食材应放置在车载冰箱内保鲜，根据烹饪顺序将食材取出。 （4）食材在使用前必须清洗干净。 （5）食材在烹饪前进行加工后，一定要放置在指定操作案板上，避免苍蝇等叮爬，并用保鲜膜进行覆盖	【例10-13】

续表

序号	辨识项目	辨识内容	辨识要点	控制措施	典型案例
14	后勤保障餐车	14.6 设备使用不当，导致损坏	指派熟悉餐车操作的人进行	（1）正确使用炊事车供电系统。 （2）水箱装满以后，车辆禁止行使，万不得已需短距离行驶时可低速行驶，避免因为水在水箱中摇晃导致水箱损坏；使用结束后，一定要将水箱中的水排光才可长距离行驶。 （3）启用炒锅及蒸锅时，先观察燃油是否足够，另外不要将燃油加得太满以至于无法观察刻度。 （4）在清理地板时，不要用水洗，因为地板下多为控制线路，可用湿拖把进行清洁。 （5）定时检查发电设备，及时加注燃油和机油	
15	野外勘察（户外活动）	15.1 行进途中发生次生灾害，导致人身伤亡	指派有野外生存经验的人作为队长	严防灾后次生灾害，行进途中要避开地质不良区和低洼地带，严禁冒险通过，行进时应避开山体，防止落石和坍塌	【例10-14】
		15.2 野外勘察行进时，被蛇、虫或野兽攻击	个人防护装备一定要配备齐全	（1）野外行进应多人组队，相互照应，携带防蛇虫的药品和必要的个人防护器械。 （2）行走中扎紧袖口和裤腿，避开草丛，遇到猛兽时不要惊慌，人员应集中，用器械进行营造声势	

序号	辨识项目	辨识内容	辨识要点	控制措施	典型案例
15	野外勘察（户外活动）	15.3 野外勘察时人员迷路	路线不熟悉时，应聘请当地向导	（1）出发前密切关注活动地区的天气变化。 （2）讲明与约定迷失路向时的危机处理办法。 （3）保持良好的通信，正确使用GPS等工具，有条件的情况下应优先聘请熟悉当地地理环境的人员做向导	【例10-15】
		15.4 露营时由于气候、温差等原因导致生病	携带足够的个人装备	（1）携带足够的衣物，野外行进应着专用的户外服装，不应穿着棉质内衣裤。 （2）发生人员生病，应及时将病员送回进行治疗	
		15.5 食物与饮用水伤害	指派专人负责卫生	（1）购买食物前，看好日期，不要购买过期食品。 （2）野外补充水，尽量做到烧开再喝或者使用水源净化器。 （3）避免食物相克，导致身体不适。 （4）没有经过严格野外食物识变训练，禁止采摘	
		15.6 森林火灾	严禁随意扔烟头和使用明火	（1）吸烟需要批准，并且要将烟头带走。 （2）正确按照操作手册使用GAS炉具炊具。 （3）禁止携带烟花	【例10-16】
		15.7 陡坡滑坠与扭伤	选择正确的个人装备	（1）使用正确装备，比如登山使用高帮登山鞋。 （2）线路选择避开陡峭地段	

续表

序号	辨识项目	辨识内容	辨识要点	控制措施	典型案例
15	野外勘察（户外活动）	15.8 高空落石砸伤	观察清楚地形，快速通过	（1）选择正确地段，避开落石区段。 （2）发生落石情况，大声警告队友。利用头盔或背包进行遮挡	
16	现场临时供电	16.1 在使用发电设备、临时供电时，设备接地不良或漏电等情况，导致人员触电	指派专人进行发电机的操作	（1）通电前认真对设备进行检查。 （2）按要求做好接地措施，发电设备和电源线路做好防护措施，防止人员误碰；使用前，将电线展开逐步检查电线外皮是否破损，一旦出现破损但不影响工作的情况下，使用绝缘布进行包扎后再进行使用。 （3）确认发电机燃油为汽油还是柴油，一定不能加错，导致发电机损坏。 （4）做好防雨和水淹的措施	
		16.2 设备使用不当，导致设备损坏	指派专人进行发电机的操作	严格按照设备操作手册进行操作，严禁擅自变更操作流程或蛮干	
17	应急通信	17.1 由于操作不当，导致人员受伤、设备损坏	指派专人进行搬运及操作	（1）由于部分装备过重，在搬运过程中，应该2人搬运，禁止1人搬运以免腰部受伤。 （2）当卫星收发器启动以后，正前方禁止站人以免造成辐射伤害	

序号	辨识项目	辨识内容	辨识要点	控制措施	典型案例
17	应急通信	17.2 在使用发电设备时，设备接地不良或漏电等情况，导致人员触电伤害、设备损坏	指派专人进行发电机的操作	（1）通电前认真对设备进行检查。 （2）按要求做好接地措施，对发电设备和电源线路做好防护措施，防止人员误碰；使用前，将电线展开逐步检查电线外皮是否破损，一旦出现破损但不影响工作的情况下，使用绝缘布进行包扎后再进行使用。 （3）确认发电机燃油为汽油还是柴油，一定不能加错，导致发电机损坏。 （4）切勿在雨中及雪天下使用本发电机，必修使用，需增加防雨、通风措施	
		17.3 油料起火，发生火灾	停机后才能加注燃油	（1）在对发电装置进行加注汽油时，一定要让发电机停止工作，另外，停止吸烟等一切可能造成明火的事情。 （2）在周围放置灭火器	
		17.4 设备运输和使用不当，导致设备损坏	看清上下面，指派有经验的队员进行安装操作	（1）运输方面，要做到轻拿轻放确保正面朝上。 （2）拼装卫星收发器时，按照顺序拼装，禁止使用蛮力拼装。 （3）使用发电机前，确保其油料充足，以免油量不够造成停电。 （4）主机箱尤其重要，如果出现下雨等天气，一定要用帐篷进行遮挡	

续表

序号	辨识项目	辨识内容	辨识要点	控制措施	典型案例
18	履带起重机的使用	18.1 在移动、使用过程中，操作人员业务不熟，导致设备损坏、人员伤亡	指派合格驾驶员进行操作	（1）驾驶本机时应认真执行驾驶员操作要求，新手要进行专门的培训，不合格的驾驶员不能驾驶本机。（2）吊车行走、吊钩上下时可调至高速，其余各种操作必须处于低速。（3）吊车行走之前，必须把四个支腿收起放稳，销钉插好，否则禁止行走。（4）在行走过程中应尽可能减少急转弯。急转弯极易造成脱轮损伤履带，还会产生导向轮或导轨撞击芯铁造成芯铁脱落。（5）不宜在坡路上倾斜行走、过桥式行走、台阶边缘摩擦行走、强行爬台阶行走等。这些不正常的行驶都将会导致履带花纹损伤，芯铁折断，履带边缘割伤，钢丝帘线断裂等不正常的损伤产生	
		18.2 在吊臂作业过程中，由于作业人操作不当、安全监护不到位，导致人身伤亡、设备损坏	指派合格操作员进行操作；增派安全监护人员	（1）在作业前，确保四个支腿平稳，各个销钉插好后，再进行作业。（2）在作业旋转之前，吊臂要先升起一定高度，确保不碰到支腿及其他部位时，再进行作业。（3）调节吊臂的起伏，决定作业半径。请务必按照规定荷重表的指示重量起重。	【例10-17】

续表

序号	辨识项目	辨识内容	辨识要点	控制措施	典型案例
18	履带起重机的使用	18.2 在吊臂作业过程中，由于作业人操作不当、安全监护不到位，导致人身伤亡、设备损坏	指派合格操作员进行操作；增派安全监护人员	（见下表及说明）	【例10-17】

控制措施：

4.3m 吊臂		6.3m 吊臂	
作业半径（m）	额定总起重量（kg）	作业半径（m）	额定总起重量（kg）
1.3以下	3000	2以下	1500
1.8	2280	2.8	1250
2.5	2000	3.5	1000
3.0	1600	4.2	760
3,3	1280	4.8	580
3.5	1100	5.2	520
3,6	1000	5.6	550

7.9m 吊臂		9m 吊臂	
作业半径（m）	额定总起重量（kg）	作业半径（m）	额定总起重量（kg）
2.5以下	1200	3以下	1000
3.6	1040	4.2	760
4.6	670	5,5	500
5.6	500	6.6	400
6.2	400	7.3	300
6.8	350	8	220
7.2	300	8.3	200

（4）作业时，至少要有2人在场。吊臂下绝对不许站人。

（5）在工作过程中若发出异常声音，应立即停车检查，及时排除故障，确认整机状态正常时，再继续工作

续表

序号	辨识项目	辨识内容	辨识要点	控制措施	典型案例
18	履带起重机的使用	18.3 日常维护不够，导致设备在运行中出现异常，设备损坏	按照要求进行维护	（1）空载试验时各机构运转是否正常，有无异响声。 （2）检查行程开关是否齐全、可靠。 （3）检查卷筒和滑轮上的钢丝绳是否正常，有无脱槽、串槽、打结、扭曲等现象。 （4）检查钢丝绳的磨损情况，是否有断丝等现象，检查钢丝绳的润滑状况。 （5）吊钩固定可靠、转动部位灵活、无裂纹、无剥离，吊钩螺母的放松装置是否完整，吊钩危险断面磨损不大于原高度5%。 （6）检查滑轮钢丝绳脱槽装置、罩壳完好无损坏，滑轮无裂纹、轮缘无缺损。 （7）检查金属结构及传动部分连接件的紧固。 （8）车上外露的有伤人可能的活动部件均有防护罩。 （9）每班清扫起重机灰层，每周对起重机进行全面清扫，清楚其上污垢一次	【例10-18】
19	汽油切割机的使用	19.1 操作人由于精神不佳，导致操作错误致人身伤害、设备损坏	在使用前观察操作人的精神状态	（1）切割机工作时务必要全神贯注，不但要保持头脑清醒，更要理性的操作电动工具。 （2）严禁疲惫、酒后或服用兴奋剂、药物之后操作切割机	

序号	辨识项目	辨识内容	辨识要点	控制措施	典型案例
19	汽油切割机的使用	19.2 使用前，未做好准备工作，直接操作，导致人身伤害、设备损坏	操作前检查设备、检查自身准备	（1）使用前必须认真检查设备的性能，确保各部件完好。 （2）穿好合适的工作服，不可穿过于宽松的工作服，更不要戴首饰或留长发，严禁戴手套及袖口不扣而操作	
		19.3 切割锯使用过程中，由于操作不当，导致人身伤害、设备损坏	指派有经验队员进行使用	（1）如在操作过程中会引起灰尘，要戴上口罩或面罩。 （2）工件必须夹持牢靠，严禁工件装夹不紧就开始切割。 （3）严禁在锯片平面上，修磨工件的毛刺，防止锯片碎裂。 （4）切割时操作者必须偏离锯片正面，并戴好防护眼镜。 （5）严禁使用已有残缺的锯片，切割时应防止火星四溅，并远离易燃易爆物品。 （6）装夹工件时应装夹平稳牢固，防护罩必须安装正确，装夹后应开机空运转检查，不得有抖动和异常噪声。 （7）中途更换新锯片时，不要将锁紧螺母过于用力，防止锯片崩裂发生意外。 （8）必须稳握切割机手把，均匀用力垂直下切，固定端要牢固可靠。 （9）不得试图切锯未夹紧的小工件或带棱边严重的型材。	【例10-19】

续表

序号	辨识项目	辨识内容	辨识要点	控制措施	典型案例
19	汽油切割机的使用	19.3 切割锯使用过程中，由于操作不当，导致人身伤害、设备损坏	指派有经验队员进行使用	（10）为了提高工作效率。对单支或多支一起锯切之前，一定要做好辅助性装夹定位工作。 （11）不得进行强力切锯操作，在切割前要待转速达到全速才可操作。 （12）不允许任何人站在锯后面，休息或离开工作地时，应立即停机。 （13）锯片未停止时不得从锯或工件上松开任何一只手或抬起手臂。 （14）护罩未到位时不得操作，不得将手放在距锯片15cm以内。不得探身越过或绕过锯机，操作时身体斜侧45°为宜	【例10-19】
		19.4 出现异常现象时，未采取正确的操作，强行使用，导致设备损坏	一旦出现异常，立即停止	（1）出现不正常声音，应立刻停止检查；维修或更换配件前必须先熄火，并等锯片完全停止；使用切割机如在潮湿地方工作时，必须站在绝缘垫或干燥的木板上进行。 （2）登高或在防爆等危险区域内使用必须做好安全防护措施。 （3）设备出现抖动及其他故障，应立即熄火修理，严禁带病作业，操作时严禁戴手套操作	
		19.5 日常维护不够，导致设备在运行中出现异常，设备损坏	按照要求进行维护	（1）使用前先试切割机旋转方向是否与防护罩上所指方向一致，切不可反方向旋转。均匀平稳地操作，不能用力过猛，以免过载或锯片破裂。	

序号	辨识项目	辨识内容	辨识要点	控制措施	典型案例
19	汽油切割机的使用	19.5 日常维护不够，导致设备在运行中出现异常，设备损坏	按照要求进行维护	（2）切割机应定期检查，一般半年检修一次，经常使用的应每季检查一次。检修时应全部拆开，清除内部积尘、油污、清洗轴承。检修后应进行30min 空载运转。检查其运转是否正常。 （3）切割机应放置于干燥、清洁、没有腐蚀气体的地方储存。 （4）切割机如保存期已超过1年，应进行回转强度试验，合格后方可使用	
20	破拆工具的使用	20.1 使用前，未做好准备工作，直接操作，导致人身伤害、设备损坏	操作前检查设备、检查自身准备	（1）需要戴头盔、护目镜、安全手套，穿安全鞋，必要时做好耳朵的保护。 （2）仪器使用前需经过专业培训。 （3）确保配件和连接的设备适合、匹配。 （4）请确保没有身体部分或衣服卡住。 （5）检查所有电缆，软管和螺纹连接，如果有外部可见的伤害或泄漏，立即修复，否则喷出的油会导致伤害。 （6）发生故障时立即停用，修复后再使用。 （7）遵守所有安全、操作指令。所有安全与危险规定在设备上保持清晰完整。 （8）任何损害设备或危及安全的操作模式是禁止的。 （9）不得超过设备最大允许操作压力。 （10）操作设备之前，确认不会伤害他人	

续表

序号	辨识项目	辨识内容	辨识要点	控制措施	典型案例
20	破拆工具的使用	20.2 使用过程中，由于操作不当，导致人身伤害、设备损坏	指派有经验队员进行使用	（1）工作时接近生活组件和电缆时，采取合理措施，避免电流转移或高压传输设备影响。不得挤压电力电缆、钢淬火材料。如果可能发生爆炸，不允许使用电动机泵（危险火花的形成）。 （2）撕边非常锋利，触摸任何切割部分必须戴防护手套。 （3）液压机渗漏的气体不能直接吸入，会危害健康。 （4）工作确保有充足的照明。 （5）操作需要选择适当的位置	
		20.3 日常维护不够，导致设备在运行中出现异常，设备损坏	按照要求进行维护	（1）在调试和维修后，必须真空设备。将设备连接到液压泵。 （2）打开 / 关闭撒布机的设备空载至少两次。 （3）每次使用后都需进行外观检查：每年至少进行一次外观检查。每三年或对设备安全性和可靠性有任何疑问时，也需进行测试。 （4）设备脏污时需清理，因为污垢会损害救援设备	

【例 10-1】　事故类型：车辆伤害

7月13日早8时，沈丹高速公路往沈阳方向28km处，一辆本田CRV吉普车迎面撞到分道岔口的尖状护栏后，腾空飞起，落地后车辆断成两截，车上5名男子3人死亡，两人受伤。两名伤者已经被120急救车送往医院，另有一名受轻伤的男子被警方控制起来，坐在警车上的他身体不停地颤抖。当记者问他肇事是怎样发生的时，他先是愣愣地说："睡着了！"当记者再次询问的时候他突然暴怒起来："我说睡着了就是睡着了，我啥也不知道！"目击者告诉记者，这个人就是司机。

事件原因：高速之上，司机睡着，乘客遭殃。

总结：生命只有一次，请珍惜自己生命，更要对他人负责。疲劳不开车，开车睡着，岂不荒唐。

【例10-2】 事故类型：车辆伤害

某市驾驶员刘某醉酒后驾驶天津号牌的长安牌小客车沿东兴路由南向北行驶，至东兴立交桥上时车辆失控撞到与前方行驶的一辆丰田轿车右后部，刘某车辆冲过东兴立交桥中心隔离带撞到桥西侧防护墙上，刘某当场死亡。

事件原因：醉后开车；《中华人民共和国道路交通安全法》第二十二条明确规定："饮酒、服用国家管制的精神药品或者麻醉药品，或者患有妨碍安全驾驶机动车的疾病，或者过度疲劳影响安全驾驶的，不得驾驶机动车"。饮酒后，人的视觉和触觉机能下降，表现为触觉迟钝，视力下降，视野变小；酒后驾车还会出现远视，视物的立体感发生误差，反应时间增多2～3倍，在这种状态下驾驶机动车就极易引发交通事故。以上案例中，驾驶人往往存在"侥幸心理"，在饮酒后驾驶机动车，因视觉和反应能力下降，遇状况不能及时作出反应或操作失误，导致交通事故发生。

总结：我国因机动车驾驶员酒后驾驶而引发的交通事故每年多达数万起，是引发交通事故的罪魁祸首之一。驾驶员本着对自己负责，对家庭负责，对旅客负责，对社会负责的态度，请牢记"珍爱生命，拒绝酒后驾驶"，不仅自己不酒后驾驶，也要劝诫身边的亲朋好友不要酒后驾驶。

【例10-3】 事故类型：车辆伤害

2004年10月30日上午，小雨。某线路局派白某驾驶皮卡车到某市送材料，该局员工侯某、内退员工董某及其妻子张某搭乘前往。9:40左右，行驶在高速公路内侧车道上的皮卡车左前轮爆胎，车辆失控碰撞高速公路护栏后翻滚，造成驾驶员白某当场死亡，其余三人被甩出车外，其中张某死亡，董某、侯某受伤；车辆严重损毁。

事故原因：爆胎是引发事故的直接原因；车辆长时间在最内侧车道行驶，乘车人均未系安全带，是车辆失控碰撞护栏后翻滚进而加重人身伤害程度的主要原因。

总结：车辆安全检查，日常维护不落实。"绳子总在磨损的地方断开，事故常在薄弱环节出现。"轮胎是机动车最易磨损的部件，爆胎是安全行驶的最大威胁！必须严格落实车辆管理、维护保养等制度，及时更换破损轮胎。驾驶员违规行车，长时间占用最内侧车道行驶，当异常情况发生后，应急、有效控制车辆的空间小，稍有不慎就会酿成事故，而该事故中车辆又恰恰是左前轮爆胎，车辆失控撞击护栏后翻滚导致车毁人亡已成必然。雨中（后）行车未意识到路面雨水与轮胎之间形成"润滑剂"极易导致车辆侧滑的危险性，一味高速行驶；乘车人均未系安全带，致使车内人员相互撞击并相继被抛出车外，加重了事故伤害程度；高速路行车及雨、雪、雾等天气下行车尽量靠路中间，一旦发生爆胎、侧滑等要冷静处置，控制好方向，逐步减速停车，切忌猛打方向、急刹车。

【例10-4】事故类型：沉船伤亡

1954年7月6日6时，北京市京西永定河施工，因洪水上涨使用备用木船渡河，遭到洪水冲击，船体倾斜，所乘工人全部落水淹溺，经打捞抢救，脱险33人，淹死28人。工人上下班，每天必须跨越永定河，平时走便桥。调来的木板船是长10m，宽3.32m，高0.85m的载材料用船，以便桥被洪水冲断时作为交通工具备用。由于7月5日永定河洪水上涨便侨的两端引道已被水冲断无法过人。6日用备用木船渡人，由于洪水冲击船的尾部右角被四号桥墩挡住力量太大，钢丝绳沉入水中，工人正拉钢丝绳时船上即"叭"的一声，船头向西南方向倾斜，人员全部被淹，除33人被救脱险外，28人被洪水冲定。

事故原因：沉船的原因是平板木船系载渡材料用的，没有船舱，不适于载人，乘员又多重心分散，船体遇到急流发生摇摆不稳；因船尾靠近四号桥墩没有船舵，不能掌握住船的方向，无法控制；船用钢丝绳支架被水冲倒未予支撑，致使钢丝绳松弛，浸入水中接触船面，再加急流冲击钢丝绳，加重了对船的压力，因此造成头动尾不动，急流冲击，桥墩形成漩涡，反击船的尾部，使船的后部翘起南帮下倾，北帮上压力增大，导致船体向南倾翻入水中，人员自然落水淹溺。

【例10-5】事故类型：沉船伤亡

某年6月10日，WH地区刮起了5～6级大风。该公路工程公司第四项目经理部领导研究决定：因风大，全队放假3天，主要领导去市里联系工作，购买机械配件。6月11日，领导出发后，风力渐渐变弱了。于是，该队职工G（有船工证，负责出水桩头的处理和驾驶渡船）吃过午饭后，在大约12∶40时想起江中某桩头还没有处理完，就叫上一名民工同他一起上了船，船开动后径直向目标前进（与水流方向呈90°角，属于违章行为），当行至岸边约150m处，风力突然加强，江水流速加快，渡船尚未来得及调整行驶方向，已经被掀翻。船上两人同时落水。码头上值班人员发现后，急忙呼救，项目的职工沿着江水往下追去，大约追出400m时，在岸边浅水水面上发现了那名民工，立即对民工施行抢救，其他人继续往下追。追出大约2km后，仍不见G的影子，遂放弃了追赶，改为在江两岸寻找。寻找工作同样没有结果。直到6月12日下午16：00左右，G的尸体才被下游2km左右的某村村民在一个水湾中发现。

事故原因：项目经理部安全管理有漏洞，安全规章制度不齐全，船舶码头管理人员职责不清，现场安全监管不到位，发生事故前后项目处于无人指挥状态，驾船者违章行船偏离航线，逆水角度不符合规定而引发事故；G违反操作规程，在禁止行船的大风情况下驾船，并不按规定航线，不按规定的逆水角度前进，人员未穿救生衣，导致死亡事故发生。

总结：全面进行危险源辨识和重大危险源评价工作。并针对重大危险源制定详细的安全控制措施，明确相关人员的职责。渡口码头，船只使用、出行应建立安全管理控制程序；建立值班制度，并认真执行；渡口码头等重点部位应有管理人员现场监控；进行全员安全培训教育，经考核合格方准上岗。

【例10-6】 事故类型：水域救援

2015年4月5日下午，在汕头市潮阳区金灶镇一个小型水库里发生了一起意外溺亡事故，7名溺水者死亡。

一家人来扫墓，孩子在水库边钓鱼等大人回来，结果等到晌午，大人回来了说回家吧，一个孩子说要去把弄脏了的手洗干净，结果在洗手的时候不慎掉到了水库里。其他人就先后去营救，最后都没能上来。

这起事故起因系其中一名孩子在水库边洗手失足落水，他的父母、兄弟姐妹以及其他亲戚接连试图自行救援，造成了这次悲剧。7名死者中包括了3名孩子，其中最小的为一名13岁男孩，最大的为一名17岁女孩。

事故原因：救援者未采取正确的救援方式进行救援。

总结：施救者切记不可强行下水救人，应留在岸上并试着用救生圈、竹竿、绳索等物品在岸上救援溺水者。

即使要下水救人也不要徒手，可就地取用树木、树藤、木块、矿泉水瓶等来当做工具，甚至脱下的衣物也可以用来救助落水者。

在下水救援后，施救者在接近溺水者时要记得转动他的髋部，使其背向自己，然后采用侧泳或仰泳等姿势对溺水者进行拖运。

在一些溺水事故中，往往是很多会游泳的人下水救人，结果却是落水人没有救上来，有时还会搭上救人者的性命。这是由于溺水者会因强烈的求生意志而在水中剧烈挣扎，如果施救者面对面抓住溺水者的话，往往会被其以惊人的力量死死抱住，而使得自身在水中受困。

【例10-7】 事故类型：坍塌事故

1992年4月底，某市胶鞋二厂准备拆除旧厂房，重新建筑新厂房，以适应生产规模扩大的需要。该厂厂委会经研究决定，主要由本厂职工进行拆除工作，具体工作由该厂炼胶车间主任陈某负责。需要拆除的旧厂房，是一幢二间二层的厂房，长7m，高约6m，宽6.2m，坐西朝东。一楼隔墙西部有一扇3.08m宽的铁拉门，门洞宽3m，用两块330mm×120mm×250mm的预制水泥扛梁，嵌固在门洞两边的砖墙上。5月3日上午，陈某带领6名职工先将铁拉门拆下，又将5个窗框和一条木楼梯拆除。然后上二楼平顶拆除屋顶板。他们为了把五孔板分离开来，就用大铁锤敲打，还用凿子凿。这天上午他们敲凿完东墙沿口和北墙靠东部分，下午上班后，继续进行，约12时25分，由于一楼铁拉门上方两块扛梁中的一块钢筋被拉断，另一块被压而弯曲，中间隔墙首先倒塌，二楼楼顶中间突然下塌，房子因此全部坍塌，正在拆房工作的7名职工，全部被压埋在坍塌的砖石中，造成6人死亡、1人重伤的恶性事故。

事故原因：拆房顺序上的错误。先拆窗框、铁拉门、楼梯，后拆房顶，违反了建筑安装安全技术规程的有关规定；拆除方法不当。在拆屋顶板的过程中始终用大铁锤敲打，使整幢房子受到了强烈震动，在震动力的冲击下，一楼铁拉门洞拱上的两根扛梁压力增大，使扛梁中部下坠，其中一根扛梁的钢筋拉断落下，墙体松散，造成整栋厂房的坍塌。

总结：拆除作业相对而言比较简单，但是拆除作业又最容易发生事故，违规拆除，如果不出事故属于侥幸，出事故属于必然；拆除工程的施工，必须在工程负责人员的统一领导和经常监督下进行。拆除建筑物，应该自上而下顺序进行。

【例10-8】 事故类型：起重伤害

2009年8月23日上午9时，某单位正在某石化厂气分车间准备回装三层平台的一台DN1000的换热器芯子。××指挥现场施工人员用钢丝绳和倒链均匀地把换热器芯子挂在吊车吊钩上，准备就绪、人员撤离现场后，××示意吊车起吊。当换热器芯子缓缓离开地面约三四十厘米时，突然听到"噼里啪啦"的声音，钢丝绳开始断裂。还没等××给吊车司机发出紧急信号，就听到换热器芯子坠地的沉闷响声和吊车大臂"哐当哐当"的摇摆声，掉落的换热器芯子把水泥地面砸得开裂下陷，施工现场人员惊得立在原地半天没缓过神来。

事故原因：钢丝绳不做定期检验，不做使用记录，违规超负荷使用，明知已达到报废标准后仍在继续服役，极易发生断裂事故。

总结：钢丝绳的损坏往往是由各个因素综合积累造成的，使用单位应有专人负责钢丝绳的管理，并应按照GB/T 5972—2016《起重机械用钢丝绳检验和报废实用规范》中的要求对钢丝绳进行定期检验，并严格执行报废标准。

起重作业前应对起重机械和吊具进行安全检查确认，确保处于完好状态。

在制动器、安全装置失灵、吊钩防松装置损坏、钢丝绳损伤达到报废标准等情况下禁止起重操作。

【例10-9】 事故类型：户外事故

2006年7月，广西南宁市13名驴友相邀去郊县森林旅游，不料夜晚露宿时山洪暴发，一名女孩被洪水冲走身亡。

7月8日是周六，上午8时，13名驴友准时在南宁市安吉汽车站集合，坐车前往武鸣县两江镇。到两江镇后，南宁驴友与发帖子的武鸣人小梁会合，并将60元的费用交给小梁管理。到了赵江峡谷，大家兴致勃勃地溯流而上。美丽的风景将大家都迷住了，一路上有说有笑。天不知不觉黑下来了，于是寻找露宿地。

由于峡谷狭窄，驴友众多，大家只得分作几组找地方宿营。一些人在一面悬崖下，另一些则选择了河谷。由于露宿的地方河流处于上游地段，平时水很少，这几天也没下雨，几乎是断流状态，河谷地有一片宽敞的沙砾地，看上去是不错的扎营地。

小骆所在的一组就扎营在河床上，她与好朋友小陈共用一个帐篷。扎营后，大家点上篝火，烧烤、喝酒、嬉戏，一直到次日凌晨，大家玩得筋疲力尽了，才一个个钻进帐篷睡觉。7月9日凌晨4点多，天开始下雨，由小雨渐渐转成大雨，天亮后又转为小雨。有的帐篷出现漏水，将睡在里面的人淋醒了，醒来的人走出来看了看天，又望了望河上游，没见有涨水的迹象，也就没发出警示。

然而，早上7点，干涸的峡谷瞬间山洪滚滚——山洪来了，来得一点预兆都没有。在河边石头上坐着的几名驴友突然听到什么地方传来"轰轰"声，他们奇怪地四下张望。这时突然看到河床上方一股巨大的洪流如猛虎般扑下来，有人不由惊恐地大声喊："洪水来了！"一时场面混乱，大家慌忙收拾行李往岸上跑。

小陈和小骆仍在帐篷里睡觉。小陈先被巨大的水声惊醒，赶紧拍醒还在熟睡的小骆。可是还没等打开帐篷，山洪已把她们的帐篷淹没，巨大的水流将两人迅速推向下游。小陈出来玩得比较多，经验丰富，胆子大些，她拉开帐篷先将小骆推出去，自己再出来。初次游峡谷的小骆见此场面，吓呆了，几乎没有应变能力，任河水将她往下冲。小陈则一边游一边寻找河岸可抓的草木或河中的岩石。除了小陈、小骆，还有一名驴友也被冲进河里。当时水势很大，3人被水冲下河流的两级落差，那个驴友抓住了旁边的树枝，小陈和小骆也分别攀住了河中的大岩石。岸上几名驴友跑下来要救她们。相对沉着的小陈远远地对小骆喊："你抓好不要动！"她用力爬上岩石，想从岸边跑过去拉小骆，可是当爬上石头时，她发现小骆已不见了。

大约7点半，下游的驴友发现有鞋子、衣物、帐篷随洪水冲下来，意识到上游出事了，他们赶紧沿山路跑到上游查看情况。到了出事地点，发现小陈躺在地上，手和头部都划出长长的口子，鲜血直流，其他几个人在旁边手足无措。一年纪较大的驴友立即下令：女孩子先撤离，男的留下找人！两名男子扶小陈下山，但小陈十分不情愿，痛苦地嚷着："我要找小骆……"

驴友们打110报了警，向两江镇政府求救。不久，由武警、消防、民警、镇政府工作人员、村民组成的50多人的搜救队赶到了现场展开搜救。驴友们也被送下山，到两江镇政府休息。小陈则被送到镇卫生院疗伤。

但由于峡谷水势太猛，两岸地势复杂，搜救十分不利。下午约15时，搜救队在出事地点下游数公里处的两块岩石中间，找到了小骆，遗憾的是，此时人已死亡。已到镇政府休息的驴友们听到小骆已丧生的消息，一个个都不敢相信，惊得目瞪口呆，接着几个女驴友失声痛哭。

事故原因：7月正值雨季，未考虑气候灾害等因素，团队在河床中安营，晚上过夜时也没有安排人员守营，以致险情发生时没有及时发现和通知成员迅速安全撤离。

总结：营地选址时要避开山脚、陡崖、滑坡危险区，防止滚石和滑坡；避开河滩、低洼处，防止洪水和泥石流侵袭；不要在山顶安营，避免遭到雷击；晚上过夜时安排人员守营。

【例10-10】　事故类型：电线短路

2006年3月15日，在一次井架检测中，李××从100m外的一个井场值班房接好电，然后通过多孔插座引出多根电线，接到各个设备上。接好线后，李××按下了打磨机的开关，只听"砰"的一声响，一股刺鼻的胶皮味传来，仔细一看，原来是电缆线被击穿。事后经过检查发现，由于没有安装漏电保护器，插座在多次使用后磕碰，导致内部元件短路，加上使用的电缆经常拖拽造成了绝缘层的磨损，电缆多处打火、被击穿。

事故原因：因为用电时间短、用电设备功率小而存在侥幸心理。手持式电动工具未设置漏电保护器，违反了 GB/T 13955—2017《漏电保护器的安装和运行》，使用破损电缆接电。

总结：属于1类的移动电器设备及手持式电动工具必须安装漏电保护器；手持式电动工具应优先选用额定漏电动作电流不大于30mA快速动作的漏电保护器；配电箱由一个进线单元和数个出线单元组成，装设可见断开点的透明塑壳断路器总开关和可见断开点的透明塑壳断路器分开关及五点接线端子板；接线前，做好开合开关试验、漏电保护开关试验并且确定开关在闭状态；进线端严禁采用插头和插座做活动连接；电源线需要配合使用保护套管。

【例10-11】 事故类型：燃油起火

某月某日下午，某机修厂修理班三个施工组在车间修理机械。15点10分，因需汽油清洗机械零件，工人梁某、许某某俩人抬着一个油盆到油桶（位于本车间内西南角）处汲油。大约取了3.5kg油的时候，梁、许俩人就把油盆放在油桶边，跑到车间候工椅上准备抽烟（距油桶约10m）。15点30分，另一施工组工人林某、黄某同志又拿着一个油盆到油桶处汲油。当林、黄俩人抬着盛有2kg汽油的油盆路经梁某身旁、走出车间后，梁某刚好打火机抽烟，突然，他发现距身右侧3.5m远的地方燃着蓝气的火苗，（林、黄俩人经过的地方）沿着林、黄俩人抬油走过的地面上，向油桶方向窜去，随即点燃油盆内的汽油，引起了熊熊大火。由于工人发现及时，全车间的同志奋起灭火，经15min后，才将火扑灭。

事故原因：梁某安全意识麻痹，在靠近油桶的候工椅上抽烟，是造成这次事故的主要原因；班用的汽油长期存放在车间的角落里，且没做好通风措施，是造成这次事故的次要原因；发生事故的当时，天气闷热风微、气候干燥，工人汲油时，大量的汽油蒸汽散布于车间西南角，加上林某某、黄某俩抬油往回走时，路上漏洒有少量油滴，梁某打火抽烟时，点燃了不远处的汽油蒸气，继而漫延到油盆，导致了这次火警事故发生的另一原因。

总结：应制定防火安全责任制度，确定层层负责制，并加强对员工的防火知识培训。加强督促检查班组员工对防火制度的落实情况。对经常用的易燃易爆的液体、气体要单独存放，并有专人负责保管，且存放的地方要做好通风预防措施。

【例10-12】 事故类型：气体中毒

2004年4月1日凌晨，营前乡潘营村小口下码头茶室工地发生一起一氧化碳中毒事故，造成两人死亡。

2004年3月31日傍晚6时30分左右，工地管理人员林宗华（徐秀宋姐夫）与施工人员徐鸿兵（徐秀宋之子）、徐明楷（徐秀宋之侄）吃罢晚饭，徐鸿兵和徐明楷叫姑父林宗华早点回东岩上码头旅游管理房休息，而林宗华交代徐鸿兵和徐明楷要早点关掉汽油发电机（2.5kW）睡觉。当时发电机放在中间的大厅里，林宗华离开时又交代他们不要将发电机拉到房间里去。然后林宗华就离开小口下码头工地去了东岩管理房睡觉。

2004年4月1日早晨7时许，林宗华从东乡上码头管理房工地回到下码头茶室工地，发现徐鸿兵和徐明楷尚未起床，遂在茶室前后高声大叫，结果没有人回答。慌忙之中爬上两人睡觉的房间窗台，将手伸进未安装玻璃的小气窗将窗户的插闩拉开，从窗口进入房间。推拉两人，但两人已经没有气息，并闻到浓烈的汽油机烟气味。就赶紧打开房间通往外间的门，发现汽油发电机就放在外间，排气管正好对准卧室的门底下的缝隙，遂将还在运转的汽油发电机关掉。

接着，林宗华用手机打电话给工地负责人徐秀宋（当时徐秀宋在瑞安拱瑞山路403号居住处），要求他立即派车到工地接徐鸿兵和徐明楷送医院抢救。同时又打电话给潘营村村长，要求村长带医生过来。8时许，潘营村村长带营前乡卫生院医生过来，对徐鸿兵和徐明楷进行抢救，但经诊断，发现两人已经死亡多时。

事故原因：造成徐鸿兵和徐明楷死亡的直接原因是一氧化碳中毒。一氧化碳来自汽油发电机。因为，安放汽油发电机的房间仅十平方米左右，且门窗紧闭，发电机缺氧运转，废气中一氧化碳浓度上升，排气管又对着门缝，致使废气进入卧室，卧室面积又小，一氧化碳滞留在卧室底部没能及时散发，两人又睡在地面很容易吸入一氧化碳。

福建省永泰建筑工程公司温州分公司安全生产意识淡薄，将下码头茶室工程以口头形式分包给无建筑资质的福建籍民工徐秀宋建造，没有落实安全生产责任制，没有对公司员工进行安全生产知识教育，是导致事故发生的间接原因。

承包负责人徐秀宋，安全意识淡薄，不具备建筑施工资质，对员工缺乏安全知识教育，也是导致事故发生的间接原因。

徐鸿兵和徐明楷没有经过安全教育和培训，不懂发电机不得安放在密闭室内使用的原理，贸然将发电机搬进室内使用，也是导致事故发生的间接原因。

总结：发电机在使用时应在室外或是房内通风较好的地方，不可以靠近门窗以及通风口，避免一氧化碳进入室内。

【例10-13】 事故类型：食物卫生

2002年7月18日浙江大明山。同学们到达山下出发营地时天正黑，且下雨。大家分头开始架锅烧饭、搭帐篷等，在黑灯瞎火的情况下同学们兴奋地吃饭洗漱之后都睡下了。半夜雨越下越大，帐篷里闷热，外面阴冷，这时个别同学出现了腹痛、呕吐和腹泻的现象。第二天一大早，有些身体不适的同学还是打起精神坚持参与行动，有的连走路力气都没了还想坚持不掉队。为了不影响整体计划的进行，临时决定个别严重的同学就地下山医治，其他能坚持的就立即出发。由于当天是溯溪项目，有时要走齐腰深阴冷的山溪，对已是肠胃有问题的人来说，犹如雪上加霜，因而途中个别同学实在坚持不住也退下山了。

事故原因：野外活动中饮食卫生尤为重要。虽然大家平时都会注意饮食卫生，但到了野外，对难得的集体活动学生们表现兴奋不已，什么都无所顾忌，此时吃东西稍不注意就会出问题。这天晚上的荤菜有些油腻，学生们又喝了混杂着雨水的溪水，若睡觉受凉就会引起腹泻。有些学生就是在这些综合因素的作用下，发生了急性肠炎，上吐下泻。

总结：日常饮食要注重营养均衡，荤素搭配；野外生存生活实践中，因为环境比较艰苦，不断处于运动状态，还是以营养清淡、易消化、热量高、易加工的食物为好；不要暴饮暴食。饮水更要注意卫生，尤其在食用油腻食品后的饮水卫生更要引起重视，晚上不能受凉。

【例10-14】 事故类型：坠崖死亡

2013年9月1日，闽侯南通派出所接台江公安分局义洲派出所的通报称，重庆籍王姓男子报警称，他与同事何某在十八重溪爬山时，何某不小心坠落山崖。何某是闽侯青口人，今年31岁，与王某同在青口的东南汽车城务工。两人相约于9月1日中午由福清大化山景区深入十八重溪探险，1日深夜，何某在地势险要的十五重溪处不小心跌落悬崖身亡，王某在现场守了几个小时，求救无果。

山里的手机信号不好，加上对路况不熟，王某2日晚才从十八重，溪脱险。接警后当晚7时许，南通镇政府、南通派出所、青口消防中队以及管委会的工作人员、福州蓝天救援队的志愿者一行20余人就在王某的带领下由福清边界进入山区寻找何某，但由于天色已晚，加上王某对路况不熟，搜救工作无法继续。3日天亮后，搜救队员继续前进搜寻何某。上午11时许，搜救队员在十五重溪与福清交界处的一处深坑中找到了何某的尸体。

事故原因：经验不足、危险路段不设保护，冒险通行。

总结：行进途中要避开地质不良区和低洼地带，严禁冒险通过，行进时应避开山体，防止落石和坍塌。使用正确装备，比如登山使用高帮登山鞋；线路选择避开陡峭地段。

【例10-15】　事故类型：野外迷路

2002年7月19日浙江大明山，科目为溯溪。40多人共分三组出发，临近中午，当最后出发的队员都到达宿营地时，大家发现该组领头的五人还未到达。分析有可能走到别的岔路上去了，此时对讲机已失去作用。于是马上派熟悉路线的人沿路回头寻找，要求到了岔道处原地等待。时间过去了一个多小时，未发现他们回到岔路的地方。时间在很快过去，天也慢慢暗下来，近3多小时的等待，终于所有的人都回到了岔路，大家才松了口气。

事故原因：野外活动中集体观念非常重要。因此，任何人的行动都要考虑到其他人或集体的利益。出现个别人走岔原因有两个：一是个人英雄主义占上风。如果一路领先逞能并远离同伴，自作主张且不注意时刻与全队保持联络，就会在岔道上越走越远；二是路标不明确，尤其在岔路口的路标更要明显，所有的人都要保护好路标，并注意随时加固已损坏的、模糊的路标。一个小组迷路更说明路标有问题，同时也反映小组成员之间的沟通不够，其实有人曾怀疑走错道，由于不自信没有及时提出来。

总结：迷路是野外活动中最易发生且发生最多的意外事故。迷路常常使计划不能正常实施，甚至危及生命。为此，已有高科技产品广泛运用野外活动中，如对讲机、GPS、海事电话等，为确保野外活动的顺利进行起到了一定的作用。但是，由于深山丛林特殊、复杂的环境，这些辅助设备也会有"失灵"的时候，在这种情况下，地图、路标、前后人员之间的随时联络就显得尤为重要了。

【例10-16】　事故类型：森林火灾

2015年4月11日，淄博博山区发生一起森林火灾，起火原因是3名外地"驴友"进山点火烤野兔。目前，涉嫌放火罪的男子已被刑事拘留。

4月11日，杨某和两名工友上山游玩，杨某发现了一个兔子洞，就拿出打火机点了火，本想把野兔熏出来，不料一阵风吹来，火势迅速蔓延。杨某随即拨打了110报警。

据估算，这场火灾造成近200亩山林被烧毁，损失达40余万元。山东省森防指办公室副主任、省森林公安局局长刘得表示，"这个案例说明，驴友非法用火已经成为引发森林火灾的危险因素。"

事故原因：非法用火。

总结：入山前，防止各类火种入山，切实从根本上消除火灾隐患；在控制野外火源上，采取宁紧勿松、宁严勿宽的工作方法，堵塞各种漏洞，彻底消除火灾隐患；加强人员管理，集中管理，做到人走火灭。

【例10-17】 事故类型：起重伤害

2013年4月9日8时30分左右，车号为冀J93536货车在河北中海钢管制造股份有限公司东南厂区吊卸 ϕ377×32钢管，吊车操作工孙朝阳负责操作吊车，吴忠国、卢保亮负责吊卸钢管，货车司机周普江站在车厢钢管之上帮忙挂吊钩，周普江没有离开车厢，吊车工孙朝阳在没有收到信号员的信号便启动了吊车，当钢管吊起约1.2m高时，吊车突然发生故障，钢管未脱钩，带着钢绳突然下滑，周普江因站在车厢钢管之上，躲闪不及，砸中右胸部以下部位，右腿被钢管压在下面，现场几名工人立即用撬杠进行施救，因钢管过重没被撬动，后又将另一台吊车开过来把钢管吊起，才把周普江救出。大约10min左右救护车来到现场将伤者周普江送到县医院进行急救，因伤势过重，当日转入沧州市第二人民医院进行治疗，经过几天的抢救，于2013年4月16日4时30分经治疗无效死亡。

事故原因：直接原因：吊车操作人员在未得到信号指挥的情况下擅自操作，违反该工种的操作规程；其次吊车在起吊过程中发生故障是本次事故发生的主要原因；货车司机周普江安全意识淡薄，自保意识较差，使身体处于危险部位，致使起重设备发生意外时，来不及躲避，导致事故发生，是本次事故发生的另一个主要原因。间接原因：河北中海钢管制造股份有限公司疏于管理，未安排专门人员对吊装作业现场进行安全管理，未落实相应的安全管理制度，安全管理不到位，也是本次事故发生的原因之一。

总结：认真汲取本次事故教训，要严格按照《建筑起重机械安全监督管理规定》的相关要求，在进行吊装作业时，指派专职设备管理人员、专职安全生产管理人员进行现场监督检查，发现违反安全操作规程的行为要立即制止并采取相应的安全防护措施；认真开展安全生产隐患排查，要督促落实相应的管理制度和操作规程，切实加强企业安全管理，杜绝违规违章操作；要切实加强安全投入，做好设备设施的安全防护；确保从业人员配备必要的劳动防护用品；要加强从业人员的三级教育，提高从业人员的安全素质；提高安全生产意识，加强安全培训，制定相应的安全生产和隐患排查制度，确保生产安全；组织人员对辖区内机械制造等行业开展安全检查，并对检查中发现的安全隐患和违规、违法行为严格查处，严防类似事故的发生。

【例10-18】 事故类型：起重伤害

履带式起重机型号为1495-3A，起重量100t，最大起升高度48.5m，起重幅度4.7～39m。当操作履带起重机吊运重0.5t的刷壁器进行刷壁作业，在起臂动作停止时（臂杆此时处于约70°仰角）发现起重臂下滑，当时采取反起杆操作措施以避免起重臂下滑，但操作无效，立即启动变幅卷筒防逆转安全装置按钮，但该装置也不起作用，致使起重臂快速坠落。

现场勘查结果发现：变幅卷筒的带式制动器制动效果不佳，使起重臂在工作位置停不住，另外该台履带起重机变幅卷筒起杆驱动链条因年久失修发生断裂，从链条的磨损情况及链条销轴断裂处断口分析属于疲劳破坏，当操作者采取反起杆操作时，制动器全部打开，由于驱动链条断裂，动力不能传递到卷筒，在重力作用下使起重臂快速下滑；操作者在紧急关头启动变幅卷筒防逆转装置按钮，然而由于安全装置失灵不能正常工作。这套安全装置是利用棘轮棘爪动作防止变幅卷筒逆转，当启动安全装置按钮时棘爪靠气动系统推动摆臂摆动来完成动作，发生事故时摆臂与棘爪摆动轴之间的连接键早已脱落，致使棘爪不能动作无法将变幅卷筒锁死，最终导致起重臂快速坠落，引发事故。

事故原因：维修不及时，检查不到位，使安全装置失效，在关键时刻不起作用，引发恶性事故；操作人员缺乏经验，对设备性能了解不够。

总结：带式制动器应随着制动带的磨损经常予以调整，以防制动力矩不足；驱动链条作为易损件在日常维护保养中应经常检查，使用一定时间后应予以更换，以防不测。

【例10-19】 事故类型：切割锯伤人

2011年10月28日上午7点45分某高炉车间乙班工长唐某在接班后安排当班生产工作，班前会后当班班长马某在检查钻杆时发现存量较少，于是马某安排乙班炉前工副组长杨某准备钻杆，9点30分左右杨某在收集了上一班次使用的废钻杆拿到切割机旁后，准备将使用过的钻杆前部切除焊接六棱钢，当做钻杆使用。所有钻杆收集齐后，炉前乙班副组长杨某拉下隔热面罩后启动切割机（当时砂轮片比较新），切割机高速运转杨某弯腰准备切割钻杆，在切割机砂轮片刚接触到钻杆开始切割时，切割片突然破碎，由于旋转速度很快冲击力较大，碎片将切割机上砂轮片护罩边缘焊接缝击裂，砂轮碎片飞出打在杨某佩戴的隔热面罩上，飞出的砂轮碎片将面罩打坏，仍有小块碎片从面罩下部穿过，造成杨某下巴右侧划伤，因当事人感觉伤势不重，随即让同事刘某骑车带到生活区后打车送往医院，经消毒处理后缝合4针并进行包扎。

事故原因：杨某在切割钻杆的过程中切割片爆裂，击裂切割机护罩焊缝碎片擦伤下巴是造成事故发生的直接原因；杨某在使用切割机前没有仔细检查切割机各部位是否完好正常，有无螺丝松动，割片有无裂纹是事故发生的主要原因；杨某对使用的切割机不熟悉，对砂轮片的损耗程度不清楚是造成事故发生的又一主要原因；副组长杨某安全意识淡薄，车间安全教育不足，对使用的工器具培训不到位是发生事故的次要原因。

总结：在使用工器具前应对使用的工器具进行检查，发现有损坏、破损的部位严禁使用，特别是易损换部位新更换的部件应进行详细检查，确保安装牢靠、规范；对经常使用的工器具要进行定期检查，工器具的安全保护装置应保持完好；要特别注意，使用前应对工器具的使用规范进行学习，并有专业使用人员进行现场指导；加强员工对工器具的规范使用进行培训，对使用的工器具进行定期培训，规范工器具的使用。

附录 大面积停电事件汇编(1996 ～ 2019 年)

【例A-1】 1996年7月2日北美西部地区大停电

（1）停电过程。当日美国山地时间下午14：24，美国西部电网（WSCC）一条345kV线路对树放电，继电保护同时误跳开另外一条线路，导致系统稳定破坏大面积停电事故。事故造成美国亚尼桑那州加利福尼亚州、华盛顿特区等14个州以及加拿大哥伦比亚省停电，停电恢复时间从几分钟到几小时，损失负荷超过1.185万MW，影响了200万用户（美国西海岸10%的人口）的正常生活和工作。

（2）事故原因。事故的原因是由于一条位于爱华达州境内的345kV的线路（Jim Bridger-Kinport）对树放电，继电保护跳开本线路的同时跳开了另外一条345kV的线路（Jim Bridger-Goshen），导致位于怀俄明州的Jim Bridger电厂的安全自动装置动作切除电厂两台机组。在切除机组后同时引起了500kV电网电压的波动、下降和从Antelope-MillGreek的一条230kV线路过载跳闸，进一步加剧了500kV电网电压的下降，导致系统电压崩溃系统瓦解，电网被分割成5片。

【例A-2】 1996年8月10日北美西部地区大停电

（1）停电过程。由于BPA电力公司的3条500kV的线路在30 ～ 60min内多次与树木放电，引发系统震荡，导致大面积停电事故。事故造成了美国亚尼桑那州、加利福尼亚州、华盛顿特区等13个州以及加拿大哥伦比亚省、墨西哥的部分城市停电，停电恢复时间长达9h，损失负荷超过2.8万MW，影响了750万用户的工作、生活。

（2）事故原因。事故的原因是由于BPA电力公司管理的3条500kV线路，在事故前30 ～ 60min内多次对树放电跳闸停运，3条线路的负荷转移到剩余的一条位于俄勒岗州北部Portland地区的500kV线路供电。同时在该地区存在2 ～ 3条230kV的线路与该线路形成了电磁环网，在最后一条500kV线路过载跳闸后，负荷再次引起230kV线路跳闸，同时引发了电网内13台发电机先后与系统解列，机组与系统解列后引发了系统的震荡，最终将系统解列成4片。

【例A-3】 1998年6月25日加拿大安大略州及美国中北部大停电

（1）停电过程。1998年6月25日，由于一条345kV线路遭到雷电的袭击，引起系统振荡，导致大面积停电事故。事故造成了美国密尼苏达州、蒙大拿州、威斯康辛等5个州以及加拿大安大略省、曼尼托巴省停电，停电恢复时间长达19h，损失负荷超过950MW，影响了15.2万用户的工作、生活。

（2）事故原因。事故的原因是由于一场严重的雷暴雨，引起一条345kV的线路被雷电击中，继电保护没有正确动作，导致系统电压的下降和其他线路的过载，系统阻尼能力也随之下降。同时电网内低一电压等级的线路也出现了过载跳闸的情况，随后另外一条345kV的线路也因过载而跳闸，系统出现了振荡，西北电网瓦解成3片。

【例A-4】 2003年8月14日美加大停电

（1）停电过程。2003年8月14日美国东部时间16：11（北京时间8月15日4：11）开始美国东北部电网和加拿大联合电网发生了有史以来影响最大的电网停电事故。事故波及9300km^{2}的地区，美国的密西根州、纽约州、新泽西州、马萨诸塞州、康涅狄格等8个州和加拿大的安大略、魁北克省都受到了严重的影响，受影响的人口据外电报道涉及5000万人，对美国、加拿大的经济和社会的稳定产生了非常重大的影响，也引起了世界各国的广泛关注。事故波及美国东部电网和加拿大电网，但美国南部电网和西部电网没有受到影响。事故共计损失负荷6180万kW，事故中美、加共有超过100座电厂停机，其中包括22座核电站。纽约市在停电29h后恢复供电。

（2）事故原因。由单一线路故障引发系统事故存在处理动作和技术管理、不同电网信息通报不及时的问题。从上述的时间顺序来看，在第一条线路故障开始到系统开始震荡有62min的发展过程。由于4条线路均集中在俄亥俄州克利夫兰市附近，按美国电网的管理分工，对这4条线路的调度和处理应由美国东北部的电网公司进行调度处理，而在此区域内有3个紧密联系的联合电力系统：新英格兰联合电力系统（NEPOOL），纽约联合电力系统（NYPP）和宾州-新泽西-马里兰联合电力系统（PJM），其供电范围覆盖美国东部10个州，华盛顿特区和弗吉尼亚州的小部分。在北面与加拿大的魁北克水电系统相连，覆盖安大略、魁北克、纽布伦斯威克等省，这一事故再次暴露了多边协议调度在事故处理下的问题。而NERC在东北电力系统的机构-东北区电力协调委员会（NPCC）和大西洋中区委员会（MAAC）只负责协调跨区供电范围内的问题，当问题由局部问题变为区域问题的时候，NERC的干预可能已经为时已晚。

由此可见，其他有关联的电力系统并不了解俄亥俄州克利夫兰市出现了问题，等到16:08时整个东北部电网和加拿大电网开始出现系统震荡时已回天无术。

【例A-5】 2003年8月28日伦敦大停电

（1）停电过程。2003年8月28日傍晚，伦敦南部地区输电系统正常运行，18:11位于Wokingham的国家电力控制中心（National Control）收到了Hurst变电所变压器或并联电抗器的"气体继电器报警信号"。18:17国家电力控制中心通知EDF能源公司将这个变压器切除，退出运行。在倒闸操作期间切除了Littlebrook至Hurst线路使电力潮流发生了变化，在Wimbledon变电所，Wimbledon至New Cross 2号线路上的自动保护设备检测到了在Hurst的倒闸操作所引起的潮流变化，由于安装保护的额定值错误导致其将该变化认作故障，因此跳开了此线路。从而导致New Cross和Hurst失去全部负荷，Wimbledon向EDF能源公司供电的132kV Wimbledon变电所也失去35%的负荷。18:23，国家电力控制中心开始了一系列恢复其他系统安全性和恢复送电的操作，至18:57所有向配电系统的供电全面恢复。

（2）事故原因。瓦斯继电器报警是这次事故发生的诱因，该报警表示变压器或电抗器存在问题。接到报警后，国家电力控制中心采取了迅速的行动，将变压器从系统中切除，并要求EDF能源公司从该变压器上切除其配电系统。在英国国家电网公司的Wimbledon变电所，Wimbledon至New CrosS 2号线路上的自动保护设备检测到了在Hurst的倒闸操作所引起的潮流变化，并将其认作故障，因此跳开了此线路，以防止损坏其他设备和/或故障通过输电系统传播。

在本次事件中，动作的保护继电器是用作后备保护的，该继电器的实际供货和安装却是一个额定值为1A的继电器，而不是定值单上规定的5A继电器。调查显示该后备保护继电器的不正确动作是导致停电的直接原因。

【例A-6】 2003年9月28日意大利大停电

（1）停电过程。2003年9月28日凌晨3时零1分，两国边境地区天气恶劣，雷电击倒了一棵大树，瑞士卢克马尼尔段高压输电线被倾倒的一棵树引发短路后该线路输电中断，这导致了法国往意大利的输电线路负荷过高，瑞士供电突然停止，意大利电网缺口瞬间达到3000～4000MW，法国和意大利方面没有立即采取措施降低电流量，从而使电网相角失稳，进而引起一系列多米诺骨牌式的停电效应。

停电始于凌晨3时30分，一直到几个小时以后，意大利北部一些地区才恢复电力供应；中午，首都罗马多数地区逐步恢复供电；直到下午，意大利南部仍有一些地区处于断电状态。

（2）事故原因。这次事件虽然发生在星期日，负荷接近最小，但与表面现象相反，对输电网的压力并不小于高峰负荷时，那是因为跨境的大宗电力交换取决于结构的差价，因此决定交换量的不是国家用电量而是系统输电网本身的容量。根本成因可以分为四点。第一是线路走廊没有足够的维护，这也是导致闪络的直接原因。第二是太大的相角差使得Mettlen—Lavorgo线路重合不成功。第三是对Sils—Soazza线路过负荷缺乏紧急意识和要求意大利采取的措施不适当。第四是意大利的相角不稳定和电压崩溃。事故调查委员会弄清了按照现代技术和UCTE的运行经验这些现象和其严重后果是无法预计的。虽然下此结论为时过早，但委员会要指出的是如美国和IPS/UPS那样的电力系统每当有高峰负载和用长距离输电时，大停电的风险常常由于这些不稳定现象引起的。

【例A-7】 2005年5月25日莫斯科大停电

（1）停电过程。5月25日上午，莫斯科南部、西南和东南城区及郊区发生大面积停电，距莫斯科200km的图拉州以及卡卢加州的电力供应也受到影响，给城市工业生产、商业活动和交通运输造成不利影响，停电地区的电车和部分地铁线路停运，移动通信信号受到影响，很多商场也被迫停止营业。

（2）事故原因。分析莫斯科停电事故，主要有四点原因。一是设备老化。卡希诺变电站建于1963年，已运行40多年，设备老化造成110kV电流互感器爆炸是大停电事故的导火索。二是电网结构薄弱。输变电设备重载运行，电网抗事故能力低，单个变电站全停引起连锁反应，造成事故扩大。三是运行控制不力。在事故发生和扩大过程中，莫斯科电力部门没有及时采取有效的措施，并且对次日的负荷增长预见和准备不足。四是社会应急机制不健全，部分重要用户应急能力不足。事故是由恰吉诺变电站的火灾和爆炸引起的，直接原因是设备老化［6月16日报道：国家杜马调查委员会指出，大停电的原因不是由于恰吉诺变电站的火灾和爆炸，而是Ochakovo变电站来的六回线路故障导致的（调度中心的数据记录显示有5回线路短路跳闸，另一回因为过载而跳闸）］。

诱因是俄罗斯提前到来的夏季高温，导致空调负荷的快速增长，加重系统负担，恶化了系统运行条件。

深层次的原因来自电力公司的管理体制。UESR 正处在电力市场化改革的关键时期，体制改革是公司的工作中心，日程运行管理出现了疏漏，电网调度中心运作能力差，安全保障工作不到位。

从中长期时间范围内来考察，电力供需矛盾加剧，电力投资严重不足是一个至关重要的原因。

【例A-8】 2005 年 9 月 26 日海南大停电

（1）停电过程。2005 年 9 月 25 日晚 20：00 起，强台风"达维"袭击海南岛，造成海南电网大批 35kV 及以下配电设备受损和主网 110kV、220kV 线路大量发生永久性故障跳闸，进而导致海南电网全网崩溃，随后海南电网紧急启用黑启动预案并获得成功。海南电网"9·26"大面积停电事故是我国近年第 1 次发生的由自然灾害引起省级电网大面积停电事故，也是我国第 1 次因电网大面积停电而实施电网黑启动预案的成功实例。

（2）事故原因。大停电原因主要有三点：①台风强度超过电力线路设计标准，配网线路抵御强台风能力弱，造成大量线路故障和电网大面积停电；②电力线路走廊宽度和安全距离不够；③台风造成 220kV 玉官线短路故障，并造成 220kV 玉洲变电站玉官钱线路保护的直流电源异常，保护拒动，主网崩溃。

【例A-9】 2006 年 7 月 1 日华中（河南）电网事故

（1）停电过程。2006 年 7 月 1 日晚，河南电网一 500kV 变电站，因与其相连的某双回线之第二回线路运行中发生差动保护装置误动作，而导致 2 台断路器跳闸。随后，此双回线之第一回线路差动保护装置"过负荷保护"动作，又导致该变电站另外 2 台断路器跳闸，而对侧变电站安全稳定装置拒动。

事故发生后，河南省电力调度中心紧急停运部分机组，迅速拉限部分地区负荷，稳定系统电压。此后不久，河南电网多条 220kV 线路故障跳闸，1 座 500kV 变电站及部分 220kV 变电站出现满载或过负荷，一些发电厂电压迅速下降。河南电网有 2 个区域电网的潮流和电压出现周期性波动，电压急剧下降，系统出现振荡。

由于受振荡影响，部分发电机组相继跳闸停运。河南省电力调度中心紧急切除某地区部分负荷，拉停部分 220kV 变电站主变压器。国家电力调度中心下令华中电网与某相邻电网解列，华中电网外送功率迅速大幅降低。之后，电网功率振荡平息。

（2）事故原因。这次事故的原因主要有以下四点：①运行方式安排欠妥。检修方式安排500kV郑州变1号母线长时间停电，电网长期处于异常运行状态。而且，针对500kV郑州变1号母线停电重大检修方式下对篙郑Ⅰ、Ⅱ线重要断面的重视不够；安全与效益的关系处理不当，导致篙郑Ⅰ、Ⅱ线长时间过负荷运行，事故前达到210万kW。②继电保护及安全自动装置等二次设备管理不到位。篙郑Ⅰ、Ⅱ线进口保护REL-561保护装置的过负荷保护应该设置为"报警"，而现场误设置为跳闸，长时间没有发现，电流互感器断线闭锁信号应接入报警回路，也没有接入。③电网结构不强，过于依赖远切、联切等安全稳定控制装置。此次事故，篙山变电站安全稳定装置动作判据存在原理缺陷，在系统发生故障时拒动，使事故进一步扩大。④高低压电磁环网未能打开，导致500kV篙郑Ⅰ、Ⅱ线相继跳闸后，潮流迅速转移到220kV线路通道上，造成豫中与豫北、豫西多条220kV联络线过负荷，引起故障跳闸。

【例A-10】 2006年11月4日西欧大停电

（1）停电过程。欧洲当地时间2006年11月4日22：10，欧洲电网发生一起大面积停电事故，事故中欧洲UCTE电网解列为3个区域，各个区域发供电严重不平衡，相继出现频率低周或高周情况。事故影响范围广泛，波及法国和德国人口最密集的地区以及比利时、意大利、西班牙、奥地利的多个重要城市，大多数地区在半小时内恢复供电，最严重的地区停电达1.5h。整个事故损失负荷高达16.72GW，约1500万用户受到影响。

本次大面积停电事故发生于电网用电负荷高峰时段，由于系统潮流大范围转移，电网联络薄弱环节设备相继退出运行，导致欧洲跨国互联电网基本结构遭到破坏、各区域发用电严重失衡，最终造成大量负荷损失。

（2）事故原因。本次事故是一次典型的跨区域连锁故障，起因是超过预测的潮流以及网络的多重开断共同引起的过负荷，在故障发展过程中起重要影响的因素有以下5点：①电网间联络线的负荷预测值不一致；②电网间继电保护整定值不一致；③各电网的备用发电容量不足，尤其是恶劣气候等紧急情况下热备用容量不足；④紧急状态下削减负荷的措施不一致；⑤调度员对预警信息不够重视。

【例A-11】 2009年11月10日巴西大停电

（1）停电过程。巴西当地时间2009年11月10日22：13，在伊泰普750kV交流送出通道上有强风、暴雨和闪电。Itaberá变电站Itaberá—Ivaiporã C1线路阻波器支撑绝缘子底座 B 相对地闪络，13.5ms 后，Itaberá—Ivaiporã C2 线路又发生了 A 相短路故障，3.5ms 后，又发生了 C 相母线故障。尽管 Itaberá—Ivaiporã C1、C2 线路保护及 Itaberá 变电站母差保护动作切除了故障，由于整个故障时间持续 62.3ms，导致 Itaberá—IvaiporãC3 线路位于 Ivaiporã 变电站的高抗中性点小电抗瞬时过流保护动作跳闸。

因伊泰普 750kV 交流送出通道 Ivaiporã—Itaberá 的 3 条线路全部断开，伊泰普安稳系统动作，切除 Itaipu-60Hz 系统的 5 台机组，共切机 3100MW。此时仍有约 3400MW 的潮流转移至南部电网与东南部电网间的其他联络线上，引起线路过载，引发连锁跳闸。

在事故后 0.7s，500kV Bateias—Ibiúna C1 和 C2 线路因过负荷跳闸，巴西南部电网对东南部电网功角失稳。在事故后 1～2s 的时间内，振荡中心所处区域线路因距离保护动作相继跳闸。此时仅剩下 525kVLondrina—Assis—Araraquara 的线路因振荡闭锁，逻辑正确闭锁保护而未跳闸，保持南部电网和东南部电网联网运行。在振荡过程中，南部电网频率最高达 63.5Hz，东南部电网最低频率降至 58.3Hz。

在南部电网中，在事故后 1s，Gov.Ney Braga 水电厂 2 台机组高周切机跳闸；事故后 2s，Itaipu-60Hz 安稳装置判系统高周，切除了 Foz do Iguaçu—Ivaiporã 的 3 回 750kV 线路，Itaipu-60Hz 系统机组全停；在事故后 2.4s，Gov.Bento Munhoz 水电厂 3 台机组高周切机跳闸。

在东南部电网中，在事故后 2～2.3s 间，圣保罗地区 440kV 系统因潮流减轻出现了过电压，部分线路过压保护动作跳闸。

在事故后 2.7～4.5s 间，圣保罗、里约地区负荷中心地区失去电压支撑，部分线路因电压崩溃跳闸。

在事故后 2.5～8.5s，由于 345kV Ibiúna 变电站母线电压快速下降，伊泰普 2 回直流送出系统的 4 个极相继因低电压保护动作跳闸。

至此，伊泰普水电站送东南部的 3 回交流线路和 2 回直流线路全部跳闸。东南部电网电压崩溃，Sao Paulo、Rio de Janeiro、Espirito Santo 和 MatoGrosso 4 个州全停。

此时南部电网和北部、东北部电网仍通过 500kV 系统联网，在事故发生 20s 后重新拉回同步。

在事故后 80s，500kV Assis—Araraquara 线路因过载跳闸，南部电网与北部、东北部电网解列，北部电网低周减载动作2轮后保持了稳定。

（2）事故原因。

1）事后巴西能源部长Edison Lobao说："发生在星期二夜里的长达几小时的停电是暴风雨导致的。"伴随着大雨，闪电和大风的极端恶劣天气使伊泰普750kV交流送出通道的3条重要联络线同时跳闸，超出了电力系统安全稳定设防标准，是导致此次大停电的起因。

2）继电保护的配置缺陷是事故扩大的重要原因。此次事故中，Itaberá—Ivaiporã C3线路的高抗中性点小电抗瞬时过流保护未能躲过区外多重故障短路电流而误动跳闸，造成第3条重要的联络线跳闸，使事故范围迅速扩大。

3）安稳控制和第3道防线的措施不足。事故发生时，安稳装置按照策略正确动作，系统仍然失去稳定，说明安稳装置在严重故障情况下切机量不足。系统振荡后应依靠必要的振荡解列或者其他解列措施，防止系统崩溃、避免造成长时间大面积停电和重要用户灾害性停电，使负荷损失尽可能减少到最小。从事故发展来看，系统振荡后并没有在关键点解列，说明第3道防线措施不完善。

4）线路保护振荡闭锁逻辑存在严重缺陷。在系统振荡中，多回线路距离保护无序跳闸，说明了继电保护振荡闭锁功能不完善。唯有525kVLondrina—Assis—Araraquara的线路因配置振荡闭锁逻辑并正确闭锁保护而未跳闸，为系统再次拉回同步创造了条件，但仍因网架严重削弱，此线路在以后过载跳闸，最终南北电网解列，失去了缩小影响范围的机会。

5）受端系统动态无功补偿不足。在连锁跳闸的初始阶段，500kV Bateias—Ibiúna C1和C2线路由于无功补偿不足，电压下降，线路电流增加以致过负荷保护动作跳闸，随后引发一系列的连锁跳闸。之后也是因为受端系统动态无功补偿不足电压下降严重，才导致伊泰普直流系统低电压保护动作跳闸，引起负荷中心地区电压崩溃。

6）预防性控制措施未能有效发挥作用。在事故当日14：00左右，巴西电网调度机构根据雷电监测系统的预警，降低了伊泰普交流送出系统的潮流，但在20：00左右恢复了送电计划。事后分析此次事故是因雷电暴雨闪络导致的多重故障，气象预警系统在22：00前后未能有效发挥作用，失去了避免大停电发生的机会。

7）大区电网的失步再同步现象值得深入研究。此次事故中，一个值得注意的现象是在系统失去同步后，在送端系统高周切机、受端系统电压崩溃损失大量负荷的共同作用下，系统自动再次拉回同步。对于担负着大负荷送电任务的联络线，如何将"再同步"控制措施与"失步解列"相配合，降低极端故障导致系统失去同步后的影响范围和负荷损失，是值得深入研究的问题。

【例A-12】　2011年2月4日巴西大停电

（1）停电过程。2011年2月4日当地时间凌晨00：08，巴西东北部电网发生大规模停电事故，事故波及巴西东北部8个州（Pernambuco（伯南布哥州）、Ceara（塞阿拉州）、Rio Grande do Norte（北里奥格兰德州）、Paraiba（帕拉伊巴州）、Alagoas（阿拉戈斯州）、Sergipe（塞尔希培州）、Bahia（巴伊亚州），以及Piauí（皮奥伊州）），共损失负荷约8000MW，占东北部电网总负荷的90.1%，约4000万人生活受到影响，经济损失折合约6000万美元。

1）00：08～00：20：34，变电站母线故障00：08，由于Luiz Gonzaga-Sobradinho C1线路与母线1间的开关失灵保护装置误动，导致母线1与C1线路跳闸，如图A-1所示，虚线框内为跳开的断路器。事故前500kV双回Luiz Gonzaga-Sobradinho线路外送潮流2×590MW，Luiz Gonzaga-Sobradinho C1跳开后，系统保持稳定，满足N-1原则。事故变电站母线1与C1间断路器失灵保护误动如图A-1所示。

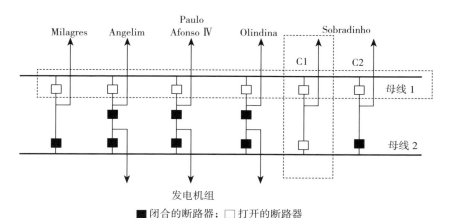

图A-1　事故变电站母线1与C1间断路器失灵保护误动

00：09，变电站运行公司报告线路没有异常情况。

00：12，ONS准备恢复Luiz Gonzaga-Sobradinho C1线。先下令Sobradinho

侧对线路充电，该侧操作正常。接着下令对Luiz Gonzaga-Sobradinho C1线路进行合闸操作。

00：20：34，Luiz Gonzaga变电站运行人员手动进行Sobradinho C1线路合闸，在操作C1线路和母线2之间的开关时，由于同样的开关失灵保护误动，导致母线2跳闸，事故变电站母线2与C1间断路器失灵保护误动如图A-2所示。

至此，母线1、母线2的跳闸使得500kV Sobradinho双回线以及Milagres单回线路停运；由于变电站内的其他3回线路均为3/2接线方式，Luiz Gonzaga变电站下的5×250MW机组通过母线中间开关直接外送电力，如图A-2所示，其中虚线框内为跳开的断路器以及线路。

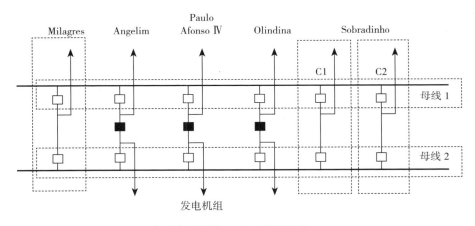

■闭合的断路器；□打开的断路器

图A-2　事故变电站母线2与C1间断路器失灵保护误动

2）00：20：35，失步解列。上述故障导致东北部电网与北部、东南部电网失步，联络线失步解列装置正确动作，开断东北部电网与北部电网、东南部电网间的网际间联络线（Teresina Ⅱ-Sobral Ⅲ的双回500kV线路、220kV Piripiri-Sobral线路、Rio das　guas-Bom Jesus da Lapa Ⅱ 500kV线路、Irec ê-Bom Jesus da Lapa Ⅱ 220kV线路），加之先前开断的Luiz Gonzaga-Sobradinho双回线路、检修线路São João do Piau í-Milagres，东北部电网与巴西国家互联电网解列，东北部电网孤岛运行。

3）00：20：35 ~ 00：20：46，低频、低压减载以及自动甩负荷阶段。由于事故前东北部电网通过联络线从外部受电比例较高（36%），在东北部电网孤岛运行后，系统的低频减载、低压减载以及负荷自身的低压保护动作使系统恢复稳定。由于过切负荷，系统频率恢复至61Hz，电压水平较高。系统第三道防线正确动作。

至此，从发生故障00：20：34至00：21：14，系统的安全自动装置正确动作，系统稳定运行了40s。若无后续故障，系统不会发生大面积停电事故。

4）00：21：14～00：29：00，大规模停机阶段。Xingo水电站4×527MW机组端电压为0.90～0.93（标幺值）。由于该电站辅助设备（冷却、调速或其他）的电源低电压保护设定不合理，没有正确切换到备用电源，导致共计2108MW的水电机组停运，使东北部电网再次发生大功率缺额。

由于低频、低压减载已经动作完毕，大规模的功率缺额，导致Paulo Afonso Ⅰ，Ⅱ，Ⅲ，Ⅳ以及Apolonio Sales等主力电厂与电网解列。

至此，巴西东北部的Pernambuco，Ceara，Rio Grande do Norte，Paraiba，Alagoas和Sergipe等6个州电力供应全部中断，东北部电网仅剩余9%由外部电网供电的负荷（800MW），其中Piauí剩余负荷约473MW，Bahia剩余负荷约340MW。

5）事故恢复。东北部电网中部区域在停电52min后首先恢复供电，事故停电8h后，东北部电网主要负荷恢复完毕。具体恢复过程如下：01：00，东北部电网的中部区域完全恢复；01：05，Luiz Gonzaga-Sobradinho的500kV C2线恢复供电，东北部电网与主网重新联网；01：10，500kV Teresina Ⅱ-Sobral Ⅲ-Fortaleza Ⅱ线路恢复送电，北部电网与东北部电网重新联网；01：30，东北部电网的西南部区域恢复供电；02：10～05：00，东北部电网的南部区域恢复供电；02：19～05：00，东北部电网的东部区域恢复供电；02：30，恢复负荷3000MW；03：30，恢复负荷3750MW；04：48，Angelim Ⅱ-Xingó Ⅱ 500kV线路恢复供电；05：00，恢复负荷5800MW；6：30，Sapeacu-Camacari Ⅱ 500kV线路恢复供电，东北部电网与东南部电网同步连接，恢复负荷5900MW；08：18，恢复负荷6900MW，至此东北部电网的主要负荷恢复完毕。

（2）事故原因。该次事故起始于Luiz Gonzaga变电站Sobradinho C1线路与母线1间的断路器失灵保护装置误动，造成变电站母线1、线路C1跳闸。由于变电站运行人员没有及时、正确地查找到故障原因，在对线路重合闸过程中，又因为C1线路与母线2间的断路器失灵保护装置误动，导致变电站2条母线全停，引起变电站3回500kV出线停运。

尽管Luiz Gonzaga变电站的2回母线跳闸，导致东北部电网与北部电网、东南部电网振荡失步，但通过系统的失步解列、低频减载、低压减载等安全自动装置的正确动作后，东北电网一度恢复了稳定运行。

随后，由于Xing 6水电站辅助设备的电源低电压保护整定不合理，导致没有正确切换至备用电源，造成机组全部停运。这是导致该次事故扩大的关键原因。之后，孤网运行的东北部电网功率严重失衡，最终导致巴西东北部电网大面积停电。

【例A-13】 2011年3月11日日本福岛核泄漏导致大停电

（1）停电过程。2011年3月11日，日本宫城县海域发生9.0级大地震，并引发破坏性极高的海啸，造成了重大人员伤亡和巨额财产损失。大地震及引发的海啸等大规模次生灾害重创日本电力系统。东京电力公司所属福岛第一核电站发生严重核泄漏事故，严重级别高达6级，即"严重事故"。

日本以除冲绳之外的9大电力公司管辖区域为基础形成了9大电网，现已基本上实现了全国联网。但电网间的连接容量不大。

日本的电网系统包括50Hz和60Hz两部分。北海道、东北和东京3个电网使用50Hz系统，中部、北陆、关西、中国、四国及九州使用60Hz系统。东京、东北两电网之间采用500kV交流联网；东北、北海道电网之间采用一条±250kV海底直流输电线路互联。中部、北陆、关西、中国、四国、九州电网使用60Hz系统，内部采用500kV交流线路互联。两个不同频率的系统之间通过佐久间（30万kW）和新信浓（60万kW）换流站连接。

日本是核电利用大国，目前在运54座反应堆，装机容量4700万kW，年发电量在2700亿kW时左右，占总发电量的30%左右，地震发生前仍有2台机组在建，超过10台已经规划。

发生严重事故的日本福岛核电站包括第一核电站（名为Daiichi）与第二核电站（名为Daini）。其中，第一核电站装机470万kW，包括6台在运机组；第二核电站装机440万kW，包括4台在运机组。两电站均为东京电力公司所拥有与运行。

最早开始发电的福岛I-1机组已经运行超过40年，计划在2011年3月关闭。东京电力公司出于自身经济利益的考虑，曾有再次延长20年运行的想法。

东京电力所属核电机组损失负荷近1200万kW，地震对环东京湾火电群造成了不同程度的损失，所属区域损失电源超过2000万kW。东京电力公司历史最高用电负荷为2001年6430万kW，考虑地震引起东京都、茨城县（汽车城）、千叶县等大量工厂停工引起用电需求减少，震后负荷需求约3800万～4100万kW。东京电力公司震后面临约1000万kW的电力供应缺口，约占负荷需求的26%。自3月16日以来，日本丰田、日产、索尼等各大企业相继宣布部分恢复生产业务，这给茨城、千叶、栃木等东京电力所辖供电区域带来新的负荷需求。东京电力面临更加严峻的电力供需形势。

东北电力公司方面，因地震停止运转的发电机组主要包括超过300万kW火电机组以及女川核电站217万kW。预计灾后负荷需求为1050万kW，电力供应缺口为100万千瓦，约占该区域总电力需求的10%。

（2）事故原因。

1）福岛核电站被指超期服役。今年2月7日，东京电力公司完成了对于福岛第一核电站1号机组的分析报告，报告称机组已经服役40年，出现了一系列老化的迹象，包括原子炉压力容器的中性子脆化，压力抑制室出现腐蚀，热交换区气体废弃物处理系统出现腐蚀，并为其制定了长期保守运行的方案。

据报道，福岛核电站使用的是老式的单层循环沸水堆，冷却水直接引入海水，只有一条冷却回路。沸水产生的蒸汽用来直接推动涡轮，一旦发生故障，蒸汽里就带有辐射性物质。专业人士强调，对于日本这个地震频繁的地区，使用这样的结构非常不合理。福岛核电站1号机组40年的使用寿命已到，又比原本计划延寿20年，正式退役需要到2031年。

2）核电站抗震能力设计不足导致事故。曾任东芝公司核电站设计师的后藤政志13日认为，可以初步认定福岛第一核电站1号机组发生的放射性物质泄漏事故是核电站抗震能力不足和设备老化所致。日本民间组织"原子能资料信息室"共同代表伴英幸也认为，发生事故是东京电力公司没有充分考虑核电站应对海啸的能力。

后藤政志在记者招待会上回答新华社记者提问时说，福岛第一核电站1号机组在设计时考虑了防震问题，但显然没有充分考虑应对如此高强度地震的能力，这次地震的强度远远超出1号机组的抗震能力，所以才会出现冷却系统问题导致堆芯熔毁和放射性物质泄漏的事故。

3）对海啸危害估计不足。除抗震能力不足外，还发生了很多意料之外的问题。比如当初设计1号机组时，虽然考虑到发生地震时外部电源中断的问题，并准备了应急柴油发电机，但这一应急设备没有在地震发生时启动，导致紧急冷却装置等无法运转。同时，从外部紧急派遣的应急电源车也未能迅速到达，对反应堆内燃料棒进行冷却的作业因此无法开展，导致堆内压力过高。

伴英幸则指出，此次地震的断层达到400km，并且产生了大海啸。但东京电力公司只设想了断层几十公里、海啸数米左右的情况。此外，为免遭海啸破坏，核电站需防止出现设备浸水、冷却水入水口被沙土堵塞、退潮时取水困难等情况，他曾就此多次向东京电力公司提出建议，但东京电力公司没有采纳，理由是虽然核电站建在海边，但却在高地上，不会有问题。

4）灾后发电能力的严重不足导致供需失衡是关键性因素。此次地震的破坏力远高于发电设施的设计能力，致使各类电源纷纷退出运行，东北和关东地区的电力供应异常紧张。受本次地震影响，日本国内电力供应减少了20%以上。东京电力公司电网设施的快速恢复仍不能缓解因大量电源损失带来的停电危机。

5）强烈地震和海啸对受灾地区的电力基础设施造成毁灭性破坏。其中，输配电网设施的损失主要集中在东北电力所辖区域。从影像和图片资料可以清晰看到海啸过后满目疮痍的街景以及歪斜坍塌的电力设施。至今，东北电力公司仍无法准确评估损毁程度以及恢复供电时间表。相比之下，东京电力所辖电网设施得到了快速恢复，截至3月16日所有因灾退出的变电站均恢复运行。这与东京电力网格型主网结构具有较高的可靠性和坚强性密切相关。

【例A-14】 2011年9月8日美国西南大停电

（1）停电过程。2011年9月8日下午，美国西南地区发生大停电事故，包括亚利桑那州西南部、加州南部、墨西哥部分地区在内的270万户、超过500万人受到严重影响，其中圣迭戈市全面停电，最长的供电恢复时间达12h。

2012年5月，联邦能源监管委员会（FERC）和北美电力可靠性集团（NERC）联合组成的调查组发布了事故调查报告。报告指出，此次大停电事故的演化过程历时11min，由单一元件跳闸触发，引起潮流瞬时转移、电压大幅波动、设备负载越限，逐步导致一系列保护和安全自动装置动作，先后造成变压器、输电线路、发电机和负荷的自动切除，最终使得至受电区域的主通道严重过载并自动解列，电网在其后的30s内快速崩溃。

美国西南地区电网由Southern California Edison（以下简称SCE）电网、Imperial Irrigation District（以下简称IID）电网、San Diego Gas&Electric（以下简称SDG&E）电网、亚利桑那州公共服务公司（Arizona Public Service Co.，以下简称APS）电网、墨西哥Comisiīn Federal de Electricidad（以下简称CFE）电

网、Western Area Power Administration–Lower Colorado（以下简称WALC）电网组成。至大停电发生的区域共有3条并行输电通道，第1条是500kV单回Hassayampa—North Gila（以下简称H—NG）线路，是东电西送的主通道之一；第2条是连接San Onofre（以下简称SONGS）核电站至San Diego的北部通道Path 44，由5回230kV线路组成；第3条是向IID北部电网和WALC电网送电的S通道，由230kV，161kV，92kV设备组成。IID南部电网与SDG & E电网通过230kV Imperial Valley—ElCentro线路（以下简称"S"线路）连接，Yuma地区电网通过North Gila变电站的500kV/69kV变压器组与SDG&E电网相连。西部电力协调委员会（Western Electricity Coordinating Council，WECC）是负责西部互联电网可靠运行的最高权力机构，通过实时监视系统运行，指导相关电力公司采取措施以保证系统可靠性。加州独立系统调度中心（California Independent System Operator，CAISO）负责运营其日前及小时前电力市场，必要时进行实时调度，美国西南地区电网结构如图A–3所示。

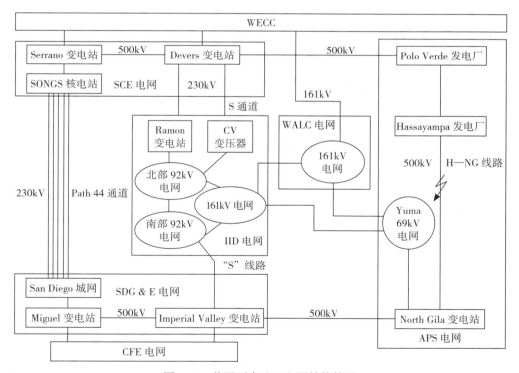

图A–3 美国西南地区电网结构简图

2011年9月8日13时57分46秒，APS电网中Yuma地区North Gila变电站的串补电容器被相间不平衡保护自动旁路，APS随即派变电站技术员执行隔离电容器的操作，操作失误导致H—NG线路于15时27分39秒发生相间短路后，被高速保护动作切除。

H—NG线路跳闸的直接结果是，潮流转移至与APS的500kV系统并行的IID 92kV及161kV电网，IID电网的Coachella Valley（以下简称CV）变电站230kV/92kV变压器过载，且其过负荷保护立即启动并按反时限动作特性计时。同时，IID电网中Ramon变电站230kV/92kV变压器及多条161kV线路负载增大，连接IID和SDG＆E电网的"S"线路潮流反向，WALC电网中Gila变电站的161kV/69kV变压器负载增加、161kV电网电压明显下降，Path 44的潮流增加了84%。随即，CFE电网的Central La Rosita（以下简称CLR Ⅱ）电厂一台发电机跳闸，进一步加重了Path44的潮流，为事故最后阶段SONGS核电站解列，导致全面大停电埋下了伏笔。

CV变电站的变压器过负荷保护分别于37.5s和38.2s后切除2号变压器和1号变压器。2台CV变压器先后跳闸，造成的IID电网功率缺额引发"S"线路潮流再次反向，Path44的总潮流进一步增大（Path 44潮流增加的过程见附录A图A2），WALC地区的161kV电网电压严重跌落。由于正值灌溉期，因此，极易引发抽水电泵堵转，进一步加重了无功需求和电压下降。

H—NG线路跳闸后不到5min，即CV变压器跳闸后不到4min，IID电网的Ramon变电站230kV/92kV变压器92kV侧跳闸，立即引发局部电压崩溃。跳闸后不到1s，IID的92kV北部电网中的低压减载装置动作切负荷，多台发电机受系统暂态行为影响而跳闸，多条161kV线路因过载保护或后备保护动作被切除，WALC电网采取开启水电机组、投入并联电容等措施以阻止电压下降，SONGS核电站南部的Path44潮流进一步增大，CAISO通过开启San Diego的调峰机组，试图降低Path44潮流。

H—NG线路跳闸后约8min，WALC电网的Gila变电站161kV/69kV变压器过载跳闸。再过1min后，APS电网的Yucca变电站中161kV/69kV的2台变压器过负荷保护在切除变压器的同时，联切了连接IID和Yuma电网的Pilot Knob—Yucca 161kV线路。至此，Yuma地区电网只通过North Gila变电站的500kV/69kV变压器组与SDG＆E电网相连。再过不到1s，Yuma 69kV电网的YCA电厂跳闸，加快了Yuma电网的崩溃。约1min后，IID电网的Pilot Knob变电站的161kV/92kV的2台变压器过载跳闸。期间，SCE的调度员下令切除部分负荷，试图改善230kV电压支撑；CAISO启动了若干机组的紧急调控，但均未在系统崩溃前成功并网。上述一系列事件，导致Path44潮流进一步增加，并接近SONGS核电站的解列定值（8kA）。

H—NG线路跳闸后10min，IID的El Centro—Pilot Knob 161kV线路由于后备保护（Zone 3）动作而跳闸，致使IID 92kV南部电网只通过单回"S"线路从SDG&E电网受电，将Path44总潮流增至8.4kA，超过了其解列定值。几毫秒后，SCE电网的Blythe Energy稳定控制系统满足动作条件，切除了支撑WALC电网北电南送的Buck Boulevard发电机，但由于其位置不在Path 44以南，未引起Path44潮流的增加。约3s后，Imperial Valley变电站的"S"线路稳定控制系统检测到"S"线路潮流增大到设定值，动作切除2台墨西哥CLR Ⅱ电厂的机组，导致Path44潮流增至9.5kA。约4s后，"S"线路稳定控制系统由于该线路潮流仍超过定值而将"S"线路本身切除，从而导致IID电网孤岛的形成，其南部92kV电网中大量负荷随即跳闸。此时，由于IID电网不再通过Path44从SDG&E电网受电，因此Path44潮流有所下降，但仍然足以触发SONGS核电站解列控制动作。约23s后，即从H—NG线路跳闸算起不到11min，SONGS核电站的解列装置动作，造成了由SDG&E，Yuma和CFE电网组成的有大量功率缺额的孤岛。

SONGS核电站解列造成的San Diego，CFE，Yuma电网孤岛中，功率严重不平衡，从而引起频率快速下降。解列后1s内，低频减负荷装置全面动作。更为严重的是，CFE电网多台发电机也相继跳闸，抵消其低频减负荷的作用，并使得CFE电网从SDG&E电网的受电功率增加，最终导致其间的联络线被低频解列保护装置切除。同时，Imperial Valley—North Gila的500kV线路被低频保护切除，Yuma电网与SDG&E电网解列，Yuma电网的机组也因低频而跳闸。在与CFE和Yuma电网解列的同时，SDG&E电网有4台机组因低频保护动作而跳闸。电网频率持续下跌至57Hz以下，使得其余大部分发电机跳闸，各电网孤岛全面停电。SONGS核电站解列后约6s，核电机组超速保护将机组切除，反应堆随即关闭。至此，SDG&E，CFE和Yuma电网共3个孤岛电网全面停电，从H—NG线路跳闸开始，整个过程历时约11min。

（2）事故原因。

1）安全分析和预防控制技术欠缺。电网的设计和运行应该满足"N-1"安全准则。H—NG线路过去也曾多次跳闸，并未引发连锁故障。但该线路的跳闸却成为此次连锁故障的导火索，恰恰说明事故前安全分析和预防控制技术的严重缺失：①如果 IID 电网的在线安全分析系统能够预先识别 H—NG 线路跳闸的后果并给出预防控制措施建议，则调度员完全可以在 H—NG 线路跳闸前，实施适当的调控措施，避免 CV 变压器过载跳闸，从而将连锁反应阻断在萌芽状态；②IID 电网的日前运行方式计算中，由于没有及时更新对 CV 变压器负载有严重影响的墨西哥 TDM 600MW 机组的检修停运信息，因而没有发现 H—NG 线路跳闸会引起 CV 变压器过载达保护动作定值。否则，就可能会在事前采取调控措施，防止 CV 变压器过载跳闸的发生；③受停电影响的多数区域电网公司，在其季度运行方式计算中，没有研究 H—NG 线路跳闸引发连锁反应的可能性，以及 CV 变压器在事故演化过程中的关键性，原因是该变压器的二次侧低于 100kV，未被列入主干电网（BES）的设备。否则，就可能会在事前采取增加 IID 92kV 电网中发电出力之类的措施，避免事故的发展；④尽管 IID 电网的在线动态安全分析系统显示，第 1 台 CV 变压器跳闸会导致第 2 台严重过载，但其调度员没有主动监视分析结果，分析系统也没有声音报警功能。如果事前及时降低 CV 变压器负载，也会减轻 H—NG 线路跳闸对变压器的严重影响。事实上，停电当天，CV 变压器负载较高，2 台变压器跳闸事件之间相隔时间很短，调度员根本来不及用人工紧急调控措施来防止第 2 台跳闸。针对这种情况，如果在线动态安全分析工具能够根据电网实时运行工况和保护控制动作定值，准确识别相邻 2 个连锁事件之间的时间间隔，再结合实施调度调控所需时间，给出调控时间不足、必须在第 1 个事件发生前采取预防控制的警告，则可以阻止 2 台变压器的跳闸；或给出在调控时间足够的条件下、第 1 个事件发生后应该采取的控制措施，则可以阻止第 2 台变压器的跳闸。当然，如果在各种时间尺度下的电网运行规划分析中，实现了这样的分析与决策功能，就能更有利于在实时运行过程中，准确识别问题，及时采取措施；⑤IID 电网的在线动态安全分析系统对 APS 电网的模拟只采用了设在联络线末端的等值发电机，缺乏 H—NG 线路的状态信息，因此不可能分析出 H—NG 线路跳闸对 IID 电网的影响，更没有对策。而即使有在线或离线的分析结果可供参考，却由于 IID 电网不能实时获取 H—NG 线路跳闸的信息，也无法匹配出对策；⑥事后分析发现，由于事故发生前 IID 电网在 El Centro 变电站已新增了一台变压器，加上在 Miguel 变电站采取的其他措施，"S" 线路稳定控制系统所针对的问题已经得到缓解。因此，如果事故发生前，能够及时、深入地分析使该稳定控制系统退出运行的必要性，以及其动作对系统大范围内整体安全性的不利影响，则可以通过及时停运该稳定控制系统，避免使其成为此次大停电事故的催化剂。

2）实时状态觉知能力不足。相关电力公司不同程度地注意到了H—NG线路跳闸引发的电网变化，但多个调度中心由于对电网状态的实时觉知能力不足，特别是缺乏对相邻电网实时信息的掌握，因而不清楚这些变化的产生原因和影响程度，结果是无法采取任何措施，甚至造成对事故演化形势的错误判断。

事故最初阶段，IID电网由于没有接入APS电网H—NG线路的实时信息，不知道潮流变化的原因是H—NG线路跳闸，因而无法采取有针对性的对策。

H—NG线路跳闸后，对应的两端变电站电压相角差增大。事后仿真表明：一方面，该相角差超过了APS电网设定的重合闸检同期定值（60°）；另一方面，要想将相角差减小到60°以下，需要调控的机组出力相当可观。但APS电网缺乏监测停运线路两端相角差的手段，却向WECC和CAISO告知了"线路在数分钟内就能恢复合闸"的错误信息。因此，尽管WECC调度员看到了H—NG线路跳闸的警报，也没有针对Path 44的过载采取任何措施。如果APS电网将相量测量装置（PMU）用于监视待恢复线路两端的电压相角差，就不会盲目地估计线路恢复带电所需要的时间，WECC可能会采取调控措施，阻止Path 44解列的发生。

H—NG线路跳闸后3s，由于远程终端（RTU）的测量值越上限原因，有关CV变压器的数据采集与监控（SCADA）数据不再准确，IID电网和WECC的调度员不再准确掌握CV变压器的负载情况。尽管这与随后CV变压器的跳闸无直接关联，但毕竟也是电网测控设备在事故过程中显现的隐患，值得引起关注。

在快速连锁反应阶段，实时状态觉知能力的不足导致未能及时采取紧急控制措施。无论是调度员对Path44潮流的人工监视，还是Path44潮流越限的自动报警，都没有与SONGS核电站的自动解列控制相关联，即缺乏对Path44潮流越限后果的实时预警，直至解列后，才意识到为时已晚。

3）保护定值整定不合理。若干设备的过负荷保护动作定值设定得过于保守，太接近设备的正常或短期过负荷能力，使得在调度员采取调控措施之前，保护就自动动作将设备切除，造成连锁跳闸。如果过负荷保护定值与设备短期过载能力间留有适当裕度，则会给调度员实行防止连锁跳闸的调控措施留出时间；如果考虑到设备状态、造价等因素，过负荷保护定值不能提高，则可以修正设备的过载能力，调整运行方式安排，为调度员调控设备过载留出足够时间，防止保护控制装置过早地切除设备。

值得注意的是，CV 变压器和 Ramon 变压器先后跳闸相隔的 4min，是由于 Ramon 变压器的过负荷保护定值误设为额定值的 207% 换来的，否则，如果按照 IID 电网的常规设置为 120%，Ramon 变压器会在 CV 变压器跳闸后立即跳闸。

4）控制方案设置不当。尽管 IID 电网确信 CV 变压器跳闸会导致 Ramon 变压器因过载而跳闸，但在其日前计划中，却指望在 CV 变压器跳闸后，再启动燃气发电机来消除 Ramon 变压器的过载状况。显然，这是一个不切实际的应对方案，因为启动速度最快的机组到达满载也需要 10min。

虽然事故调查报告将原因再次归结为 IID 电网对事后调控方案的过度依赖，但本文认为，如果在 CV 或 Ramon 变电站安装了实现变压器过载联切负荷功能的控制系统，则可以用较小的主动切负荷损失来避免局部电压崩溃，阻止低压减载动作的过量控制以及发电机和线路的无序跳闸。

事故发展后期，连锁反应的速度加快，电网设备跳闸数量增多。鉴于 SONGS 核电站的解列是导致此次全面大停电的最关键环节，应及时采取各种可行措施以控制 Path44 潮流的增加。当 Yuma 地区电网只通过 500kV Imperial Valley—North Gila 线路从 SDG&E 电网受电时，应紧急切除 Yuma 地区的负荷，阻止 Path44 潮流的增加，防止 SONGS 核电站解列导致的最终连同整个 Yuma 地区在内的全面停电，从而实现以暂时牺牲局部的手段，换取全局利益的目的。

调度操作规程中，没有任何关于 Path44 潮流接近限值时进行人工切负荷的规定，更没有联切负荷的自动控制手段。由于解列前，Path44 的 5 回 230kV 线路为 SDG&E，IID 和 CFE 电网提供主要的外来电力，如果在 Path44 潮流接近 8kA 自动解列定值时，通过人工或自动控制，及时地实施切负荷措施，则可以避免 SONGS 核电站解列，从而阻止大停电的发生。

尽管在 SONGS 核电站解列后 1.3s 内，SDG&E 电网共有 75% 的负荷被切除，但仍未能阻止频率崩溃。原因在于 Path 44 解列后，虽然若干低频减载装置误动作，但 CFE 电网中的多台发电机在低频减负荷控制的过程中跳闸，再加上与 CFE 电网解列后的 SDG&E 电网中的发电机陆续跳闸，抵消了低频减负荷控制的作用。本文认为，如果解列后不完全依赖被动反应于系统响应的低频减负荷控制，而采用基于 Path44 解列动作信号触发主动切负荷的紧急控制措施，则对防止解列后孤岛系统的崩溃、减轻停电损失，会是有效的控制措施。

5）保护与控制动作不协调。过负荷保护与稳定控制系统动作的不协调，引发过早控制，导致宝贵电源的损失，加快了连锁反应的速度。"S" 线路稳定控制系统的设计目的是在 El Centro 变电站的 161kV/92kV 变压器过负荷保护动作将变压器切除之前，降低"S"线路潮流，这样有利于保证当地电网的可靠性，但稳定控制系统动作时，该变压器的负载水平只有38%，远未达到其过负荷保护动作定值，而稳定控制系统却将支撑全系统可靠性的重要电源和230kV线路切除。可见，必须将设备保护与稳定控制系统放到保证全局稳定性的框架下进行协调。

就地稳定控制系统中不同控制动作之间的时序不协调，引发远方断面的解列控制动作，导致大范围停电。调查组的事后仿真分析发现，如果"S"线路稳定控制系统只切除线路本身，而不切除 CLR Ⅱ 电厂的机组，则只会造成 IID 电网损失负荷，但 Path44 潮流会下降并稳定在 8kA 以下，SONGS 核电站的自动解列装置就不会动作，SDG&E 和 Yuma 电网的崩溃就可以避免。

同时，事故调查报告还指出了断面解列控制与其他保护控制装置协调、低频减负荷控制与发电机低频保护协调方面的不足，强调应重新审视机组的过速保护是否过于灵敏，防止在电网继电保护切除电网故障前就切除机组，因为如果机组的故障穿越能力不足，过早脱网，会给电网造成严重后果。这类协调不是传统的保护与保护之间的协调，而是机组保护与机组能力，以及与电网故障和控制动作引发的预期系统响应之间的协调。

【例A-15】 2011年9月15日韩国大停电

（1）停电过程。2011年9月15日，韩国遭遇意外的"反季节"高温引发用电高峰，首尔最高温度为88K（即31℃），是近两周以来最高温度。韩国知识经济部下属的负责韩国发电和供电的电力交易所预测当天下午的最高用电负荷为6400万kW，但实际用电负荷达到了6726万kW，超出预测326万kW。由于夏季用电高峰已过，许多发电厂开始年度维护，以应对冬季用电高峰期，导致供给能力降低。全国电力备用率降至6%，低于7%（400万kW）的安全警戒线。为了防止缺电造成全国性停电，下午3时11分，韩国电力交易所以30分钟为单位，按损失最小的顺序开始对全国各地区进行轮流停电，受停电影响，出现了银行业务中断、交通堵塞、手机瘫痪、电梯被困等混乱局面。

通过轮流停电措施，下午4点35分左右备用电力恢复至411万kW水平。下午6点30分，停电用户达到了162万。晚7时停电用户减少至99万，晚7时56分各地区轮流停电措施结束，全国电力供应恢复正常。

（2）事故原因。导致停电事件的原因主要有三点。①电力需求预测水平落后，未考虑超预期的气候因素，出现较大负荷预测误差；②计划检修、备用容量信息不准等诸多因素，导致应急实际可用备用容量严重不足，难以应对突发情况；③有序用电方案和应急管理存在不足，在负荷缺口不足5%的情况下，造成全国性停电及影响。

【例A-16】 2011年9月24日智利中部大停电

（1）停电过程。2011年9月24日晚8时20分，智利中部地区突然大面积停电，包括首都圣地亚哥在内的四个大区电力供应全部中断，受影响的地区从中北部的科金波大区延伸至中南部马乌莱大区，即停电范围为Ⅳ科金博大区（Coquimbo）、Ⅴ瓦尔帕莱索大区（瓦尔帕莱索）、Ⅵ奥伊金斯将军解放者大区（Libertador General Bernardo O'Higgins）、Ⅶ马乌莱大区（Maule）。停电使超过600万人（智利共有约1900万人）生活受到影响。在圣地亚哥，停电导致地铁运行受到影响，地铁公司被迫疏散所有乘客并临时关闭所有站点。手机暂停服务，大部分公共和家庭电力设备全部瘫痪。

智利境内的13个州共通过四个电力系统统一起来。北部地区的输电系统斯恩和中央区域的中央系统斯戈的发电量占国内总需求的90%，是智利的两大电力系统。智利全国13个大区中有9个大区由中央电网供电，但这一网络实际上十分脆弱，比奥比奥大区几大发电站生产的全部电能都通过同一线路向圣地亚哥附近等用电量大的地区输送，该输电线路出现任何问题，都会对整个供电系统的运作产生影响。

（2）事故原因。根据已掌握的情况，中央电力互联系统出现的问题很可能由"输电线路振动"导致碰线引起。此外，一家电力公司位于安考阿的变电站出现故障也是造成此次智利中部大规模停电的主要原因。

智利国土狭长，电网结构薄弱，电源配置过于集中。若电源配置相对分散合理，电源送出线路输送能力强且运行稳定，能够抵御故障影响，则可以避免因单一线路或走廊故障造成大面积停电事故的发生。

【例A-17】 2012年4月10日深圳大停电

（1）停电过程。

1）事故前电网运行方式。深圳地区因安排检修工作，荆龙双回、龙梅双回、鹏清双回共六回同停。深圳站220kV母线接线方式如图A-4所示。

因鹏清甲乙线停电，清水河站、中航站负荷全部转由深圳站供电，梅林站、皇岗站和滨河站部分负荷也转至深圳站供电。

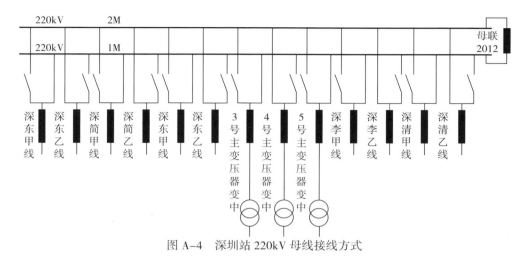

图 A-4　深圳站 220kV 母线接线方式

为了避免深圳站短路电流超标，解开深圳站与鲲鹏站的运行方式，即将简龙站分母线、马李双线转充电运行。为了充分利用梅水线的供电能力以及解决祥梅双线跳闸而导致梅林站、皇岗站、滨河站 3 站失压的问题，将梅林站、皇岗站和滨河站分母线部分负荷转给梅水线供电。为提高供电可靠性、减轻供电压力，将约 200MW 负荷由港电转供。

综合考虑深圳站、鲲鹏站供电能力，简龙站分母线、梧桐站挂深圳站网，简龙站主变压器挂鹏城片网，李朗站负荷由深李甲乙线供电挂深圳站网，马李双线转充电运行。简龙站、李朗站配置备用进线自动投入装置（以下简称备自投）。事故前深圳片区 220kV 及以上电网结构如图 A-5 所示。

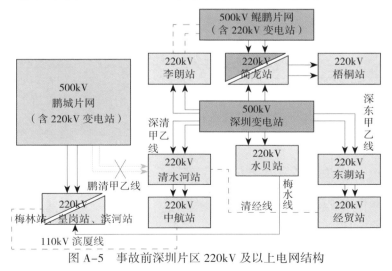

图 A-5　事故前深圳片区 220kV 及以上电网结构

2）事故第 1 阶段：①事故发生过程。2012-04-10 T 18：45，500kV 深圳站 220kV 深清甲线 A 相断路器爆炸起火，清水河站侧深清甲线断路器同时三相跳闸，220kV 深清甲线停电。爆炸冲击导致深圳站深清甲线 B，C 相断路器开启闭锁分闸功能，同时造成站内深清乙线 C 相断路器支持绝缘子套管产生明显裂痕，威胁设备正常运行；②事故后电网情况。事故发生后，深圳站 220kV 深清甲、乙线断路器同时受损，深圳地区电网稳定运行存在以下风险。220kV 深清乙线单回通道供电清水河站、中航站负荷，共计 560MW，系统结构薄弱，存在 220kV 深清乙线跳闸后清水河站、中航站全站失压的巨大风险。220kV 深清甲线 B，C 相断路器无法断开（闭锁分闸功能，现场遥控模式及就地模式均无法分闸），意味着仍然存在断路器爆炸、造成事故范围扩大的风险。深清甲线跳闸后，深圳片区 220kV 及以上电网结构如图 A-6 所示。③事故处置过程。为快速处理深圳站侧设备故障，解除电网运行风险，广东电力调度中心调度员迅速采取事故处理措施。操作 220kV 清经线由清水河站侧充电运行转正常运行，加强清水河站、中航站片的供电可靠性。针对 220kV 深清乙线 C 相断路器缺陷，迅速采取利用深圳站 220kV 旁路断路器代深清乙线断路器运行的方法，将故障点有效隔离（整个操作过程线路均不停电）。针对 220kV 深清甲线 B，C 相开关闭锁分闸故障，拟采取调度专业长期以来处理此类故障的典型方法，即利用 220kV 母联断路器串代故障断路器的方法隔离深清甲线断路器。该方法要求先将深圳站 220kV 1 号母线上除深清甲线断路器外所有设备倒至 2 号母线，然后再通过断开母联开关达到隔离故障点的目的。

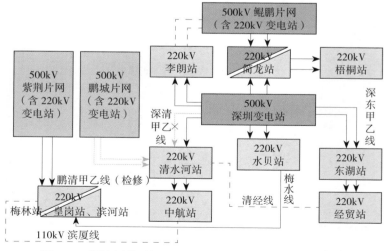

图 A-6　深清甲线跳闸后深圳片区 220kV 及以上电网结构

　　3）事故第 2 阶段：①事故发生过程。2012 -04 -10 T 20：30，深圳站在执行调度指令"220kV#1 母线上除深清甲线断路器外所有设备倒至 2 号母线"的过程中，220kV 深东甲线 B 相刀闸支持绝缘子突然断裂，导致 220kV 母线的继电保护动作，2 套母差保护正确出口，切除深圳站 220kV 1 号母线、2 号母线上所有线路来隔离故障点（倒母操作过程中母联断路器 2012 开关锁死），深圳站 220kV 母线全部失压。深圳站 220kV 双母线同时失压、3 台主变压器同时故障后，深圳站稳控装置立即向 220kV 李朗站发切除负荷命令，合计负荷 289MW。同时，按照导则和规程规定要求，因系统安全稳定控制而切除的负荷不得自投供电，故稳控切除的木古站、岗头站、丹竹头站、大芬站和樟树布站 5 个 110kV 站未自投供电，相关 5 个 110kV 站失压。220kV 简龙站备自投满足自投条件，简龙站自投前先切除了 2 回 110kV 线路负荷（导致 110kV 安良站失压），备自投动作出口，合上简坪甲乙线，220kV 梧桐站、简龙站转供至 500kV 鲲鹏片网。220kV 李朗站备自投满足自投条件，合上马李甲乙线，220kV 李朗站转供至 500kV 鲲鹏片网。110kV 备自投装置方面，满足动作条件的少年宫站、岗厦站、车公庙站 3 个站的 110kV 备自投装置在跳闸后 10s 内先后动作，将 220kV 清水河站、中航站、经贸站、东湖站 4 个 220kV 变电站及其所带的 23 个 110kV 变电站转至梅林网供电；皇岗站、雅苑站、滨河站和黄贝岭站的 10kV 备自投装置先后动作，将其失压母线转由其他运行主变压器供电，以上 7 个站备自投装置均正确动作。岗厦站 110kV 备自投装置正确动作后，由 110kV 滨厦线供电清水河站、中航站、经贸站和东湖站 220kV 母线及部分负荷；②事故后电网情况。事故导致深圳地区损失负荷 759MW（含处理过程中深圳电力调度中心限电负荷，当时深圳电网负荷 9521MW），8 个变电站全站失压，分别为 110kV 益田站、安良站、丹竹头站、大芬站、樟树布站、岗头站、木古站及 220kV 水贝站；3 个 220kV 变电站部分母线失压，分别为梅林站 220kV 2 号母线、皇岗站 220kV 2 号母线、滨河站 220kV 2 号及 6 号母线（事故前，该片区负荷由梅水线单供）。110kV 岗厦站 110kV 备自投动作合上 110kV 滨厦线 1275 断路器，由 110kV 滨厦线供电清水河站、中航站、经贸站和东湖站 220kV 母线及部分负荷，该线路负荷达 300MW，过载非常严重。另外，因深圳片网大量负荷损失，造成"500kV 岭鲲甲乙线 +鹏深甲线"送出断面严重过载，负荷达到 4150MW（正常控制目标为 3100 MW）。深圳站 220kV 母线失压后，深圳片区 220kV 及以上电网结构如图 A-7 所示。③事故处置过程。事故发生后，广东电力调度中心与深圳电力调度中心迅速取得联系，充分沟通事故信息，协商事故处理分工和原则，各负其责，密切合作，积极采取有效的措施进行事故处理。因500kV岭鲲甲乙线+鹏深甲线负荷达到4150MW，广东电力调度中心即令岭澳A厂、岭澳B厂共减负荷600MW，同时联系中电控股有限公司（以下简称中电）取消广东购电计划（当时中电向广东输送电力500MW），为尽快消除断面过载，中电曾短时吸收广东300MW电力，控制500kV岭鲲甲乙线+鹏深甲线负荷不高于3100MW。深圳电力调度中心通过供电方式调整以及紧急事故限电等手段，控制110kV滨厦线不超过正常限流值。广东电力调度中心逐步恢复深圳站、水贝站220kV母线及相关设备正常运行。

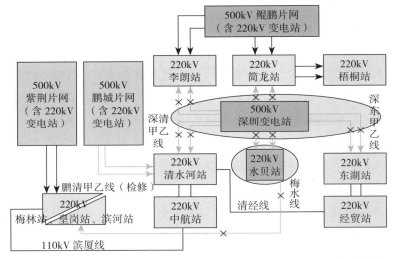

图A-7　深圳站220kV母线失压后深圳片区220kV及以上电网结构

（2）事故原因。

1）同一变电站内短时间内接连发生设备事故。2012-04-10 T 18：45，500kV深圳站220kV深清甲线A相开关爆炸起火，清水河站侧深清甲线开关同时三相跳闸，爆炸冲击导致深圳站深清甲线B，C相开关开启闭锁分闸功能，同时造成站内深清乙线C相开关支持瓷瓶套管产生明显裂痕。20：30，深圳站在执行调度指令隔离深清甲线开关的过程中，22kV深东甲线B相刀闸支持瓷瓶突然断裂，导致深圳站220kV母线全部失压。短时间内同一变电站内接连发生3个220kV设备复合故障，导致调度员在处理事故时安全裕度不足，最终导致大面积停电事故。

2）枢纽变电站220kV双母接线方式抵御电网风险能力弱。为有效控制短路电流、高低压电磁环网给系统运行带来的风险，围绕1个或2个500kV变电站采取辐射型供电的运行方式成为220kV电网的主要运行方式。这种方式对500kV变电站可靠性要求较高，一旦变电站发生故障，波及范围较大。深圳站采用双母线结构，若1条母线停运，就会导致220kV出线全跳；若在倒母线切换操作过程中发生母线故障，同样会导致220kV出线全跳，波及范围相当大。

【例A–18】 2012年7月30–31日印度大停电

（1）"7·30"事故情况。

1）事故前系统运行状态。

a.功率需求。事故发生前，印度NEW电网的发电、负荷需求、各区域电网的功率交换见表A–1。

表A–1 事故前NEW电网发电、负荷需求及电力流

区域	发电/MW	负荷需求/MW	电力受入/MW
北部电网	32636	38322	5686
东部电网	12452	12213	（一）239 （由不丹受入1127）
西部电网	33024	28053	（一）6229
东北部电网	1367	1314	（一）53
NEW电网	79479	79479	

b. 线路停运情况。事故发生前，NEW电网中共有4回765kV线路、超过50回400kV线路停运。其中，北部与西部电网间停运了2回400kV联络线，北部与东部电网间停运了6回400kV联络线。因而，北部与西部电网间仅有2回400kV联络线、北部与东部电网间有6回400kV、1回220kV交流联络线运行。北部 – 东部、北部 – 西部电网间停运及运行的联络线情况见表A–2。

表A–2 事故前区域电网间交流联络线情况

断面		线路
北部 – 西部	2回40kV线路 投入运行	400kV Bina-Gwalior-Agra Ⅰ线
		400kV Zerda-Bhinmal 线
	2回400kV线路 4回220kV线路 停运	400kV Bina-Gwalior-Agra Ⅱ线
		400kV Zerda-Kankroli 线
		220kV Malanpur-Auraya 线
		220kV Malanpur-Auraya 线
		220kV Badod-Modak 线
		220kV Badod-Kota 线

续表

断面		线路
北部 - 东部	6回400kV 线路 1回220kV 线路 投入运行	400kV Gorakhpur-Muzaffarpur 双回线 400kV Balia-Biharsharif 双回线 400kV Patna-Balia 双回线 220kV Pusauli-Sahupuri 线
	1回765kV 线路 5回400kV 线路 停运	765kV Fatehpur-Gaya 线 400kV Pusauli-Balia 线 400kV Pusauli-Allahabad 线 400kV Pusauli-Samath 线 400kV Balia-Barth 双回线

c. 系统频率。NEW 电网电力供应紧张，北部某些邦电网存在超额用电的情况，系统运行频率降至49.68Hz左右。

2）事故经过。事故的详细过程如下：

a. 02：33：11：907，由于重负荷导致北部与西部间联络线400kV Bina-Gwalior Ⅰ线因距离Ⅲ段保护动作跳开。事故前该线路向北部电网送电1050W，处于重载运行状态，Bina 侧电压已降至374kV。上述故障导致 Zerda（400kV）-Bhinmal（400kV）-Bhinmal（220kV）-Sanchore（220kV）及 Dhaurimanna（220kV）线路成为了西部电网与北部电网断面的唯一交流联络通道。西部电网的电力仅通过一回400kV Zerda-Bhinmal线送至北部电网，再通过Bhinmal400/220kV变压器在北部电网下网消纳。

b. 02：33：13：438，由于电网功角摆开导致北部与西部断面间的220kV Bhinmal-Sanchore线以及220kV Bhinmal-Dhaurimanna线保护动作跳开线路。至此，北部电网与西部电网已失去全部交流联络线。北部电网的Bhinmal地区仍有小部分负荷通过400kV Zerda-Bhinmal线与西部电网相连。西部-北部电网联络线断开后，联络线功率通过西部-东部-北部通道迂回送至北部电网，沿线潮流大幅增加。

c. 02：33：13：927—02：33：13：996，东部电网的400kV Jamshedpur-Rourkela双回线由于重载导致距离Ⅲ段保护动作跳开线路。随后北部电网与西部-东部-东北部电网功角失稳；

d. 02：33：15：400—02：33：15：542，东部电网与北部电网间的400kV联络

线（包括 Gorakhpur–Muzaffarpur 双回线、Balia–Biharsharif 双回线及 Patna–Balia 双回线）由于功角摆开相继跳闸。至此，北部电网与东部电网之间失去了所有的 400kV 交流通道。北部电网的 Sahupuri 地区的负荷通过 220kV Pasauli–Sahupuri 线路接入东部电网。

e. 由于北部电网与东部－东北部－西部电网解列，北部电网出现了 5800MW 的功率缺额，电网频率大幅下跌。由于紧急控制措施切负荷量不足，导致北部电网崩溃。整个北部电网仅 Badarpur、NAPS 等少数负荷仍有电力供应。

f. 北部电网解列后，东部－东北部－西部电网出现 5800MW 的功率盈余，系统暂态频率升高至 50.92Hz，通过切机措施切除 3340MW 机组，最终稳定在 50.6Hz。

3）事故恢复。事故发生后，印度电网公司利用北部留存电源及从东部、西部电网支援北部电网的电力恢复，至下午 16：00，电网基本恢复正常。恢复过程见表 A–3。

表 A–3　7.30 事故的恢复过程

时间		事件
2012.7.30	上午 2：33	电网故障造成北部 9 个邦停电
2012.7.30	上午 8：00	恢复对铁路、地铁、机场和交通要道等关键设施的供电
2012.7.30	上午 11：00	北部地区 60% 的负荷恢复供电
2012.7.30	上午 12：30	逐步恢复对大部分区域的供电
2012.7.30	下午 16：00	北部电网恢复正常，可以满足 30000MW 的电力需求

（2）"7·31"事故情况。

1）事故前系统运行状态。

a. 功率需求。事故发生前，印度 NEW 电网各区域电网的发电、负荷需求和功率交换见表 A–4。

表 A–4　事故前 NEW 电网发电、负荷需求及电力流

区域	发电 /MW	负荷需求 /MW	电力受入 /MW
北部电网	29 884	33 945	4 061
东部电网	13524	13179	–345（由不丹受入 1140）
西部电网	32612	28053	–4459
东北部电网	1014	1226	212
NEW 电网	76934	76403	

b. 线路停运情况。事故发生前，NEW电网共计3回765kV线路、超过44回400kV线路停运。其中北部电网与西部电网间停运了2回400kV和2回220kV联络线，北部电网与东部电网间停运了2回400kV联络线。因而，北部与西部电网间仅有1回400kV和2回220kV联络线联系，北部与东部电网间有1回765kV、9回400kV、1回220kV交流联络线联系，东部与西部电网间有6回400kV、3回220kV联络线联系。事故前北部-西部、北部-东部、西部-东部电网间交流联络线情况如表A-5所示，事故前NEW电网运行的区域电网间联络线见表A-5。

表 A-5　事故前区域电网交流联络线情况

断面		线路
北部-西部	1回400kV线路 2回220kV线路 投入运行	400kV Bina-Gwalior-Agra Ⅰ线 220kV Malanpur-Auraya 线 220kV Mehgaon-Auraya 线
	3回400kV线路 2回220kV线路 停运	400kV Bina-Gwalior-Agra Ⅱ线 400kV Zerda-Kankroli 线 400kV Zerda-Bhinmal 线 220kV Badod-Modak 线 220kV Badod-Kota 线
北部-东部	1回765kV线路 9回400kV线路 1回220kV线路 投入运行	765kV Fatehpur-Gaya 线 400kV Gorakhpur-Muzaffarpur 双回线 400kV Balia-Biharsharif 双回线 400kV Patna-Balia 双回线 400kV Pusauli-Balia 线 400kV Pusauli-Allahabad 线 400kV Pusauli-Samath 线 220kV Pusauli-Sahupuri 线
	1回400kV线路 停运	400kV Balia-Barth 双回线
东部-西部	6回400kV线路 3回220kV线路 投入运行	400kV Raigarh-Sterlite 双回线 400kV Sipat-Ranchi 双回线 400kV Raigarh-Rourkela 双回线 220kV Korba-Budhipadar 双回线 220kV Raigarh-Budhipadar 线

c. 系统频率。事故发生前，由于系统供电仍然紧张，北部一些邦在"7.30"大停电恢复后又持续从主电网超载用电，系统频率降至49.84Hz左右。

2）事故经过。事故的详细过程如下：

a. 13：00：13，西部电网与北部电网间400kV Bina-Gwalior Ⅰ联络线由于重负荷引发Bina侧距离Ⅲ段保护动作跳闸。线路跳闸前的视在功率为1254MVA，线路重载运行，Bina侧电压降至362kV。

b. 13：00：13，由于400kVBina-Gwalior Ⅰ线跳闸，潮流转移至220kV线路，导致Gwalior变电站与西部电网连接的220kV Bina-Gwalior双回线跳开，使Gwalior变电站与西部电网断开，而仅通过1回400kV Gwalior-Agra Ⅰ线和2回220kV Malanpur-Auraya、Mehgaon-Auraya线与北部电网互联。至此，西部电网与北部电网解列。

c. 西部电网与北部电网联络线功率通过西部–东部–北部电网联络线迂回至北部电网，导致西部电网与北部电网功角失稳。相比"7.30"事故，"7.31"事故发生时北部与东部电网间联络断面加强，振荡中心由北部与东部电网间断面转移至东部电网内部（靠近西部–东部电网断面处）。随后，一系列线路跳闸导致西部电网与东部电网在13：00：20时刻解列。至此，NEW电网解列为西部电网和北部–东部–东北部两个同步电网运行。

d. 解列导致西部电网功率盈余，频率上升至51.4Hz。同时西部至北部电网的Adani-Manindragarh直流停运，通过切除1764MW机组，提升西部至南部电网Bhadrawati-Ramagundam直流功率，最终西部电网频率稳定在51Hz。

e. 解列导致北部–东部–东北部电网出现大约3000MW功率缺额，由于紧急控制措施切负荷量不足，系统频率下降至约48.12Hz。

f. 北部–东部–东北部电网部分机组跳闸引起系统功角振荡和频率进一步下降。随后，北部、东部电网内部及北部–东部电网联络断面线路由于过电压保护（数量少）、失步保护、距离Ⅲ段保护动作导致超过50条线路跳闸，最终使北部电网与东部–东北部电网解列。

g. 北部电网除NAPS、Anta GPS、Dadri GPS和Faridabad地区孤岛运行外，剩余部分电网停电；东部–东北部电网除ib TPS/Sterite、Bokaro steel、CESC、NALCO、BSP等孤岛运行外，其余部分电网停电。

h. 由于东部电网崩溃，南部电网损失了由Talchar-Kolar直流供应的2000MW电力，频率由50.05Hz降低至48.88Hz。通过将西部–南部电网间的

Bhadrawati-Ramagundam 直流功率由880MW提升至1100MW，同时低频减载装置动作切除了984MW负荷，南部电网保持稳定运行。

3）事故恢复。事故发生后，印度电网公司通过从不丹和塔拉卡汉德水利枢纽电站给主网提供电源，并从西部电网紧急提供电力供应恢复停电区域供电。事故的恢复过程见表A-6。

表 A-6　7.31事故的恢复过程

时间		事件
2012.7.31	下午1：00	第二次大停电发生，影响印度北部、东部和东北地区13个邦
2012.7.31	下午3：30	恢复了地铁和铁路的供电
2012.7.31	下午5：30	新德里恢复电力供应能力2100MW
2012.7.31	晚上7：30	东北区域恢复供电

（3）事故原因：①印度电网网架薄弱，事故前线路大量停运进一步削弱网架结构。两次事故发生前，电网中均有大量线路停运，如"7·30"事故前，北部电网和西部电网之间的400kV交流联络线仅剩Bina-Gwalior-Agra Ⅰ线和Zerda-Bhinmal线2回线路正常运行（其余2回400kV线和4回220kV线均停运），且400kV Zerda-Bhinmal线路Bhinmal侧（位于北部电网）的其他400kV出线全部停运，Bhinmal站仅通过2回220kV线路与北部电网相连。线路停运大幅削弱了印度电网的网架结构，为大停电事故的发生埋下了隐患；②北部部分邦超计划用电导致联络线重载运行。两次事故发生前，北部部分邦超计划用电导致北部-西部联络线重载，其中Bina-Gwalior-Agra单回线路功率达到约1000MW（另一回线正在升级改造）。该线路由于重载导致距离Ⅲ段保护跳闸直接触发了随后的连锁反应，导致了大停电的发生；③保护的不正确动作引发连锁反应。在两次事故的连锁反应过程中，保护的不正确动作是造成事故扩大的最重要原因之一。如：潮流转移导致线路负载（电流）增加、电压下降，在无故障情况下，距离保护（包括距离Ⅰ段、距离Ⅲ段）动作跳开线路等，直接导致了事故的迅速扩大；④低频减载未能充分发挥作用。印度电网中普遍配置了低频切负荷装置，但印度中央电力企业如国家电力公司为缩减电网维护成本，低频减载投入普遍不足。因而在电网频率大幅下降时，未能及时切除足量负荷。以"7·30"事故为例，北部电网虽然配备了自动低频切负荷装置（切除约4000MW负荷）及频率变化速率（df/dt）自动切负荷装置（切除负荷约6000MW），但该区域电网与主网解

列后，导致电网频率大幅下降时，这些自动切负荷装置却无法阻止系统频率崩溃；⑤体制存在弊端，国家/区域电力调度中心不具备统一调度职权。印度电网管理借鉴美国模式，国家电力调度中心在各个邦过负荷用电情况下只能通过电监会下达处罚通知，没有权力和适当方法限电，即使是在电网安全紧急情况下，也没有调控权对系统进行调整和控制，极易出现大的安全稳定事故。印度连续2次大停电事故充分暴露出其国家/区域电力调度中心对邦电网的管控能力不足。事故发生前，各个邦为了满足本地负荷需求，大量从主网超配额用电，忽略了电网的整体安全，而国家电力调度中心对此缺乏有效的应对措施。

【例A-19】 2013年8月28日巴西东北部大停电

2013年8月28日，巴西东北部发生大面积停电，区域内八个州共损失负荷10900MW，1600万人口生产和生活受到影响。

（1）大停电基本情况。

1）停电前情况。巴西电网按区域分为六大电网，分别为西北电网、北部电网、东北部电网、中西部电网、东南部电网和南部电网，其中东北部电网通过5回500kV线路与北部电网和1回500kV线路与中西部电网互联。

巴西电力以水电为主，水电在其发电结构长期占比在75%以上。本次事故前，由于巴西东北部地区持续干旱，该区域处于缺电状态，东北部电网通过联络线受入大量功率。根据巴西国家电力调度中心（ONS）网站公布的数据显示，事故发生当日，东北部电网区外受电功率约区域电网总负荷的35%左右。

2）停电大致过程。

a. 14点58分,500kV Ribeiro Gonçalves – São João do Piauí C2线路(东北部-北部电网联络线）因农场火灾引起跳闸，15点04分和15点06分，按调度指令进行试送不成功。

b. 15点08分，同一走廊平行线路500kV Ribeiro Gonçalves – São João do Piauí C1因火灾跳闸。

c. Ribeiro Gonçalves – São João do Piauí 的双回线断开之后，由于失去同步，东北电网与主网的联络线又有4回500kV线路断开连接，包括：

• Presidente Dutra – Teresina 双回；

• Presidente Dutra – Boa Esperan；

• Bom Jesus da Lapa – Rio das guas。

d. 东北电网与主网解列，区域内电网几乎全停，损失负荷10900MW。停电涉及 Alagoas、Bahia、Ceara、Rio Grande do Norte、Paraiaba、Pernambuco、Piaui 和 Sergipe 八个州，该地区内 1600 万人口的生产和生活受到影响。中心城市地铁停运，很多商店停业，交通信号中断、手机信号消失、国际互联网中断，机场、医院等重要负荷单位由于有备用发电机紧急启动，未受到重大影响。

e. 大停电发生后，巴西国家电力调度中心（ONS）启动紧急预案，调动西部和西南部机组出力支援东北部电网，逐步恢复电网运行。17：15，恢复负荷 4000MW；18：30，恢复负荷 6500MW；19：30，东北部电网全部供电负荷恢复。

（2）事故原因。

1）初步原因分析：①火灾引起联络线 N-2 故障后系统失步振荡。本次大停电起因为 Piaui 州的 Canto do Murici 农场发生火灾，连续导致 Ribeiro Gonçalves-São João do Piau í（东北部-北部电网联络线）500kV 两回线路 10min 内相继跳闸，两次试送不成功。由于故障前东北部电网持续干旱，功率缺额较大，受电比例 35% 左右，当其中两回联络线开断后，导致潮流大范围转移，引起东北部电网与外部电网间失步振荡；②安控装置动作解开网间联络线系统功角失稳后，安控装置动作解开剩余 4 回 500kV 网间联络线，导致东北部电网与外部电网解列，东北电网孤网运行；③孤网运行后缺乏有效措施保证系统稳定运行。东北电网孤网运行后，由于功率缺额，低频、低压减载动作以及由于负荷自身的保护动作，损失大量负荷，但由于没有有效措施保证东北孤网系统在损失一定负荷后保持稳定，整个系统由于频率、功角等一系列问题引发连锁性的跳闸，最终导致东北电网全停。

2）深层次原因和问题分析。本次大停电从电网结构和运行管理上暴露出，巴西电网网架结构不够坚强，东北部电网与主网联系不够坚强，在功率交换大时，容易引发连锁故障造成系统失稳，导致大停电发生；重要输电通道防范措施不完善，在一条联络线因为火灾跳闸后，对临近线路没有及时采取应对措施，导致事故扩大；安全稳定控制措施不完善，稳控装置和技术措施既不完备也缺乏有效的管理。深层次暴露出体制机制和管理方面的原因如下：

a. 巴西电力工业发展相对滞后，难以满足经济社会发展需求。2000 年以来，巴西用电量平均每年增长 5.8%，而发电装机容量年平均增速仅 3.2%。电网整体结构相对薄弱，各大区电网相互间支援能力不强，抵御自然灾害的能力不足，电网建设相对滞后，电力发展不适应经济发展需要，日益成为经济发展的短板。

b. 分散的电力管理体制导致抵御安全风险的能力弱。巴西采取了私有化拆分式改革模式，电力调度、交易机构与电网分离，输配电网环节市场主体分散（输电企业40家，配电企业64家）。这种拆分体制的改革模式在电力工业快速发展阶段，一方面加大了各环节之间的协调难度，另一方面各个主体考虑的是各自的回报和收益，客观上造成电网抵御风险的能力弱，给电网稳定运行带来了安全隐患。

c. 电网特许权经营机制不够完善，难以吸引投资进行电网建设和设备升级改造。巴西电网采用收入上限的管制方式，虽然有利于降低运行成本、提高效率，但也存在企业从经济效益角度出发，投资电网、设备更新升级动力不足的问题。此次大停电后，巴西国内各大报纸和网站纷纷指责政府在电网特许经营机制上设计不合理，造成市场中参与者都采取短视行为，资产的运行维护管理不到位，对国家整体电网的可靠性、安全性缺少研究和投入不足。而且从2005年以来，输电项目平均中标价格下降了24%，也导致了电网建设标准相对不高，仅能满足一般供电需求。

d. 对电力安全生产的重视程度和监管力度不够。巴西市场化改革后，各电力企业出于经济性指标考虑，安全裕度保留相对较小，降低了电网安全稳定运行的水平。近年来，巴西电力行业多次发生大停电事故，至今仍缺少明显改观和扭转，反映了巴西政府对电力安全生产的重视程度和监管力度不够。

五是电力统一规划在执行中仍存在一定问题。2004年，巴西经历史上最严重的电力供应危机后，巴西政府成立能源规划署（EPE），试图通过统一规划促进电力的发展，满足经济增长的需求。但从执行情况来看，未达到预期效果，电力规划执行率低，现行的规划机制仍难以适应电力工业快速发展的需求。

【例A-20】　2015年3月31日土耳其大停电

（1）停电过程。

1）事故前系统运行状态：①功率平衡。事故前土耳其电网系统频率为50.02Hz，西部电网负荷为21870MW，从保加利亚进口电力500MW，东部电网负荷为11080MW，东部电网向西部电网输送电力约4700MW；②线路停运情况。传统上，土耳其电力系统的高峰负荷一般出现在夏季，所以高峰期前的设备和线路维修工作一般安排在负荷相对较低的春季。"3·31"大停电前，因维护和新建等因素导致位于土耳其东部和西部联络断面中部的4回400kV交流联络线 Kayabasi-Baglum 线、Golbasi-Kayseri 南线、Golbasi-Kayseri 北线和 Oymapinar-Ermenek 线及其所有的16个串联电容器组同时退出运行，土耳其东西向输电走廊被严重削弱，具体停运原因见表A-7。

表 A-7　土耳其电网计划停运线路及原因

序号	线路名称	停运原因
1	Kayabasi-Baglum 线	转移并联电抗器和串联电容器的保护系统到新建筑中
2	Golbasi-Kayseri 南线	建立与 Anatolia 地区新电厂的连接；用双回路加强现有输电走廊
3	Golbasi-Kayseri 北线	出于安全考虑，保障上述工作
4	Oymapinar-Ermenek 线	故障原因

事故前，由于春季水量丰富，位于东部电网的水力发电厂满负荷运行，特别是在黑海东部（Eastern Black Sea Region），安纳托利亚南部和东部（Southern and Eastern Anatolia），而位于西部电网的许多火力发电厂停运，这导致连接土耳其东部到西部系统的400kV交流联络线重载。

2）事故经过。事故顺序记录见表A-8。

表 A-8　事故顺序记录

序号	线路名称	时刻	有功功率 /MW	电流 /A	电压 /kV
1	Kursunlu-Osmanca	09：36：09.418	1127	1816	393
2	Ataturk-Yesilhisar Kuzey 北	09：36：10.984	600	1400	333
3	Seydisehir-Adana	09：36：11.015	867	2163	296
4	Sinca-Elbistan B	09：36：11.142	613	1992	246
5	Sincan-Elbistan A	09：36：11.204	422	2160	303
6	Ataturk-Yesilhisar Guney 南	09：36：11.243	484	2060	355
7	Temelli-Yesilhisar 北	09：36：11.252	348	1980	315
8	Temelli-Yesilhisar 南	09：36：11.317	51	2300	346
9	Babaeski （TR）-Nea Santa （GR）	09：36：12.441	440	2333	130
10	Maritsa East 3 （BG）-Hamitabat （TR）Ⅱ	09：36：12.442	335	2828	130
11	Maritsa East 3 （BG）-Hamitabat （TR）Ⅰ	09：36：12.528	631	2036	165

事故详细过程如下：①09：36：09.418，由于重负荷导致400kV联络线Kursunlu-Osmanca线路因为Osmanca处距离保护继电器第5区动作而跳开（视为过流，设置值1820A，延时2s）。事故前该线路向西部送电1127MW，处于重

载运行状态，线路电流1816A，Osmanca侧电压为393kV：②由于东部系统与西部系统间功角失稳，09：36：10.984至09：36：11.317的333ms内，与400kV的Kursunlu–Osmanca线并列运行的7回400kV交流线路Ataturk–Yesilhisar Kuzey北线、Seydisehir–Adana线、Sincan–Elbistan B线、Sincan–Elbistan A线、Ataturk–Yesilhisar Guney南线、Temelli–Yesilhisar Kuzey北线、Temelli–Yesilhisar Guney南线因为距离继电器失步功能动作，相继快速跳闸。至此，土耳其电网失去全部东西向400kV交流联络线，解列成2个部分：东部系统和西部系统；③09：36：12.441，土耳其与希腊间的400kV交流联络线Babaeski（TR）–Nea Santa（GR）线路因为Nea Santa处的"电压相角差"保护动作跳闸。跳闸前该线路向希腊送电440MW；④09：36：12.267，土耳其与保加利亚间的400kV交流联络线Maritsa East 3（BG）–Hamitabat（TR）Ⅱ线的断路器断开了A相开关（事后根据对继电器记录的调查结果，确认属于保护误动）；09：36：12.442，土耳其与保加利亚间的400kV交流联络线Maritsa East 3（BG）–Hamitabat（TR）Ⅱ线因为Maritsa处的"失步"继电器保护动作跳开。跳闸前该线路向土耳其电网送电335MW；⑤09：36：12.528，土耳其与保加利亚间的400kV交流联络线Maritsa East 3（BG）–Hamitabat（TR）Ⅰ线由于Maritsa处的"失步"继电器保护动作跳开。跳闸前该线路向土耳其电网送电631MW。至此，土耳其电网失去全部3回与欧洲大陆同步电网的400kV交流联络线，从欧洲互联电网解列；⑥西部系统分别与东部系统和欧洲大陆同步电网解列后，相继失去来自东部系统约4700MW和从欧洲大陆同步电网进口的约500MW电力，电力缺额最终达到5200MW，占剩余总负荷（21870MW）的23.8%。由于功率大量缺额，系统频率以约0.5Hz/s的速度下降。在系统频率从49Hz下降到48.4Hz的过程中，低频减载装置动作切除了约4800MW的负荷，欧洲—土耳其（CETR）联络断面特殊保护系统（special protection system，SPS）补充切掉377MW的负荷。但是，由于几台发电机在系统频率高于47.5Hz（按土耳其电网规定，发电机在该频率水平与电网的连接至少应保持10min）时跳闸，系统频率在经过几秒钟的短暂稳定后继续下降，最终导致西部系统在土耳其电网解列后约10s崩溃（09：36：22）。东部系统在解列后，频率以1Hz/s的速度开始升高至52.3Hz，后来几台发电机组因过频保护动作跳闸，这导致东部系统在09：36：23最终因为频率过低而崩溃（低于47.0Hz）。事故期间及解列过程中土耳其和ENTSO–E的系统频率变化分别如图A–8和图A–9所示。

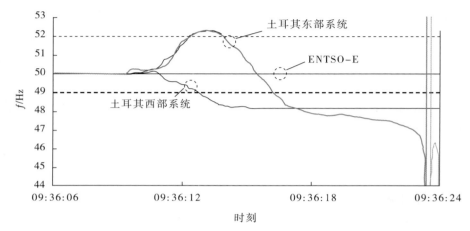

图 A-8　事故期间土耳其和 ENTSO-E 系统频率变化图

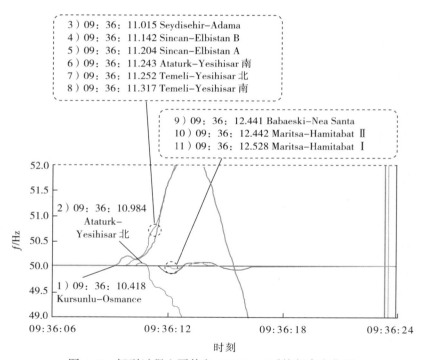

图 A-9　解列过程土耳其和 ENTSO-E 系统频率变化图

3）事故恢复。事故发生后，TEIAS立即开始系统的恢复计划：根据9个 RCC将系统分成9个孤岛来进行黑启动，并在NCC的协调下完成整个联网。恢复过程中同时采用自下而上和自上而下2种方法。

停电后18min，Trace地区从保加利亚获取电能开始恢复供电，然后与Anatolia RCC西北地区同步；其他区域开始黑启动。11：11：00，停电后1.5h，Trace地区50%恢复供电。16：12：00，土耳其东部系统和西部系统恢复连接，并且与欧洲大陆同步电网恢复同步。至此，土耳其电网已恢复80%供电。剩下区域随着可用发电厂的启动逐步恢复供电。系统的恢复时间和恢复负荷比例见表A-9。

表A-9　系统恢复时间与恢复负荷比例

时刻	系统恢复负荷的比例 /%
09：36：00	大停电
12：00：00	20
14：30：00	50
16：12：00	80
18：30：00	95

（2）事故原因。土耳其的长输电距离及其电网位置处于欧洲大陆系统的东部尾端，只在西北边境与欧洲互联，这导致土耳其电网比欧洲大陆其他国家的电网更薄弱。事故发生前，东西向联络通道上多回关键输电线路停运，大幅度削弱了土耳其电网的网架结构，为大停电事故的发生埋下了隐患。

"3·31"停电事故前，东部水力大发，东西向联络线从东至西输送的功率为4700MW，占东部和西部负荷的比例分别为42%和21%，东西向联络线断面重载，系统处于运行极限，线路输送功率达到热稳定极限。由于东西向联络线通道不满足N-1安全准则的基本运行要求，导致一条线路达到热稳定极限跳开后，系统功角稳定破坏，这也是此次大停电事故发生的首要原因。

土耳其电网重要联络线断面没有装设必要的安全稳定控制装置，在系统处于运行极限状态下，在发生故障时，及时采取切机、切负荷、主动解列等有效措施，来保证系统的安全稳定运行和系统解列后的稳定，这是造成事故扩大的主要原因。

在西部系统从欧洲互联电网解列后的频率衰减暂态过程中，几台大型热电发电机组违反土耳其电网的并网准则，在频率高于47.5Hz时从系统解列，从而加剧了系统频率的恶化，这也是造成事故扩大的重要原因之一，最终导致西部系统崩溃。

【例A-21】　2015年4月7日华盛顿停电

（1）停电过程。当地时间 2015 年 4 月 7 日 13：00 左右，美国华盛顿特区和邻近的马里兰州南部的大部分地区发生停电事故，华盛顿 8000 用户和马里兰州 20000 用户停电，白宫、国会、国务院等联邦政府机构以及华盛顿市内交通受到波及。白宫、国会大厦在停电数秒内启动了备用电源供电，但美国国务院办公大楼备用电源未能立即投运，导致停电数分钟，直接影响国务院每日新闻发布会的正常召开。14：15，白宫切入正常供电系统。14：30，供电全部恢复。

（2）事故原因。停电事故是由位于马里兰州南部、距离华盛顿约 65km 处的雷赛维尔（Ryceville）变电站设备故障引起的。该站内陶瓷绝缘子脱落，碰到 230kV 输电线路，引起短路造成该站全停，事故扩大导致相连的翰威特路（Hewitt Road）变电站、摩根敦（Morgantown）变电站和 Chalk Point 变电站停电，与 Morgantown 变电站和 Chalk Point 变电站相连的 2 个电厂无法送出电力。这 2 个电厂装机容量分别为 1288MW 和 2647MW，占马里兰州全部装机容量的 30%，上述故障导致华盛顿地区负荷中心电压显著下降。

引发此次事故的电网由 PEPCO 公司负责运营。由于该公司建设投入不足、设备老化，近年来已发生多起停电事故。根据华盛顿公共服务委员会的统计，2010 年 PEPCO 公司 1.2% 的客户经历过停电，平均持续时间 196min；2013 年 0.88% 的客户经历过停电，平均持续时间 124 min。

根据美国电力市场的定价原则，高可靠性供电电价约为基本电价的 3 倍，由供电公司提供备用回路供电。部分用户不愿承担高额的备用电使用价格，选择主动停电。PEPCO 公司数据表明，事故发生当日，一些用户自动投入备用供电系统，未发生停电；另有 129 处没有切入备用供电系统，因此发生主动停电，受影响用户 2179 户。

因简单的设备故障引发 2 个主力电源同时失去，而导致白宫等重要用户供电得不到保障。这反映出该地区配网结构不完善、变电站接线不合理、网架不够坚强、抵御电网事故能力不足的问题。

【例 A-22】 2016 年 10 月 12 日东京大停电

2016 年 10 月 12 日 15 时 30 分（东京当地时间），由于埼玉县新座市东京电力公司所属的一座变电站地下电缆起火引发火灾，导致东京都出现较大范围停电，影响居民供电多达 35 万户，大面积停电对东京都社会正常生产生活秩序造成较大影响。

（1）停电过程。14 时 55 分左右，埼玉县新座市野火止洞路的一处地下输电电缆（为东京电力公司所属设备）发生火灾，引发变电站起火，事发变电站正进行铺设地下电缆工程。

15 时 39 分，东京出现大面积停电，涉及东京城区 11 个区，最严重时约 35.22 万户受到影响，停电区域包括千代田区、中央区、港区、新宿区、杉并区、丰岛区、练马区、中野区、文京区、板桥区、北区。

事发后，东京电力公司立即派人前往事发地点进行处置，并对变电站、电力线路的运行方式进行调整，以恢复东京都电力供应。

15 时 50 分，经过初步抢修恢复，停电用户数减少为 21.48 万户，其中丰岛区 10.95 万户、板桥区 6.19 万户、北区 2.98 万户、文京区 1.81 万户。

16 点 25 分，东京都停电区域基本恢复供电。

（2）事故原因。经东京电力公司对事故原因的初步调查分析，停电事故是由东京电力公司设在日本埼玉县新座市的地下输电电缆发生火灾所引起的。发生火灾的电缆在地下 5、6m 深的隧道内，火灾扑救难度大。

发生燃烧事故的电缆已使用了 35 年，但东京电力公司公司每年对电缆仅进行一次外观检查，日常维护不到位，缺乏有效的监测手段，设备健康状况偏低。据相关分析认为由于电缆绝缘体劣化导致自然起火的可能性很大。

【例 A-23】 2019 "3·7" 委内瑞拉大停电事件"

2019 年 3 月 7 日傍晚（当地时间）开始，委内瑞拉国内包括首都加拉加斯在内的大部分地区停电超过 24 小时，在委内瑞拉 23 个州中，一度有 20 个州全面停电，停电导致加拉加斯地铁无法运行，造成大规模交通拥堵，学校、医院、工厂、机场等都受到严重影响，手机和网络也无法正常使用。8 日凌晨，加拉加斯部分地区开始恢复供电，随后其他地区电力供应也逐步恢复，但是 9 日中午、10 日的再次停电，给人们带来巨大恐慌。长时间大范围的电力故障给委内瑞拉造成严重损失，包括连续多日停工停学，部分网站无法访问，甚至部分地区出现严重的哄抢商场超市情况。此次停电是委内瑞拉自 2012 年以来时间最长、影响地区最广的停电。

据媒体报道，初次停电是因为南部玻利瓦尔州的一座主要水电站发生故障，这个水电站属于古里（Embalse de Guri）水电站。古里水电站位于奥里诺科河卡罗尼河口上游约 100 公里的 Necuima 峡谷处，一期建设于 1963 年，二期建设于 1976 年。水电站大坝高约 162 米，长度为 7426 米，总蓄水容量达 1350 亿立方米。水电站共计装设 21 台水轮机组共计 10235MW，分别为：10×730MW，

4×180MW，3×400MW，3×225MW，年发电量约为47,000GWh,约占委内瑞拉用电量的近四成。

由于主力发电能力分布在东部地区，委内瑞拉主网电力流呈现"东电西送"格局。从图4委内瑞拉主网架结构可以看出，委内瑞拉输电网由765kV、400kV、230kV三个电压等级构成，其中古里水电站输送给负荷中心的电力是通过765kV和400kV输送的。

事故主要原因，据说是由于电力系统遭到网络攻击。3月11日晚，马杜罗表示电力系统遭遇了三阶段攻击。第一阶段是发动网络攻击，主要针对西蒙·玻利瓦尔水电站，即国家电力公司（CORPOELEC）位于玻利瓦尔州（南部）古里水电站的计算机系统中枢，以及连接到加拉加斯（首都）控制中枢发动网络攻击。第二阶段是发动电磁攻击，"通过移动设备中断和逆转恢复过程"。第三阶段是"通过燃烧和爆炸"对Alto Prado变电站（米兰达州）进行破坏，进一步瘫痪了加拉加斯的所有电力。